Climat :
Comment éviter un désastre

BILL GATES

Climat :
Comment éviter un désastre

Objectif zéro carbone :
les solutions

Traduit de l'anglais (États-Unis)
par Raymond Clarinard

J'AI LU

TITRE ORIGINAL
How to Avoid a Climate Disaster : the solutions we have and the breakthroughs we need

ÉDITEUR ORIGINAL
Alfred A. Knopf et Alfred A. Knopf Canada,
appartenant au groupe Penguin Random House LLC, New York
et Penguin Random House Canada Limited, Toronto

Aux scientifiques, novateurs et activistes
qui nous montrent le chemin

INTRODUCTION

DE 52 MILLIARDS À ZÉRO CARBONE

Sur la question du changement climatique, il faut garder à l'esprit deux chiffres. Le premier, c'est 52 milliards. Le second, zéro.

52 milliards, c'est le volume, en tonnes de gaz à effet de serre, que le monde recrache chaque année dans l'atmosphère. Si ce chiffre peut évoluer légèrement à la baisse ou à la hausse d'une année sur l'autre, en règle générale, il augmente. C'est là *où nous en sommes aujourd'hui*[1].

---

1. Ce chiffre de 52 milliards de tonnes repose sur les dernières données disponibles. Le niveau mondial d'émissions a légèrement chuté en 2020 – autour de 4,5 % –, parce que la pandémie de la Covid-19 a provoqué un spectaculaire ralentissement de l'économie. Mais les émissions ont repris autour de 6 % en 2021 avec la reprise de l'économie. Donc, je partirai de ces 52 milliards de tonnes. Nous reviendrons régulièrement sur la question de la Covid-19 au fil de ce livre.

Zéro, c'est *ce que doit être notre objectif*. Pour mettre un coup d'arrêt au réchauffement et éviter les pires effets du changement climatique – des effets qui s'annoncent terribles –, l'être humain doit cesser d'accroître le volume de gaz à effet de serre dans l'atmosphère.

Si cela paraît difficile, c'est parce que ça l'est. Jamais le monde n'a entrepris quelque chose d'aussi gigantesque. Chaque pays devra changer sa façon d'être. Toutes les activités de la vie moderne – l'agriculture, l'industrie, les transports – libèrent des gaz à effet de serre, et plus le temps passe, plus elles prennent de l'ampleur. Ce qui est une bonne chose, car c'est la preuve que les conditions de vie des gens s'améliorent. Mais si rien n'accompagne ce changement, le monde continuera à produire des gaz à effet de serre, le changement climatique ira en empirant et son impact sur l'homme sera, selon toute vraisemblance, catastrophique.

Or je suis convaincu que les choses *peuvent* changer. Nous disposons déjà de quelques-uns des outils nécessaires. Quant à ceux qui nous font encore défaut, tout ce que j'ai appris sur le climat et la technologie me rend optimiste : je suis certain que nous pouvons les inventer et que si nous agissons assez rapidement, nous pourrons éviter une catastrophe climatique.

Ce livre traite des moyens d'y parvenir et explique pourquoi je suis convaincu que nous pouvons réussir.

Il y a vingt ans, jamais je n'aurais pu prédire que je prendrais un jour publiquement la parole à propos du changement climatique, et encore moins que j'écrirais un livre sur ce sujet. Je suis informaticien de formation, pas climatologue, et ces temps-ci, je travaille essentiellement avec mon épouse Melinda dans le cadre de la Fondation Gates, où nous nous consacrons avant tout à la santé dans le monde, au développement global et à l'éducation aux États-Unis.

C'est indirectement que j'en suis venu à me concentrer sur le changement climatique, à cause du problème de la misère énergétique.

Au début des années 2000, alors que notre fondation venait à peine d'être créée, j'ai commencé à me rendre dans les pays à faible revenu d'Afrique subsaharienne et d'Asie du Sud, afin d'en apprendre plus sur la mortalité infantile, le VIH et les autres grands problèmes auxquels nous nous attaquions. Mais je ne pensais pas uniquement aux maladies. En approchant des métropoles, je regardais par le hublot et me disais : *Mais pourquoi fait-il si noir ? Où sont toutes les lumières que je verrais si c'était New York, Paris ou Pékin ?*

À Lagos, au Nigeria, j'ai parcouru des rues plongées dans l'obscurité, où les gens se regroupaient autour de feux allumés dans de vieux barils de pétrole. Dans des villages reculés, Melinda et moi avons rencontré des femmes et des jeunes filles qui passaient chaque jour des heures à ramasser du bois pour pouvoir cuisiner chez elles. Nous avons croisé des enfants qui faisaient leurs devoirs à la chandelle parce qu'il n'y avait pas d'électricité chez eux.

Melinda et moi avons souvent rencontré des enfants comme Ovulube Chinachi, âgé de neuf ans, qui vit à Lagos, au Nigeria, et fait ses devoirs à la lueur d'une bougie.

J'ai appris que près d'un milliard de personnes ne bénéficiaient pas d'un accès fiable à l'électricité, et que la moitié d'entre elles vivaient en Afrique subsaharienne. J'ai repensé à la devise de notre fondation – « Tout le monde mérite d'avoir une chance de mener une existence saine et productive » – et à quel point il est difficile de rester en bonne santé quand votre dispensaire local ne peut pas conserver de vaccins parce que ses réfrigérateurs ne fonctionnent pas. Il est difficile d'être productif quand on n'a pas de lumière pour lire. Et il est impossible de bâtir une économie qui offre des possibilités d'emplois à tout le monde si l'on ne dispose pas d'une alimentation électrique à grande échelle, fiable et bon

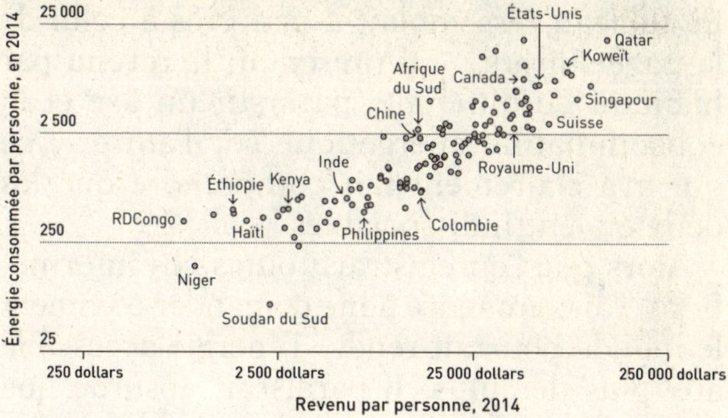

Revenus et consommation énergétique vont de pair. David MacKay m'a montré un tableau comme celui-ci, qui compare la consommation d'énergie et le revenu par habitant : le lien est évident[1]. (AIE, Banque mondiale)

marché pour alimenter les bureaux, les usines et les centres d'appels.

À peu près au même moment, le scientifique David MacKay, professeur à l'université de Cambridge, décédé depuis, m'a montré un graphique qui indique la relation entre le revenu par habitant d'un pays et la quantité d'électricité utilisée par ses citoyens.

1. Ce graphique s'appuie sur des données tirées de World Bank World Development Indicators, licence CC BY 4.0 (https://www.creativecommons.org/licenses/by/4.0) disponible ici : https://data.worldbank.org/. La consommation d'électricité est mesurée en équivalent de kilogramme de pétrole par habitant en 2014. Le revenu est mesuré en tant que produit intérieur brut (PIB) par habitant en 2014, fondé sur la parité du pouvoir d'achat, en dollars internationaux actuels. World Bank World Development Indicators. Tous droits réservés ; version modifiée par Gates Ventures, LLC.

Le tableau ressemblait à peu près à celui de la page suivante – il présentait le revenu par habitant de différents pays sur un axe et la consommation énergétique sur l'autre –, ce qui m'a clairement fait comprendre que les deux étaient indissociables.

Alors que j'enregistrais toutes ces informations, j'ai commencé à me demander comment le monde pourrait rendre l'énergie accessible aux plus démunis. Il paraissait absurde que notre association s'attaque à ce problème titanesque – elle devait rester concentrée sur ce qui était sa mission première –, mais j'en ai discuté avec quelques-uns de mes amis inventeurs. Je me suis plongé dans les ouvrages sur la question, notamment ceux, fondamentaux, du scientifique et historien Vaclav Smil, qui m'ont aidé à comprendre à quel point l'énergie est cruciale pour la civilisation moderne.

À l'époque, je n'imaginais pas encore qu'il nous faudrait revenir à zéro carbone. Les pays riches, qui sont responsables de l'essentiel des émissions, ouvraient peu à peu les yeux sur le changement climatique, et je pensais que cela suffirait. Mon rôle, me suis-je dit, serait de défendre l'accès à une énergie fiable pour les pauvres.

Tout d'abord parce qu'ils ont tout à y gagner. Grâce à une énergie moins chère, ils pourraient s'éclairer la nuit, mais aussi bénéficier d'engrais meilleur marché pour leurs champs et d'un béton moins coûteux pour construire leurs maisons. Ensuite, parce que s'agissant du changement climatique, ce sont les personnes démunies qui ont le plus à perdre. La majorité d'entre elles sont des agriculteurs qui tirent déjà le diable par la queue et qui ne pourront pas faire face à toujours plus de sécheresses et d'inondations.

Pour moi, c'est à la fin de 2006 que les choses ont changé, quand j'ai rencontré deux anciens collègues qui venaient de lancer des associations à but non lucratif œuvrant pour l'énergie et le climat. Ils étaient venus avec deux climatologues qui maîtrisaient parfaitement le sujet, et tous les quatre m'ont montré des données sur le rôle des émissions de gaz à effet de serre dans le changement climatique.

Je savais que ces gaz étaient à l'origine de la hausse des températures, mais je pensais qu'il existait des variations cycliques, ou d'autres facteurs qui empêcheraient naturellement un véritable désastre climatique. Il était difficile d'admettre que si l'humanité continuait à émettre des gaz à effet de serre, en quelque quantité que ce soit, les températures ne cesseraient d'augmenter.

Je les ai revus à plusieurs reprises, à chaque fois avec de nouvelles questions. Et pour finir, je me suis rendu à l'évidence : le monde doit fournir aux plus pauvres davantage d'énergie afin qu'ils puissent prospérer, mais nous devons veiller à ce que cette énergie ne produise pas davantage de gaz à effet de serre.

Le problème semblait même plus complexe. Il ne suffisait pas de fournir aux pauvres de l'énergie fiable et bon marché. Il fallait également qu'elle soit propre.

J'ai continué à m'informer sur le changement climatique. J'ai rencontré des spécialistes du climat et de l'énergie, de l'agriculture, des océans, des glaciers, des lignes électriques, et d'autres domaines encore. J'ai lu les rapports émis par le Groupe d'experts intergouvernemental sur l'évolution du climat (Giec), mis en place par les Nations unies pour parvenir à un consensus scientifique sur la question. J'ai regardé *Earth's Changing Climate* [« Le changement climatique et la Terre »], une superbe série de vidéoconférences du professeur Richard Wolfson, produite par la société Great Courses. J'ai lu *Le Changement climatique pour les nuls*, qui reste un des meilleurs livres que j'aie pu trouver sur le sujet.

Une chose m'est alors apparue comme une évidence : les sources d'énergie renouvelables disponibles aujourd'hui – le vent et le soleil, principalement – pouvaient jouer un rôle considérable, mais nous ne faisions pas assez d'efforts pour les exploiter[1]. J'ai aussi compris pourquoi elles ne pourraient pas suffire, à elles seules, à nous faire redescendre à zéro. Le vent ne souffle pas toujours, le soleil cesse parfois de briller, et nous ne disposons pas

1. L'énergie hydraulique, l'électricité créée par l'eau qui s'écoule à travers un barrage, est une autre source renouvelable. En fait, c'est la plus grande source d'énergie renouvelable aux États-Unis. Mais nous l'exploitons déjà presque à son maximum. Il y a donc peu de marge de croissance dans ce secteur. Une grande partie de l'énergie propre supplémentaire devra provenir d'une autre source.

de batteries capables de stocker suffisamment longtemps les quantités d'énergie nécessaires à toute une ville. De plus, la production d'électricité ne représente que 26 % de toutes les émissions de gaz à effet de serre. Même si nous réalisions une formidable percée dans le domaine des batteries, il nous faudrait encore nous débarrasser des 74 % restants.

En 2000, j'étais désormais convaincu de trois choses :

1. Pour éviter un désastre climatique, nous devons parvenir au zéro carbone.
2. Nous devons déployer rapidement et de façon plus rationnelle les outils dont nous disposons déjà, comme les énergies solaire et éolienne.
3. Nous devons créer et développer des technologies pionnières pour nous permettre d'accomplir le reste.

La nécessité de parvenir au zéro demeure absolument incontestable. À moins de cesser de diffuser des gaz à effet de serre dans l'atmosphère, la température continuera d'augmenter. Voici une analogie qui peut s'avérer utile : le climat est comme une baignoire qu'on remplirait progressivement. Même en réduisant l'écoulement à un mince filet, la baignoire finira nécessairement par déborder. C'est ce désastre-là qu'il nous faut éviter. Il ne suffira pas de réduire nos émissions. Seul le zéro est un objectif raisonnable. (En ce qui concerne le zéro, ce que j'entends par ce concept, et l'impact sur le changement climatique, voir le chapitre 1.)

Mais à l'époque où j'ai découvert tout ceci, je ne désirais pas défendre une nouvelle cause. Melinda et moi avions décidé que la santé mondiale, le développement global et l'éducation aux États-Unis étaient les trois domaines où nous pourrions beaucoup apprendre et recruter des équipes de spécialistes. Nous voulions y consacrer nos ressources. Je savais par ailleurs que nombre de célébrités œuvraient déjà à sensibiliser le public sur la question du changement climatique. Si je me suis davantage impliqué dans ce domaine, je n'en ai pas fait ma priorité. Quand je le pouvais, je lisais, je rencontrais des experts. J'ai investi dans certaines sociétés productrices d'énergie propre et j'ai engagé plusieurs centaines de millions de dollars dans le lancement d'une entreprise chargée de concevoir une centrale nucléaire de nouvelle génération, à même de produire de l'électricité propre et très peu de déchets. J'ai participé à une conférence TED[1] où j'ai tenu un discours intitulé : « Innovons à zéro ! » Mais, pour l'essentiel, je me suis concentré sur les travaux de la Fondation Gates.

Puis, au printemps 2015, j'ai décidé qu'il fallait que j'en fasse plus et que l'on m'entende

1. Les conférences TED (Technology, Entertainment and Design, ou Technologie, divertissement et design) sont des événements organisés au niveau international par The Sapling, une fondation américaine à but non lucratif (*N.d.T*).

davantage. J'avais vu passer des informations sur des étudiants américains qui organisaient des sit-in pour réclamer que leurs facultés renoncent aux carburants fossiles. Dans le cadre de ce mouvement, le quotidien britannique *The Guardian* a lancé une campagne appelant notre fondation à vendre la modeste partie de ses investissements dans des entreprises de carburant fossile. Ils ont tourné une vidéo où des gens du monde entier me demandaient de désinvestir.

Je comprenais pourquoi *The Guardian* s'était adressé à ma fondation. Par ailleurs, la passion des activistes suscitait mon admiration – j'avais été témoin des manifestations estudiantines contre la guerre du Vietnam, puis, plus tard, contre le régime de l'apartheid en Afrique du Sud, et je savais qu'elles avaient joué un grand rôle. C'était enthousiasmant de voir que cette même énergie était consacrée à la lutte contre le changement climatique.

Dans le même temps, j'avais toujours à l'esprit ce que j'avais vu lors de mes voyages. L'Inde, par exemple, comptait 1,4 milliard d'habitants, dont beaucoup parmi les plus pauvres du monde. Il me paraissait injuste que l'on puisse dire aux Indiens que leurs enfants ne pourraient avoir de lumière pour faire leurs devoirs, ou que des milliers d'entre eux soient condamnés à mourir lors de vagues de chaleur parce que les climatiseurs étaient néfastes pour l'environnement. Pour moi, il n'y avait qu'une seule solution : il fallait que l'énergie propre soit suffisamment bon marché pour que tous les pays puissent s'en doter et renoncer aux carburants fossiles.

J'avais beau approuver la ferveur des manifestants, je ne voyais pas comment le simple fait de désinvestir suffirait à arrêter le changement climatique ou à aider les habitants des pays pauvres. Du reste, c'est ce que je pense encore aujourd'hui. C'était une chose de désinvestir certaines entreprises pour combattre l'apartheid, une institution politique qui était sensible à la pression économique. C'en est une autre de transformer le système énergétique de la planète – un secteur qui représente environ 5 000 milliards de dollars par an et qui est à la base de l'économie moderne – en se contentant de vendre ses actions de compagnies d'exploitation de carburant fossile. Nous devons plutôt lancer un changement global à l'aide de tous les outils dont nous disposons : les politiques gouvernementales, la technologie accessible, de nouvelles inventions et la capacité des marchés privés à approvisionner d'immenses populations.

Plus tard, l'occasion s'est présentée de défendre l'innovation et les nouveaux investissements : la COP 21, une grande conférence sur le changement climatique qui devait se tenir à Paris en novembre 2015 sous l'égide des Nations unies. Quelques mois avant l'événement, j'ai rencontré François Hollande, qui était alors président de la République. Hollande tenait à inviter des investisseurs privés, et quant à moi, je souhaitais que l'innovation soit inscrite à l'ordre du jour. Nous en avons donc profité l'un comme l'autre. Il espérait attirer les investisseurs. J'ai répondu que cela me paraissait sensé, mais que ce serait plus simple si les gouvernements s'engageaient eux aussi à consacrer davantage de fonds à la recherche dans le domaine de l'énergie.

L'affaire s'annonçait compliquée. Même aux États-Unis, les investissements dans la recherche énergétique étaient (et sont toujours) bien inférieurs à ce qu'ils sont dans d'autres secteurs cruciaux comme la santé et la défense. Si certains pays faisaient légèrement plus d'efforts dans ce domaine, le niveau restait encore très faible. Et ils répugnaient à s'investir davantage sans être certains que les fonds privés seraient suffisants pour que les idées dépassent le simple stade expérimental et se transforment en produits réels, à même d'aider leurs citoyens.

Or, en 2015, les financements privés commençaient à se tarir. Nombre des sociétés de capital-risque qui avaient misé sur les technologies vertes se retiraient du secteur faute de retours suffisants. Elles avaient l'habitude d'investir dans les biotechnologies et dans l'informatique, où le succès est souvent rapide et où l'on est moins soumis aux réglementations des États. L'énergie propre était une autre paire de manches et elles préféraient prendre leurs distances.

Il était clair qu'il nous fallait d'autres sources de financement, mais aussi une tout autre approche, développée spécifiquement pour l'énergie propre. En septembre, deux mois avant le début de la conférence de Paris, j'ai adressé des courriels à plus d'une vingtaine de connaissances fortunées, espérant les convaincre d'engager des capitaux afin d'apporter un soutien aux gouvernements qui comptaient financer la recherche. Il faudrait qu'ils investissent à long terme – les progrès dans le domaine de l'énergie peuvent s'étaler sur des décennies –, tout en acceptant des risques importants. Pour éviter les difficultés auxquelles s'étaient heurtés les spécialistes du capital-risque, j'ai entrepris de constituer une équipe d'experts chargés d'examiner minutieusement les sociétés pour les aider à comprendre la complexité du secteur de l'énergie.

La réaction a été enthousiasmante. Le premier investisseur m'a répondu par l'affirmative en moins de quatre heures. Deux mois plus tard, ils étaient vingt-six de plus à avoir rejoint le projet, que nous avions baptisé la coalition « Breakthrough Energy » [« Énergie pionnière »]. Aujourd'hui, l'organisation connue sous ce nom inclut des programmes philanthropiques, des campagnes de sensibilisation et des fonds privés qui ont investi dans plus de quatre-vingt cinq entreprises aux idées prometteuses.

Les gouvernements aussi se sont montrés à la hauteur. Vingt chefs d'État se sont réunis à Paris et se sont engagés à doubler les fonds qu'ils accordaient à la recherche. Les présidents français et américain de l'époque, François Hollande et Barack Obama ; ainsi que le Premier ministre indien Narendra Modi

Lancement de Mission Innovation avec les dirigeants du monde lors de la conférence de l'ONU sur le climat, Paris, 2015[1].

ont joué un rôle capital dans cette décision. C'est d'ailleurs Narendra Modi qui a eu l'idée du nom : Mission Innovation. Aujourd'hui, outre la Commission européenne, vingt-quatre pays participent à Mission Innovation, et le projet a débloqué 4,6 milliards de dollars d'argent frais pour la recherche sur les énergies propres, soit une augmentation de plus de 50 % en à peine quelques années.

1. De gauche à droite (fonctions occupées à l'époque, en 2015) : Wan Gang, ministre des Sciences et de la Technologie (Chine) ; Ali Al-Naimi, ministre du Pétrole et des Ressources minérales (Arabie saoudite) ; la Première ministre Erna Solberg (Norvège) ; le Premier ministre Shinzo Abe (Japon) ; le président Joko Widodo (Indonésie) ; le Premier ministre Justin Trudeau (Canada) ; Bill Gates ; le président Barack Obama (États-Unis) ; le président François Hollande (France) ; le Premier ministre Narendra Modi (Inde) ; la présidente Dilma Roussef (Brésil) ; la présidente Michelle Bachelet (Chili) ; le Premier ministre Lars Løkke Rasmussen (Danemark) ; le Premier ministre Matteo Renzi (Italie) ; le président Enrique Peña Nieto (Mexique) ; le Premier

Le prochain tournant de l'histoire vous est malheureusement familier.

En 2020, un coronavirus inconnu s'est répandu dans le monde entier, provoquant un désastre. Pour qui connaît l'histoire des pandémies, la dévastation causée par la Covid-19 n'est guère surprenante. Cela fait des années que j'étudie les épidémies, et je redoutais sincèrement que le monde ne soit pas prêt à faire face à une pandémie comme celle de la grippe espagnole en 1918, qui avait fait des dizaines de millions de morts. En 2015, lors d'une conférence TED, j'avais tenu un discours en ce sens et réalisé plusieurs entretiens où je défendais le principe de la création d'un système de détection et de réaction aux grandes épidémies. D'autres personnes, dont l'ancien président américain George W. Bush, avaient avancé des arguments similaires.

Malheureusement, le monde n'a pas fait grand-chose pour s'y préparer, et quand ce nouveau coronavirus a frappé, il a causé un nombre de morts catastrophique et des maux économiques tels que nous n'en avions plus connu depuis la Grande Dépression. Sans renoncer à l'essentiel de nos travaux sur le changement climatique, Melinda et moi avons fait de la Covid-19 la principale priorité de la Fondation Gates et de nos efforts personnels. Chaque jour, j'ai échangé avec des

---

ministre David Cameron (Royaume-Uni) ; le sultan Ahmed Al Jaber, ministre d'État et émissaire spécial pour l'énergie et le changement climatique (Émirats arabes unis).

scientifiques dans des universités et de petites entreprises, des PDG de laboratoires pharmaceutiques ou des chefs de gouvernement pour que la fondation puisse contribuer à accélérer le développement de tests, de traitements et de vaccins. Au mois de novembre 2020, nous avions déjà engagé plus de 445 millions de dollars pour lutter contre cette maladie.

La réduction drastique de l'activité économique en 2020 aura permis de réduire l'émission des gaz à effet de serre. Comme je l'ai évoqué plus haut, cette réduction se situe autour de 4,5 %. Autrement dit, nous avons émis l'équivalent de 50 milliards de tonnes de carbone, au lieu des 52 milliards attendus.

C'est une baisse importante, et ce serait formidable si nous pouvions la maintenir à ce niveau chaque année. C'est malheureusement impossible.

Comment est-on parvenu à cette réduction de 4,5 % ? Un million de gens ont perdu la vie, quand des dizaines de millions ont perdu leur emploi. Une situation que personne ne veut voir se poursuivre ou se reproduire, c'est le moins que l'on puisse dire. Et pourtant, les émissions planétaires de gaz à effet de serre n'ont baissé que de moins de 5 %, peut-être même moins. Ce qui me semble significatif, ce n'est pas que la pandémie ait permis de réduire les émissions, mais que cette réduction soit si faible.

Ce modeste déclin des émissions est la preuve que nous n'atteindrons pas l'objectif zéro émission en nous contentant de moins prendre l'avion ou la voiture. Tout comme nous avons eu besoin de nouveaux tests, traitements et vaccins pour ce coronavirus inédit, il nous faut de nouveaux outils pour lutter contre le changement climatique : des moyens à zéro carbone de produire de l'électricité, de fabriquer des choses, de faire pousser de la nourriture, de chauffer ou de climatiser nos bâtiments, de permettre aux gens de se déplacer ou de faire circuler les marchandises dans le monde. Et nous avons besoin de nouveaux semis et d'autres innovations pour aider les plus pauvres, dont beaucoup sont de petits paysans, à s'adapter à un climat plus chaud.

Bien sûr, il y a aussi d'autres obstacles, et tous ne sont pas d'ordre scientifique ou financier. En particulier aux États-Unis, la politique a occulté le débat sur le changement climatique. Certains jours, on pourrait croire qu'il est vain d'espérer que les choses bougent.

Je pense en ingénieur et non en politologue et n'ai pas de solution en matière de politique pour le changement climatique. En revanche, j'espère réussir à recentrer le débat sur ce que l'on doit faire pour parvenir au zéro carbone. Nous devons canaliser la passion du monde et son QI scientifique, afin de mettre en œuvre les solutions énergétiques dont nous disposons à l'heure actuelle et d'en inventer de nouvelles, pour cesser d'accroître le volume des gaz à effet de serre dans l'atmosphère.

Je suis loin d'être le porte-parole idéal sur la question du changement climatique, j'en suis conscient. Le monde ne manque pas d'hommes riches qui ont de grandes idées sur ce que les autres devraient faire, ou qui sont persuadés que la technologie pourra régler tous nos problèmes. Je possède de grandes maisons, je me déplace en jet privé – j'en ai d'ailleurs pris un pour aller assister à la grande conférence de Paris sur le climat : de quel droit puis-je donner des leçons à qui que ce soit sur l'environnement ?

Je plaide coupable.

Je ne peux nier être un homme riche qui a ses opinions. Mais je pense savoir de quoi je parle et ne cesse de vouloir m'informer toujours plus.

Bien sûr, je me passionne aussi pour la technologie. Parlez-moi d'un problème, je chercherai aussitôt une solution technologique. Pour ce qui est du changement climatique, je sais que l'innovation n'est pas la seule chose dont nous ayons besoin. Mais sans elle, la Terre finira par ne plus être viable. Les remèdes technologiques ne sont peut-être pas suffisants, mais ils sont absolument nécessaires.

Oui, mon empreinte carbone personnelle est scandaleusement élevée. J'en éprouve depuis longtemps de la culpabilité. Je suis conscient du haut niveau de mes émissions, et en rédigeant ce livre, j'ai compris qu'il était temps que je fasse tout mon possible pour les réduire. Le moins que l'on puisse exiger de quelqu'un qui se trouve dans ma position, qui se soucie du changement climatique et qui appelle publiquement à agir, c'est qu'il commence par réduire sa propre empreinte carbone.

En 2020, j'ai commencé à acheter du kérosène renouvelable et j'aurai totalement compensé les émissions des avions que nous utilisons, ma famille et moi, en 2021. Pour nos émissions autres que celles liées à nos déplacements en avion, je finance des compensations par le biais d'une entreprise qui gère une installation éliminant le dioxyde de carbone de l'air (pour en savoir plus sur cette technologie, que l'on appelle le « captage direct de l'air » ou DAC, voir le chapitre 4, « Le rôle crucial de l'électricité »). Je soutiens également une organisation à but non lucratif qui procède à des modernisations énergétiques propres dans des logements abordables à Chicago.

J'investis également dans les technologies à zéro carbone, ce qui est aussi une façon de compenser mes émissions. En tout, j'ai engagé plus d'un milliard de dollars sur des approches qui, je l'espère, contribueront à aider la planète à atteindre le zéro – y compris des énergies propres, fiables et bon marché, et la production à faible niveau d'émissions de ciment, d'acier, de viande, etc. Et je ne crois pas que quelqu'un ait investi autant dans des technologies conçues pour le « captage direct du CO_2 ».

Bien sûr, investir dans des entreprises ne réduit pas mon empreinte carbone personnelle. Mais si j'ai effectivement misé sur les gagnants, ils supprimeront plus de dioxyde de carbone que ma famille n'en produira jamais. De plus, le but n'est pas seulement d'amener chacun de nous à compenser ses émissions, mais d'éviter un désastre climatique. C'est pourquoi je soutiens les premiers stades de la recherche dans le domaine des énergies propres, j'investis dans des entreprises prometteuses, je défends des politiques qui favoriseront des avancées dans le monde entier, et j'encourage celles et ceux qui en ont les moyens à faire de même.

Là est la clé : si les responsables d'émissions importantes doivent consommer moins d'énergie, le monde entier, lui, doit en utiliser *plus*, du moment qu'elle est exempte de carbone. Pour répondre au changement climatique, il faut rendre l'énergie propre aussi bon marché et fiable que celle que nous procurent les combustibles fossiles. Je consacre des efforts considérables à ce qui, selon moi, nous permettra d'y parvenir et nous aidera réellement à passer de 52 milliards de tonnes par an à zéro.

*

* *

Ce livre propose une série de mesures qui nous permettront d'éviter un désastre climatique. Je l'ai organisé en cinq parties.

Pourquoi zéro ? Dans le chapitre 1, j'explique plus en détail pourquoi nous devons parvenir à zéro carbone, y compris ce que nous savons (et ce que nous ne savons pas) sur les conséquences de la hausse des températures.

La mauvaise nouvelle : il va être extrêmement difficile d'atteindre le zéro. Puisque tous les plans nécessaires pour réaliser quoi que ce soit commencent toujours par une évaluation réaliste des obstacles attendus, nous allons prendre le temps, dans le chapitre 2, de nous attarder sur les défis qu'il va nous falloir relever.

Comment débattre intelligemment du changement climatique. Dans le chapitre 3, j'explicite certains des chiffres que vous avez pu croiser et qui peuvent prêter à confusion. Je partage aussi quelques questions que j'ai toujours à l'esprit quand je discute du changement climatique. Elles m'ont évité de me tromper plus d'une fois, j'espère qu'il en ira de même pour vous.

La bonne nouvelle : on peut y arriver. Dans les chapitres 4 à 9, je présente les domaines où la technologie existante peut nous aider et ceux où il nous faut réaliser des percées. Ce sera la partie la plus longue du livre. Il existe des solutions que nous devons mettre en œuvre dès aujourd'hui à grande échelle, mais nous avons aussi besoin de *nombreuses* innovations, qui devront être développées et diffusées dans le monde entier au cours des prochaines décennies.

Je décris dans ce chapitre certaines des technologies qui m'enthousiasment particulièrement, mais je cite peu d'entreprises. Notamment parce que j'ai investi dans quelques-unes d'entre elles et que je ne tiens pas à donner l'impression que j'accorde un traitement de faveur aux sociétés dans lesquelles j'ai un intérêt financier. Mais aussi et surtout parce que je souhaite mettre l'accent sur les idées et les innovations, non sur des entreprises précises. Certaines sociétés pourraient fort bien déposer le bilan dans les années à venir, cela fait partie du jeu quand on travaille dans des secteurs pionniers, et ce n'est pas forcément un signe d'échec. L'essentiel est de tirer les leçons de ces échecs et de s'en servir dans les projets suivants, comme nous l'avons fait avec Microsoft, et comme le font tous les autres innovateurs que je connais.

Les mesures que nous pouvons prendre aujourd'hui. Ce livre n'est pas seulement le fruit d'une prise de conscience de l'urgence climatique : je l'ai écrit surtout parce que j'entrevois les moyens d'y faire face. Ce n'est pas de l'optimisme béat : nous disposons déjà de deux des trois choses nécessaires à toute entreprise d'envergure. Tout d'abord, nous en avons l'ambition, grâce à la passion d'un mouvement planétaire grandissant, porté par une jeunesse qui s'inquiète sérieusement du changement climatique. Ensuite, nous nous sommes fixé des objectifs considérables pour résoudre le problème, pendant que de plus en plus de responsables s'engagent à faire leur part, tant au niveau national que local, et ce dans le monde entier.

Ce qu'il nous faut à présent, c'est le troisième et dernier élément : un plan concret pour atteindre nos objectifs.

Tout projet pratique visant à réduire les émissions de gaz à effet de serre doit s'appuyer sur d'autres disciplines : la physique, la chimie, la biologie, l'ingénierie, les sciences politiques, l'économie, les finances, etc. Par conséquent, dans les derniers chapitres de ce livre, je propose un plan d'action qui s'appuie sur les conseils de spécialistes de chacune de ces disciplines. Les chapitres 10 et 11 se concentrent sur les politiques que les gouvernements peuvent adopter ; le chapitre 12 porte sur les mesures que chacun de nous peut prendre pour atteindre notre objectif. Que vous soyez un responsable de gouvernement, un chef d'entreprise ou un électeur débordé par la vie qui manque de temps libre – ou les trois –, vous pouvez agir pour lutter contre le désastre climatique.

Et c'est tout. Allons-y.

CHAPITRE 1
POURQUOI ZÉRO ?

Nous devons parvenir au zéro carbone pour une simple raison. Les gaz à effet de serre retiennent la chaleur, ce qui entraîne une hausse de la température moyenne de la surface de la Terre. Plus il y a de gaz, plus la température augmente. Et une fois les gaz à effet de serre libérés dans l'atmosphère, ils y restent pendant très longtemps. Près d'un cinquième du dioxyde de carbone émis aujourd'hui sera encore là dans dix mille ans.

Aucun scénario n'envisage que l'on puisse ajouter du carbone dans l'atmosphère sans que le monde se réchauffe ; et plus il se réchauffera, plus l'homme aura du mal à survivre et encore plus à prospérer. Nous ne savons pas exactement quels dommages seront causés par une hausse de la température, mais nous avons de bonnes raisons de nous inquiéter. Et comme les gaz à effet de serre demeurent dans l'atmosphère pendant une si longue durée, la planète, elle, restera chaude très longtemps, même après que nous serons parvenus au zéro.

J'utilise « zéro » de façon imprécise, et je devrais expliquer plus clairement ce que j'entends par là. À l'époque préindustrielle, soit environ jusqu'au milieu du XVIIIe siècle, le cycle de carbone de la Terre était probablement à peu près à l'équilibre. Autrement dit, les végétaux et d'autres choses absorbaient plus ou moins autant de dioxyde de carbone qu'il n'en était émis.

Puis nous avons commencé à faire brûler des combustibles fossiles. Ces combustibles se composent de carbone stocké en sous-sol, grâce aux végétaux qui ont été comprimés au fil de millions d'années avant de se transformer en pétrole, en charbon ou en gaz naturel. Quand nous extrayons ces combustibles pour les faire brûler, nous émettons du carbone supplémentaire et accroissons son volume total dans l'atmosphère.

Aucune solution réaliste pour revenir au zéro ne passe par un abandon total de ces combustibles ou par l'interruption de toutes les autres activités qui produisent des gaz à effet de serre (comme la fabrication de ciment, l'utilisation d'engrais, ou l'évacuation de méthane des centrales qui fonctionnent au gaz naturel). Selon toute probabilité, dans un avenir à zéro carbone, nous continuerons au contraire à émettre du carbone, mais nous disposerons des moyens d'éradiquer ces émissions.

Ainsi, « parvenir au zéro » ne signifie pas vraiment « zéro », mais *près de zéro*. Ce n'est pas une épreuve à élimination directe, où tout serait parfait si nous obtenions une réduction de 100 %, mais où une réduction de 99 % serait considérée comme une catastrophe. Malgré tout, plus la réduction sera importante, plus les bénéfices le seront aussi.

Une réduction de 50 % des émissions ne mettrait pas un terme à la hausse de la température, elle ne ferait que ralentir les choses, reportant simplement la catastrophe climatique à un avenir incertain.

Supposons que nous parvenions à une baisse de 99 %. Quels pays et quels secteurs de l'économie auraient le droit d'utiliser le point de pourcentage restant ? Comment pourrions-nous seulement décider d'une chose pareille ?

En fait, pour éviter les pires scénarios climatologiques, il va falloir, à un moment donné, que non seulement nous cessions d'accroître nos émissions de gaz à effet de serre, mais que nous entreprenions aussi sérieusement d'éliminer une partie de ceux que nous avons déjà émis. Cette étape est parfois définie par la notion d'« émissions négatives ». Ce qui signifie simplement qu'à terme, il nous faudra éliminer de l'atmosphère davantage de gaz à effet de serre que nous n'en émettrons afin de pouvoir limiter l'augmentation de la température. Pour revenir à l'image de la baignoire mentionnée dans l'introduction, nous ne nous contenterons pas d'arrêter le robinet : nous retirerons également la bonde pour que l'eau s'écoule.

Je me doute que ce n'est pas en lisant ce chapitre que vous allez entendre parler pour la première fois du risque qu'il y a à ne pas parvenir au zéro. Après tout, le changement climatique fait la une des médias pratiquement tous les jours, et tant mieux : c'est un problème urgent qui mérite d'être abordé le plus souvent possible. Mais cette couverture médiatique peut aussi rendre les choses confuses, voire contradictoires.

Dans ce livre, je vais tenter de clarifier ce brouhaha. Au fil des années, j'ai eu la chance de m'informer auprès de quelques-uns des meilleurs spécialistes du climat et de l'énergie. C'est une conversation sans fin, car la compréhension qu'ont les chercheurs du climat progresse au fur et à mesure qu'ils intègrent de nouvelles données et améliorent les modèles informatiques qu'ils utilisent pour prédire différents scénarios. Mais elle m'a été d'une aide inestimable pour faire le tri entre ce qui est vraisemblable d'une part, ce qui est possible mais peu probable de l'autre, et elle m'a convaincu que la seule façon d'éviter des résultats désastreux était de parvenir au zéro. Dans ce premier chapitre, je souhaite partager avec vous ce que j'ai appris.

Peu, c'est déjà beaucoup

J'ai été étonné d'apprendre que ce qui paraissait n'être qu'une infime hausse de la température mondiale – à peine 1 ou 2 degrés

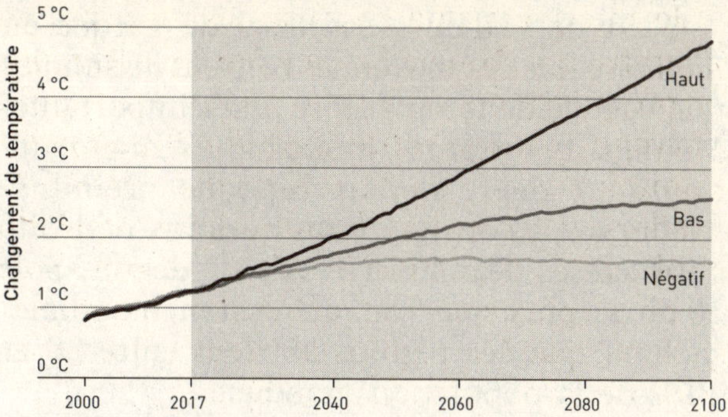

Les lignes qu'il faut connaître[1]. Ces lignes vous montrent jusqu'où la température pourrait augmenter à l'avenir si les émissions augmentaient considérablement (c'est la ligne supérieure), si elles progressaient moins (ligne inférieure), et si nous commencions à éliminer plus de carbone que nous n'en émettons (négative). (KNMI Climate Explorer)

Celsius – risquait en fait d'être la cause de bien des ennuis. Or c'est la vérité : d'un point de vue climatologique, une variation de quelques degrés est quelque chose d'énorme. Pendant la dernière glaciation, la température moyenne n'était que de 6 degrés inférieure à ce qu'elle est aujourd'hui. À l'époque des dinosaures, alors que la température moyenne était peut-être supérieure de 4 degrés à ce que nous connaissons, on trouvait des crocodiles au-dessus du cercle arctique.

1. Coupled Model Intercomparison Project (CMIP5) : anomalies de la température moyenne mondiale calculées par le Royal Netherlands Meteorological Institute Climate Explorer. Le changement de température est mesuré en degrés Celsius.

Il est par ailleurs essentiel de garder en mémoire que ces moyennes peuvent dissimuler une échelle de température assez importante. Même si la moyenne mondiale n'a augmenté que de 1 degré depuis l'époque préindustrielle, on a constaté dans certains endroits des hausses déjà supérieures à 2 degrés. Soit 50 % de plus que l'augmentation mondiale, sachant que ces régions abritent entre 20 et 40 % de la population mondiale.

Pourquoi certains endroits se réchauffent-ils plus que d'autres ? Sur certains continents, à l'intérieur des terres, le sol est plus sec, ce qui veut dire qu'il ne peut plus se refroidir autant que par le passé. Pour parler simplement, les continents ne peuvent plus suer autant qu'ils ne le faisaient.

Mais quel est le rapport entre une planète qui se réchauffe et les émissions de gaz à effet de serre ? Revenons aux fondamentaux. Le dioxyde de carbone est le gaz à effet de serre le plus courant, mais il en existe une poignée d'autres, comme le protoxyde d'azote et le méthane. Vous avez peut-être déjà pu apprécier le protoxyde d'azote chez le dentiste – on l'appelle aussi le « gaz hilarant ». Quant au méthane, c'est le principal ingrédient du gaz naturel que vous utilisez peut-être pour faire fonctionner votre cuisinière ou votre chaudière. À la molécule près, beaucoup de ces autres gaz provoquent davantage de réchauffement que le dioxyde de carbone – dans le cas du méthane, 120 fois plus dès qu'il se diffuse dans l'atmosphère. Mais le méthane ne subsiste pas aussi longtemps que le dioxyde de carbone.

Pour continuer à parler simplement, la plupart des gens regroupent tous ces gaz à effet de serre en une seule mesure, dite « équivalent en dioxyde de carbone » (parfois abrégé en CO_2e). Nous avons recours aux équivalents en dioxyde de carbone pour tenir compte du fait que certains gaz emprisonnent davantage de chaleur que le dioxyde de carbone, mais qu'ils ne survivent pas aussi longtemps. Malheureusement, les équivalents en dioxyde de carbone sont un instrument de mesure imparfait. En définitive, ce qui importe vraiment, ce n'est pas le volume des émissions de gaz à effet de serre, ce sont les températures qui augmentent et leur impact sur l'humanité. Et dans ce domaine-là, un gaz comme le méthane est bien pire que le dioxyde de carbone. Il entraîne une hausse immédiate et importante de la température. Quand on se sert des équivalents en dioxyde de carbone, on ne prend pas pleinement en compte cet effet à court terme pourtant essentiel.

Quoi qu'il en soit, ils restent la meilleure méthode dont nous disposons pour calculer les émissions, et puisqu'ils reviennent souvent dans les discussions sur le changement climatique, je m'en servirai aussi dans ce livre. Les 52 milliards de tonnes que j'évoque constamment représentent le volume annuel des émissions dans le monde entier, exprimé en équivalents en dioxyde de carbone. Il se peut que vous croisiez ailleurs des chiffres

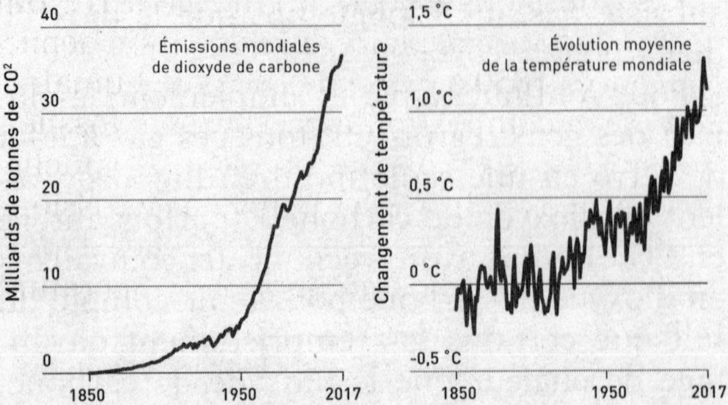

Les émissions de dioxyde de carbone augmentent, et la température mondiale avec. À gauche, vous pouvez voir comment les émissions de dioxyde de carbone provenant des processus industriels et de la combustion de carburants fossiles ont augmenté depuis 1850. À droite, vous voyez que la température du globe augmente en même temps que les émissions[1]. (Global Carbon Budget 2019 ; Berkeley Earth)

comme 37 milliards – cela ne correspond qu'au dioxyde de carbone, en excluant les autres gaz à effet de serre –, ou encore de 10 milliards, soit uniquement le carbone. Histoire de varier un peu, et parce qu'à force de lire plus d'une centaine de fois les mots « gaz à effet de serre » votre regard risque de devenir vitreux, j'emploierai parfois le mot « carbone » comme un synonyme de dioxyde de carbone et des autres gaz.

1. Les émissions de carbone augmentent : variations de la température moyenne mesurées en dégrés Celsius. Les données concernant la moyenne 1951-1980 proviennent de Berkeley Earth (berkeleyearth.org). Les données sur le CO_2 en tonnes métriques proviennent

Les émissions de gaz à effet de serre ont connu une spectaculaire augmentation depuis les années 1850 à cause de l'activité humaine, comme la combustion de carburants fossiles. Considérez les tableaux ci-après. À gauche, vous pouvez voir à quel point nos émissions de dioxyde de carbone se sont accrues depuis 1850, et à droite, à quel point la température mondiale moyenne a augmenté.

Comment les gaz à effet de serre provoquent-ils le réchauffement ? Pour faire court, ils absorbent la chaleur et la maintiennent captive dans l'atmosphère. Ils fonctionnent de la même façon qu'une serre, d'où leur nom.

En fait, vous avez déjà vu des gaz à effet de serre en action, mais à une tout autre échelle, chaque fois que votre voiture est garée au soleil : votre pare-brise laisse entrer la lumière du soleil, puis enferme une partie de cette énergie. Raison pour laquelle il fait alors tellement plus chaud à l'intérieur de votre voiture qu'à l'extérieur.

Mais cette explication ne fait que susciter d'autres interrogations. Comment la chaleur du soleil franchit-elle les gaz à effet de serre durant son voyage vers le sol, avant de se retrouver piégée par ces mêmes gaz dans notre atmosphère ? Le dioxyde de carbone agit-il comme une sorte de gigantesque miroir sans

---

de Corinne Le Quéré, Robbie M. Andrew *et al.*, « Global Carbon Budget 2019 » (licence : CC BY 4.0 ; https://www.creativecommons.org/licenses/by/4.0), disponible en ligne : https://essd.copernicus.org/articles/11/1783/2019.

tain ? Et d'ailleurs, si le dioxyde de carbone et le méthane capturent la chaleur, pourquoi n'est-ce pas le cas de l'oxygène ?

Une jolie petite démonstration de physique-chimie permet d'y répondre. Si vous n'avez pas oublié vos cours de physique, vous savez que toutes les molécules vibrent. Plus cette vibration est rapide, plus elles sont chaudes. Frappés par des radiations à certaines longueurs d'onde, certains types de molécules bloquent les radiations, en aspirent l'énergie et vibrent plus vite. Mais toutes les radiations ne sont pas émises à la longueur d'onde nécessaire pour engendrer cet effet. La lumière du soleil, par exemple, traverse directement la plupart des gaz à effet de serre sans être absorbée. La majeure partie atteint le sol et réchauffe la planète, comme elle le fait depuis des milliards d'années.

Le problème, c'est que la Terre ne retient pas toute cette énergie pour toujours. Si elle le faisait, il y régnerait déjà une chaleur insupportable. Au lieu de cela, elle en renvoie une portion dans l'espace. Or une fraction de cette énergie est émise exactement à la longueur d'onde nécessaire pour qu'elle soit absorbée par les gaz à effet de serre. Au lieu de se disperser sans danger dans le vide, elle frappe les molécules des gaz à effet de serre et les fait vibrer plus vite, ce qui réchauffe l'atmosphère. (D'ailleurs, cet effet de serre nous rend bien service : sans lui, la planète serait beaucoup trop froide pour nous. Le problème, c'est le surplus de gaz à effet de serre, qui provoque une surchauffe du système.)

Pourquoi tous les gaz n'agissent-ils pas de cette façon ? Parce que les molécules qui contiennent deux copies du même atome – par exemple, les molécules d'azote et d'oxygène – laissent passer les radiations directement à travers elles. Seules les molécules composées d'atomes différents, comme celles de dioxyde de carbone et de méthane, présentent la structure qu'il faut pour absorber les radiations et se mettre à chauffer.

Voici donc la première partie de la réponse à la question « pourquoi faut-il parvenir au zéro ? » : parce que le moindre volume de carbone que nous injectons dans l'atmosphère accroît l'effet de serre. La physique est une science imparable.

La partie suivante de la réponse est liée à l'impact que tous ces gaz à effet de serre ont sur le climat et donc sur nous.

Ce que nous savons, ce que nous ignorons

Les scientifiques ont encore beaucoup à apprendre sur les raisons et les modalités du changement climatique. Les rapports du Giec admettent clairement qu'il plane par exemple une incertitude quant à l'importance et la rapidité de l'augmentation de la température, et quant à l'effet précis de cette hausse.

Le problème, c'est que les modèles informatiques sont loin d'être parfaits. Le climat est d'une complexité effarante, et il y a beaucoup de choses que nous ne comprenons pas ; entre autres, l'impact des nuages sur le réchauffement et celui de toute cette chaleur supplémentaire sur les écosystèmes. Les chercheurs s'efforcent d'identifier ces failles et de les combler.

Pourtant, nombreuses sont les choses que les scientifiques peuvent affirmer avec certitude quant à l'avenir si nous ne parvenons pas au zéro. En voici quelques éléments clés.

La Terre se réchauffe à cause de l'activité humaine, dont l'impact est néfaste et ne cesse d'empirer. Nous avons toutes les raisons de croire qu'à un moment donné, cet impact sera catastrophique. Ce moment surviendra-t-il dans trente ou cinquante ans ? Nous ne pouvons pas l'établir avec précision. Mais sachant à quel point le problème sera difficile à résoudre, même si le pire scénario devient réalité dans cinquante ans, c'est maintenant qu'il nous faut agir.

Nous avons déjà causé une hausse d'au moins 1 degré depuis l'époque préindustrielle, et si nous ne réduisons pas nos émissions, nous serons probablement témoins d'un réchauffement de 1,5 à 3 degrés d'ici 2050 et de 4 à 8 degrés d'ici la fin du siècle.

Toute cette chaleur en surplus aura diverses conséquences sur le climat. Avant d'expliquer ce qui nous attend, je tiens à formuler un avertissement : si nous sommes capables de prédire le déroulement de tendances générales, comme « on comptera davantage de jours chauds » ou « le niveau des mers va monter », nous ne pouvons pas imputer avec certitude au changement climatique la responsabilité d'un événement particulier. Par exemple, quand on subit une vague de chaleur, on ne peut pas dire si elle a été causée uniquement par le changement climatique. Ce que nous pouvons faire, en revanche, c'est établir dans quelle mesure ce dernier a accru le risque que se produise cette vague de chaleur. À propos des ouragans, on ne sait pas clairement si leur nombre augmente du fait du réchauffement des océans, mais on dispose de preuves de plus en plus nombreuses du fait que le changement climatique rend les ouragans plus pluvieux, et qu'il accroît le nombre des plus violents. Nous ne savons pas non plus si ces événements extrêmes interagiront les uns avec les autres – et encore moins de quelle façon –, causant des dommages encore plus grands.

Que savons-nous d'autre ?

Pour commencer, il y aura davantage de jours très chauds. Je pourrais vous citer les statistiques de villes dans tous les États-Unis, mais je vais vous parler d'Albuquerque, au Nouveau-Mexique, car j'ai un lien particulier avec elle : c'est là que Paul Allen et moi avons fondé Microsoft en 1975. (Micro-Soft, pour être tout à fait exact – nous avons sagement renoncé au trait d'union et au *S* majuscule quelques années plus tard.) Au milieu des années 1970, alors que nous démarrions à peine, la température à Albuquerque dépassait les 32 °C trente-six fois par an en moyenne. Vers 2050, cela se produira deux fois plus souvent. À la fin du siècle, la ville pourrait connaître près de 114 jours aussi chauds. Autrement dit, ses habitants passeront d'un à trois mois de forte chaleur par an.

Ces journées plus chaudes et plus humides n'affecteront pas tout le monde de la même façon. Par exemple, la région de Seattle, où Paul et moi avons transféré Microsoft en 1979, s'en sortira probablement sans grand mal. Plus tard dans le courant de ce siècle, on pourrait y recenser jusqu'à quatorze jours à 32 °C, après avoir connu une moyenne d'un ou deux seulement par an dans les années 1970. Quelques régions pourraient tirer parti d'un climat plus chaud. Dans les régions froides, par exemple, on comptera moins de victimes d'hypothermie ou de la grippe, et les gens dépenseront moins pour chauffer leurs domiciles et leurs entreprises.

Mais à en juger par la tendance générale, le réchauffement sera synonyme de dégâts. Car toute cette chaleur supplémentaire a des répercussions. Nous savons que lorsque la température moyenne augmente, davantage d'eau s'évapore dans l'air depuis la surface de la Terre. La vapeur d'eau est un gaz à effet de serre, mais contrairement au dioxyde de carbone ou au méthane, elle ne reste pas longtemps en suspension dans l'air – elle finit par retomber à la surface sous forme de pluie ou de neige. Quand la vapeur d'eau se condense pour devenir de la pluie, elle libère une énorme quantité d'énergie, comme le sait quiconque s'est retrouvé sous un orage puissant.

Même les ouragans les plus terribles ne durent généralement pas plus de quelques jours, mais ils peuvent avoir des conséquences qui s'étalent sur des années. Des gens perdent la vie – une tragédie à part entière –, et les rescapés, eux, en ressortent brisés. Bien souvent, ils se retrouvent privés de tout. Les ouragans et les inondations détruisent des bâtiments, des routes, des lignes à haute tension qu'il a fallu des années pour construire. Toutes ces infrastructures peuvent à terme être remplacées, évidemment, mais cela détourne de l'argent qui pourrait être consacré à de nouveaux investissements afin d'aider l'économie à se développer. Au lieu d'avancer, on ne fait que courir pour revenir là où l'on était. Selon une étude, en 2017, l'ouragan Maria a ramené les infrastructures de Porto Rico plus de vingt ans en arrière[1]. Combien de temps avant que le prochain ouragan ne survienne et les fasse de nouveau reculer ? Nous n'en savons rien.

Ces ouragans toujours plus violents engendrent une étrange situation de « tout ou rien » : même s'il pleut davantage en certains endroits, ailleurs les sécheresses sont plus fréquentes et plus graves. L'air plus

1. Solomon M. Hsiang et Amir S. Jina, « Geography, Depreciation, and Growth », *American Economic Review*, mai 2015

chaud peut retenir plus d'humidité et plus il se réchauffe, plus il a soif, aspirant plus d'eau du sol. D'ici la fin du siècle, dans le sud-ouest des États-Unis, l'humidité du sol aura diminué de 10 à 20 %, et le risque de sécheresse dans cette région aura augmenté d'au moins 20 %. La sécheresse menacera également le Colorado, qui fournit de l'eau potable à près de 40 millions d'Américains, et permet d'irriguer plus d'un septième de toutes les cultures américaines.

Sous un climat plus chaud, les incendies de forêts seront plus fréquents et plus destructeurs. L'air chaud absorbe l'humidité des végétaux et du sol, ce qui fait que tout peut brûler plus facilement. Les variations sont considérables sur l'ensemble du globe, car les conditions sont très différentes d'un endroit à l'autre. Mais la Californie offre un exemple dramatique de ce qui est en train de se passer. Depuis le début des années 1970, la fréquence des incendies de forêts s'est multipliée par cinq, essentiellement parce que la saison des incendies dure plus longtemps et que les forêts y contiennent davantage de bois sec susceptible de prendre feu. D'après les autorités américaines, la moitié de cette augmentation s'explique par le changement climatique, et d'ici le milieu du siècle, les ravages causés par les incendies de forêts pourraient doubler[1]. Ce qui devrait inquiéter tous ceux qui

1. Donald Wuebbles, David Fahey et Kathleen Hibbard, « National Climate Assessment 4. Climate Change

L'ouragan Maria a ramené le réseau électrique de Porto Rico près de vingt ans en arrière.

ont encore à l'esprit les incendies américains de 2020.

La montée du niveau des mers est une autre conséquence de la hausse de la température. Cela est en partie dû à la fonte de la glace polaire et au fait qu'en se réchauffant, l'eau de mer se dilate. (Le métal fait de même et c'est pour cette raison que vous pouvez retirer une bague coincée à votre doigt en la mettant sous l'eau chaude.) La montée moyenne du niveau des mers – probablement de quelques mètres d'ici 2100 – peut paraître modeste, mais certaines régions en seront plus affectées que d'autres. Les plages sont menacées, ce qui n'a rien d'étonnant, mais cela vaut également

---

Impacts in the United States » (U.S. Global Change Research Program, 2017)

pour les villes situées sur des terrains particulièrement poreux. À Miami, on signale déjà la présence d'eau de mer dans les collecteurs d'eaux pluviales, même quand il ne pleut pas – ce que l'on appelle une « inondation par temps sec » –, et la situation ne va pas s'améliorer. Selon le scénario modéré du Giec, d'ici 2100, le niveau de la mer dans les environs de Miami montera de près de soixante centimètres. De plus, certaines parties de la ville s'enfoncent – elles coulent, pour ainsi dire –, ce qui pourrait encore accroître la montée d'une trentaine de centimètres.

La montée des eaux sera encore pire pour les plus pauvres de la planète. Le Bangladesh, un pays qui a nettement progressé sur la voie qui doit le faire sortir de la misère, en est un exemple frappant. Il a toujours connu les caprices du temps. Avec son littoral long de plusieurs centaines de kilomètres sur le golfe du Bengale, qui se compose principalement de deltas et de terres peu élevées, il subit chaque année de fortes précipitations. Or le changement climatique y rend la vie encore plus difficile. À cause des cyclones, des orages violents et des inondations, il est désormais courant que 20 à 30 % du Bangladesh se retrouvent sous les eaux, ce qui détruit les récoltes et les habitations, et cause des morts dans tout le pays.

Enfin, le surcroît de chaleur et le dioxyde de carbone qui en est à l'origine ont un impact sur la faune et la flore. D'après des recherches citées par le Giec, une hausse de 2 degrés entraînerait une réduction de l'aire de répartition des vertébrés de 8 %, de 16 % pour les végétaux et de 18 % pour les insectes[1].

Pour ce qui est de notre nourriture, le tableau est plus mitigé, mais il n'en est pas moins sinistre. D'un côté, le blé et de nombreux autres végétaux poussent plus vite et ont besoin de moins d'eau quand il y a un volume important de carbone dans l'air. De l'autre, le maïs est particulièrement sensible à la chaleur[2] ; et c'est la principale culture aux États-Unis, où elle rapporte plus de 50 milliards de dollars par an. Rien que dans l'Iowa, la culture du maïs couvre plus de 7 millions d'hectares[3].

À l'échelle mondiale, le changement climatique pourrait affecter de bien des façons la quantité de nourriture que nous tirons de nos champs. Dans certaines zones septentrionales, le rendement pourrait augmenter, mais il va chuter presque partout ailleurs, de quelques points de pourcentage à près de 50 %. Le changement climatique pourrait entraîner une baisse de moitié de la production de blé et de maïs en Europe du Sud d'ici 2050. En Afrique subsaharienne, les agriculteurs risquent de voir la saison des cultures diminuer de 20 %,

1. R. Warren *et al.*, « The Projected Effect on Insects, Vertebrates, and Plants of Limiting Global Warming to 1,5 °C Rather than 2 °C », *Science*, 18 mai 2018

2. Voir le site de World of Corn, publié par la National Corn Growers Association : worldofcorn.com

3. Voir le site du Corn Promotion Board : www.iowacorn.org

tandis que des millions d'hectares de terre vont considérablement s'assécher. Dans les régions pauvres, où les gens consacrent déjà plus de la moitié de leurs revenus à la nourriture, les prix pourraient augmenter de 20 % ou plus. Des sécheresses catastrophiques en Chine, dont l'agriculture fournit du blé, du riz et du maïs à un cinquième de la population mondiale, pourraient déclencher une crise alimentaire régionale, voire planétaire.

La hausse de la température est aussi nuisible aux animaux que nous mangeons ou dont nous consommons le lait. Elle les rendra moins productifs, les fera mourir plus jeunes, ce qui entraînera une augmentation du coût de la viande, des œufs et des produits laitiers. Les régions qui dépendent des produits de la mer connaîtront elles aussi des difficultés, non seulement parce que les eaux se réchauffent, mais aussi parce qu'elles se différencient – on voit se développer des zones où l'eau contient plus d'oxygène et d'autres où il y en a moins. Par conséquent, les poissons et autres animaux marins se déplacent ailleurs ou disparaissent tout simplement. Si la température augmente de 2 degrés, les récifs coralliens pourraient totalement s'éteindre, ce qui détruirait une source essentielle de nourriture tirée de la mer pour plus d'un milliard de personnes.

Après la pluie, le déluge

On pourrait être tenté de croire qu'il n'y a pas une grande différence entre 1,5 et 2 degrés, mais les climatologues ont procédé à des simulations à partir de ces deux scénarios, et les nouvelles ne sont pas rassurantes. Sous bien des aspects, une augmentation de 2 degrés ne serait pas seulement 33 % plus grave que 1,5 degré. Elle pourrait être 100 % pire. Le nombre d'individus peinant à se procurer de l'eau potable serait multiplié par deux. De même, dans les tropiques, la chute de la production de maïs doublerait.

Le moindre de ces effets serait déjà terrible. Mais ils ne sont pas exclusifs : on ne devra pas affronter soit l'un, soit l'autre, et on ne se contentera pas de souffrir d'une augmentation de la température ou d'inondations plus fréquentes. Le climat ne fonctionne pas ainsi : les effets du changement climatique sont cumulatifs, ils s'additionnent les uns aux autres.

Avec l'augmentation de la chaleur, par exemple, les moustiques commenceront à se répandre dans de nouvelles régions (ils raffolent de l'humidité et quitteront donc les zones qui s'assèchent pour celles qui vont devenir plus humides) : nous allons voir apparaître des cas de malaria et d'autres maladies transmises par les insectes là où on ne les avait jamais connues auparavant.

Les coups de chaleur seront aussi un sérieux problème. Et ils sont liés à l'humidité, contrairement à ce que l'on pourrait croire. L'air ne peut contenir qu'une certaine quantité de vapeur d'eau, et une fois atteint un certain plafond, il est si saturé qu'il ne peut plus absorber d'humidité supplémentaire. En quoi cela nous concerne-t-il ? Parce que la capacité du corps humain à se rafraîchir dépend de la capacité de l'air à absorber la sueur quand elle s'évapore. Si l'air ne peut plus absorber votre sueur, vous pourrez transpirer autant que vous voudrez, vous n'aurez pas moins chaud. La température de votre corps restera donc élevée et vous pourrez mourir d'un coup de chaleur en quelques heures.

Les coups de chaleur ne sont évidemment pas un phénomène nouveau. Mais plus l'atmosphère se réchauffe et devient humide, plus le problème s'aggrave. Dans les zones les plus concernées – le golfe Persique, l'Asie du Sud et certaines régions de Chine –, il y aura des périodes de l'année où la vie de centaines de millions de personnes sera menacée.

Pour comprendre ce qui se passe quand ces effets commencent à se cumuler, intéressons-nous à leur impact à l'échelle individuelle. Imaginez que vous êtes un jeune agriculteur prospère qui cultive du maïs, du soja et élève du bétail dans le Nebraska en 2050. À quel point le changement climatique va-t-il vous affecter, votre famille et vous ?

Vous résidez en plein cœur des États-Unis, loin des côtes, donc la montée du niveau de la mer ne vous touche pas directement. Mais la chaleur, si. Dans les années 2010, quand vous étiez enfant, vous viviez peut-être trente-trois jours à 32 °C. Aujourd'hui, cela arrive soixante-cinq à soixante-dix fois par an. La pluie est elle aussi beaucoup moins fiable : quand vous étiez petit, on pouvait s'attendre à environ soixante centimètres par an. Maintenant, ce peut être seulement cinquante-cinq, ou au contraire soixante-treize.

Vous avez peut-être adapté votre exploitation à ces journées plus chaudes et à ces précipitations imprévisibles. Des années plus tôt, vous avez investi dans de nouvelles variétés de récoltes, qui tolèrent les hausses de température, et vous avez bricolé des systèmes qui vous permettent de rester à l'intérieur quand il fait trop chaud. Ces nouvelles cultures et vos bricolages vous ont coûté des dépenses supplémentaires que vous n'avez guère appréciées, mais c'était la meilleure solution.

Un jour, vous êtes surpris par un violent orage. Alors que les cours d'eau voisins débordent et submergent les digues qui les retenaient depuis des décennies, votre propriété se retrouve inondée. Du temps de vos parents, un pareil déluge ne survenait qu'une fois par siècle, alors que vous vous estimez heureux quand cela n'arrive qu'une fois tous les dix ans. Les eaux emportent une grande partie de vos récoltes de maïs et de soja, et vos stocks sont tellement détrempés qu'ils moisissent sur place et que vous devez les jeter. En théorie, vous pourriez vendre votre bétail pour compenser vos pertes, mais toute la nourriture pour le bétail a été emportée elle aussi, donc vous n'allez pas pouvoir le garder très longtemps.

Les eaux finissent par se retirer, et vous vous apercevez que les routes, les ponts et les voies ferrées des environs sont désormais inutilisables. Non seulement cela vous empêche d'expédier les rares récoltes que vous avez pu préserver, mais cela gêne aussi les camions qui doivent vous livrer les semis pour la prochaine saison. En supposant que vos champs sont encore exploitables. C'est un véritable désastre qui risque de mettre fin à votre carrière dans l'agriculture et de vous obliger à quitter la ferme qui appartenait à votre famille depuis des générations.

On peut avoir l'impression que j'ai sélectionné le pire scénario possible, mais ce genre de choses a déjà lieu, et ce sont surtout les agriculteurs démunis qui en sont victimes. D'ici quelques décennies, cela pourrait arriver à un plus grand nombre. Aussi terrible que cela paraisse, la situation sera encore pire pour le milliard d'individus les plus pauvres de la planète – ceux qui ont déjà du mal au quotidien et dont l'existence deviendra encore plus difficile avec le changement climatique.

Imaginez maintenant que vous vivez dans l'Inde rurale, vous pratiquez une agriculture de subsistance avec votre époux, ce qui veut dire que vos enfants et vous mangez presque toute la nourriture que vous produisez. Quand la saison est particulièrement propice, il vous reste parfois de quoi vendre pour acheter des médicaments pour vos enfants ou pour les envoyer à l'école. Malheureusement, les vagues de chaleur sont dorénavant si fréquentes que votre village devient invivable – il n'est pas rare qu'il fasse 48 °C plusieurs jours d'affilée –, et entre la chaleur et les nuisibles qui envahissent maintenant vos champs pour la première fois, il vous est presque impossible d'entretenir vos récoltes. Si la mousson a inondé d'autres régions du pays, votre village, lui, a reçu beaucoup moins de pluie que d'habitude, et il est si difficile de trouver de l'eau que vous survivez à l'aide d'une canalisation qui ne fonctionne que quelques fois par semaine. Il devient même plus dur de simplement nourrir votre famille.

Vous avez déjà envoyé votre fils aîné travailler dans une grande ville à des centaines de kilomètres de là, parce que vous n'aviez plus de quoi le nourrir. Un de vos voisins s'est suicidé quand il s'est retrouvé incapable de faire vivre sa famille. Devez-vous rester, votre mari et vous, pour tenter de survivre dans la ferme que vous connaissez, ou abandonner la campagne et déménager dans une zone plus urbanisée où vous pourrez peut-être gagner votre vie ?

C'est une décision difficile à prendre. Mais c'est à des choix de ce genre que sont déjà confrontés des individus dans le monde entier, avec des conséquences déchirantes. Au cours de la pire sécheresse jamais enregistrée en

Syrie, qui a duré de 2007 à 2010, quelque 1,5 million de personnes ont quitté les zones rurales pour se réfugier dans les villes, ce qui a contribué à préparer le terrain au conflit armé qui a éclaté en 2011. Cette sécheresse a été rendue trois fois plus probable par le changement climatique[1]. En 2018, on comptait près de 13 millions de personnes déplacées en Syrie.

Le problème ne peut qu'empirer. Une étude sur les chocs météorologiques et les demandes d'asile en Europe a montré que même dans le cas d'un réchauffement modéré, les demandes d'asile pourraient augmenter de 28 %, pour atteindre 450 000 par an d'ici la fin du siècle[2]. La même étude a évalué que d'ici 2080, la baisse du rendement des récoltes pousserait 2 à 10 % des adultes du Mexique à franchir la frontière des États-Unis.

Exprimons tout ceci en des termes que pourra comprendre quiconque traverse aujourd'hui la pandémie de Covid-19. Si vous voulez prendre la mesure des dégâts que va provoquer le changement climatique, considérez la Covid-19, puis imaginez que cette souffrance dure beaucoup plus longtemps. Les décès et les difficultés économiques causés par cette pandémie sont du même niveau

1. Colin P. Kelley *et al.*, « Climate Change in the Fertile Crescent and Implications of the Recent Syrian Drought », *PNAS*, 17 mars 2015
2. Anouch Missirian et Wolfram Schlenker, « Asylum Applications Respond to Temperature Fluctuations », *Science*, 22 décembre 2017

que ce qui va se produire régulièrement si nous ne supprimons pas les émissions de carbone dans le monde.

Commençons par les décès. Combien de gens la Covid-19 va-t-elle tuer, par rapport au changement climatique ? Puisque nous souhaitons comparer des événements situés à des époques différentes – la pandémie en 2020 et le changement climatique, disons, en 2030 –, et sachant qu'entre-temps, la population mondiale aura évolué, nous ne pouvons pas mettre sur un même pied les chiffres bruts. Au lieu de cela, nous allons nous référer au taux de mortalité, le nombre de décès pour 100 000 personnes.

En nous fondant sur les données de la grippe espagnole de 1918 et celles de la pandémie de Covid-19, puis en établissant une moyenne sur une durée d'un siècle, nous pouvons évaluer dans quelle mesure une pandémie mondiale augmente le taux de mortalité planétaire. D'environ 14 décès pour 100 000 personnes par an.

Et qu'en est-il du changement climatique ? Vers 2050, la hausse des températures mondiales sera à l'origine d'une augmentation équivalente du taux de mortalité – 14 décès pour 100 000. À la fin du siècle, si la croissance des émissions ne faiblit pas, le changement climatique pourrait être responsable de 75 morts supplémentaires pour 100 000 personnes. En d'autres termes, d'ici le milieu du siècle, le changement climatique pourrait se révéler tout aussi meurtrier que la Covid-19, et cinq fois plus meurtrier d'ici 2100.

Sur le plan économique, le tableau est également lugubre. L'impact probable du changement climatique et celui de la Covid-19 varient considérablement selon le modèle économique utilisé. Mais la conclusion, elle, ne fait aucun doute : dans les dix ou vingt prochaines années, les ravages économiques causés par le changement climatique seront vraisemblablement aussi terribles que si l'on subissait une pandémie de l'envergure de la Covid-19 une fois tous les dix ans. Et d'ici la fin du XXIe siècle, ce sera encore pire si le monde continue à émettre des gaz à effet de serre comme il le fait aujourd'hui[1].

Si vous suivez les informations sur le changement climatique dans les médias, la plupart des prédictions évoquées dans ce chapitre doivent vous paraître familières. Mais plus la température va augmenter, plus ces problèmes vont se répéter, en plus sévères, et ils toucheront toujours plus de gens. Et on court le risque d'un changement climatique

1. Les chiffres sont les suivants. À en croire de récents modèles, le coût du changement climatique en 2030 représentera probablement entre 0,85 et 1,5 % du PIB des États-Unis chaque année. Dans le même temps, les estimations actuelles du coût de la Covid-19 pour les États-Unis en 2020 se situent entre 7 et 10 % du PIB. Si l'on part du principe qu'un bouleversement de ce type se produit une fois tous les dix ans, on aboutit à un coût annuel moyen de 0,7 à 1 % du PIB – soit à peu près équivalent aux dégâts du changement climatique.

catastrophique relativement subit si, par exemple, de grandes parties du sol perpétuellement gelé de la Terre (que l'on appelle le « permafrost ») se réchauffent au point de fondre et libérer ainsi les vastes quantités de gaz à effet de serre, principalement du méthane, qui y sont emprisonnées.

S'il reste des incertitudes au niveau scientifique, nous disposons d'assez d'informations pour savoir que ce qui nous attend sera terrible. Il y a toutefois deux choses que nous pouvons faire :

Adaptation. Nous pouvons nous efforcer de limiter l'impact des changements qui sont déjà en cours et de ceux dont nous savons qu'ils vont avoir lieu. Comme ce sont les gens les plus pauvres de la planète qui seront le plus durement affectés par le changement climatique, et sachant que la plupart d'entre eux sont agriculteurs, l'adaptation est un axe de réflexion crucial pour l'équipe spécialisée sur les questions agricoles de la Fondation Gates. Par exemple, nous finançons un grand nombre de projets de recherche sur de nouvelles variétés de cultures capables de supporter les sécheresses et les inondations qui vont s'aggraver et se multiplier dans les prochaines décennies. Je vous en dirai plus sur l'adaptation et présenterai dans les grandes lignes certaines des mesures que nous devrons prendre au chapitre 9.

Atténuation. Pour l'essentiel, ce livre ne traite pas de l'adaptation, mais de cet autre objectif que nous devons atteindre : cesser d'accroître le volume des gaz à effet de serre dans l'atmosphère. Si l'on veut avoir un quelconque espoir d'éviter le désastre, les principaux émetteurs de la planète – les pays les plus riches – doivent parvenir à zéro émission d'ici 2050. Les pays à revenus moyens devront y parvenir peu après, et le reste du monde finira par les rejoindre.

J'ai entendu des gens s'opposer à l'idée que les pays riches devaient montrer l'exemple : « Pourquoi devrions-nous en faire les frais ? » Ce n'est pas seulement parce que nous sommes responsables de la majeure partie du problème (même si c'est effectivement le cas). C'est aussi parce que cela représente une chance fabuleuse sur le plan économique. Ce sont les pays qui développent de grandes entreprises et des industries à zéro carbone qui seront les chefs de file de l'économie mondiale dans les décennies à venir.

Les pays riches sont les mieux à même de mettre en place des solutions climatiques innovantes. Ce sont eux qui disposent de subventions gouvernementales, d'universités, de laboratoires de recherche nationaux et de start-up qui attirent les talents du monde entier, donc c'est à eux d'ouvrir la voie. Qui réalisera de remarquables percées dans le domaine de l'énergie et démontrera qu'elles peuvent fonctionner à l'échelle planétaire, tout en restant abordables, trouvera de nombreux clients enthousiastes dans les économies émergentes.

Il y a bien des chemins pour parvenir au zéro. Avant de les explorer en détail, il nous faut comprendre à quel point le voyage sera rude.

CHAPITRE 2

LES DIFFICULTÉS QUI NOUS ATTENDENT

Surtout, que le titre de ce chapitre ne vous déprime pas, je vous en prie. J'espère avoir été clair à ce sujet : je suis convaincu que nous pouvons parvenir au zéro, et dans les chapitres suivants, je m'efforcerai de vous expliquer pourquoi j'en suis persuadé et ce que nous devrons faire pour y arriver. Mais il est impossible de résoudre un problème comme le changement climatique sans décrire en toute honnêteté ce qu'il nous faudra entreprendre et les obstacles qu'il nous faudra surmonter. Par conséquent, et en gardant à l'esprit que nous allons ensuite évoquer les solutions – y compris les moyens d'accélérer la transition à partir des combustibles fossiles –, considérons les pires difficultés qui nous attendent.

Les combustibles fossiles sont comme l'eau. Je suis un grand fan de l'écrivain David Foster

Wallace [décédé en 2008]. (Je me prépare à attaquer la lecture de son roman titanesque, *L'Infinie Comédie*, en me frayant lentement un chemin dans tout ce qu'il a écrit.) Lors de son célèbre discours à la remise des diplômes au Kenyon College en 2005, Wallace a commencé par cette histoire :

Deux jeunes poissons sont en train de se promener, quand ils croisent un poisson plus âgé qui nage dans l'autre sens, hoche la tête et leur dit : « Salut les gars, alors, comment vous trouvez l'eau, aujourd'hui ? » Et les deux jeunes poissons continuent de nager pendant un petit moment, jusqu'à ce que l'un des deux se tourne vers l'autre et demande : « Mais c'est quoi, l'eau[1] ? »

1. Vous pouvez lire l'intégralité de ce merveilleux discours en ligne et dans *C'est de l'eau. Quelques pensées, exprimées en une occasion significative, pour vivre sa vie avec compassion*, traduit par Charles Recoursé, Vauvert, Au diable vauvert, 2010 (rééd. 2015).

Ce que Wallace explique ainsi : « Le sens de cette histoire de poissons est clair, c'est que les réalités les plus évidentes, omniprésentes et importantes sont souvent celles que nous avons le plus de mal à voir et dont nous avons le plus de mal à parler. »

C'est le cas des combustibles fossiles. Ils sont tellement répandus qu'il peut être difficile de comprendre la façon dont ils sont – eux et d'autres sources de gaz à effet de serre – impliqués dans notre existence. Commençons par le plus simple : les objets de notre quotidien.

Vous êtes-vous brossé les dents ce matin ? Votre brosse à dents contient probablement du plastique, lequel est fait à base de pétrole, un combustible fossile.

Si vous avez pris un petit déjeuner, les céréales de votre pain ou dans votre bol ont poussé à l'aide d'engrais, dont la fabrication produit des gaz à effet de serre. Elles ont été récoltées avec un tracteur en acier – lui aussi fabriqué avec des combustibles fossiles lors d'un processus qui libère du carbone – qui fonctionne avec du carburant diesel. Si vous avez mangé un hamburger au déjeuner, ce qui m'arrive parfois, l'élevage du bœuf a généré du gaz à effet de serre – les vaches rotent et pètent du méthane –, de même que la culture et la récolte du blé qui a servi à en faire le pain.

Si vous vous êtes habillé, vos vêtements contiennent peut-être du coton – qui a lui aussi besoin d'engrais et que l'on récolte à l'aide de machines – ou du polyester, à base d'éthylène, un dérivé du pétrole. Si vous avez utilisé du papier toilette, cela veut dire que des arbres ont été abattus et qu'il y a eu d'autres émissions de carbone.

Si le véhicule que vous avez pris aujourd'hui pour vous rendre au travail ou à l'école est électrique, c'est très bien – même si cette électricité a sans doute été produite en utilisant un combustible fossile. Si vous avez voyagé en train, il a roulé sur des voies en acier, traversant des tunnels construits avec du béton, lui-même produit avec des combustibles fossiles lors d'un processus qui dégage du carbone. La voiture ou le bus qui vous a transporté est fait d'acier et de plastique. Il en va de même du vélo avec lequel vous avez circulé ce week-end. Les routes sur lesquelles vous vous êtes déplacé comportent du béton ainsi que de l'asphalte, lui-même dérivé du pétrole.

Si vous vivez en appartement, vous êtes vraisemblablement environné de béton. Si vous vivez dans une maison en bois, les poutres ont été taillées et rabotées avec des machines alimentées par du carburant et faites d'acier et de plastique. Si votre foyer ou votre lieu de travail est chauffé ou climatisé, non seulement il consomme une quantité importante d'énergie, mais le climatiseur utilise peut-être comme refroidisseur un puissant gaz à effet de serre. Si vous êtes assis sur une chaise en métal ou en plastique, cela signifie des émissions supplémentaires.

En outre, tous ces produits, de la brosse à dents aux matériaux de construction, ont été transportés dans des camions, des avions, des trains et des bateaux non seulement produits à l'aide de combustibles fossiles, mais qui fonctionnent aussi grâce à eux. En d'autres termes, les combustibles fossiles sont partout. Ne considérons qu'un seul exemple, celui du pétrole. Le monde en consomme plus de 15 milliards de litres par jour. Quand on utilise un produit à un tel niveau, il est tout simplement impossible de s'en priver du jour au lendemain.

Qui plus est, si les combustibles fossiles sont partout, c'est pour une bonne raison : ils ne coûtent pas cher. *Le pétrole est meilleur marché qu'une boisson non alcoolisée*. La première fois que j'ai entendu cette phrase, je n'y ai pas cru. Voici les chiffres : un baril de pétrole contient 159 litres. À un tarif moyen de 70 dollars le baril en 2021, cela revient à 2,27 dollars le litre. Dans le même temps, chez Costco, 8 litres de soda coûtent 6 dollars, soit 0,75 dollar le litre[1].

Même en tenant compte des fluctuations du prix du pétrole, la conclusion reste la même : chaque jour, les habitants de la planète dépendent de plus de 15 milliards de litres d'un produit qui coûte moins qu'un Coca light.

Ce n'est pas un hasard si les combustibles fossiles sont si bon marché. Ils existent en abondance et ils sont faciles à transporter.

1. Source : U.S. Energy Information Administration, www.eia.gov

Nous avons créé de gigantesques industries planétaires qui les extraient, les traitent et les déplacent, et nous développons des innovations afin que leur coût reste peu élevé. Or leurs prix ne reflètent pas les dégâts qu'ils causent – à quel point leur extraction et leur combustion contribuent au changement climatique, à la pollution et à la dégradation de l'environnement. Nous nous intéresserons plus précisément à cette question au chapitre 10.

Le fait de prendre la mesure du problème a quelque chose de vertigineux. Mais cela ne doit pas nous tétaniser pour autant. En déployant les sources d'énergie propre et renouvelable dont nous disposons déjà, tout en réalisant des percées dans le domaine de l'énergie zéro carbone, nous pouvons trouver comment ramener nos émissions à zéro. La clé, c'est qu'il est nécessaire de rendre cette approche aussi bon marché que la technologie actuelle, ou presque.

Mais nous devons faire vite car…

La situation évolue ailleurs que dans le monde riche. Presque partout, les gens vivent plus longtemps et en meilleure santé. Le niveau de vie augmente. Et il en va de même de la demande en voitures, routes, immeubles, réfrigérateurs, ordinateurs et climatiseurs, et en énergie pour les alimenter. Par conséquent, la quantité d'énergie utilisée par habitant va s'accroître, ainsi que le volume de gaz à effet de serre émis par habitant. Même la construction des infrastructures dont nous aurons besoin pour créer toute cette énergie

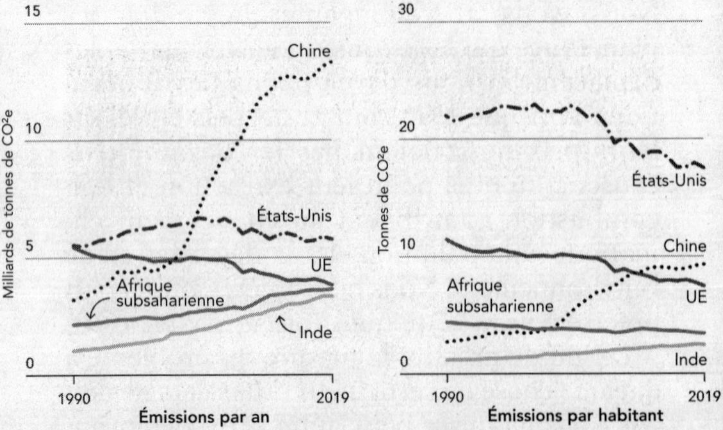

Où se trouvent les émissions. Les émissions d'économies développées comme les États-Unis et l'Europe se sont stabilisées, voire ont diminué, alors qu'elles augmentent rapidement dans de nombreux pays en développement. Cela s'explique en partie par le fait que les pays les plus riches ont délocalisé les industries les plus polluantes dans les pays les plus pauvres. (Rhodium Group ; United Nations Population Division)[1]

– les éoliennes, les panneaux solaires, les centrales nucléaires, les installations de stockage d'électricité, et ainsi de suite – augmentera la production de gaz à effet de serre.

Or le problème ne tient pas seulement au fait que chaque personne consommera plus d'énergie. Nous serons aussi plus nombreux.

1. Gaz à effet de serre mesurés en tonnes d'équivalents dioxyde de carbone (CO_2). Sources : Rhodium Group. Ce graphique s'appuie également sur les données de United Nations World Population Prospects 2019 (licence : CC BY 3.0 IGO ; https://creativecommons.org/licenses/by/3.0/igo/)

Au cours des quarante prochaines années, le monde va construire l'équivalent d'une ville comme New York par mois.

La population de la planète devrait atteindre les 10 milliards d'ici 2100, et une grande partie de cette expansion démographique concerne des villes qui sont de puissantes émettrices de carbone. La rapidité de la croissance urbaine est ahurissante. D'ici 2060, le parc immobilier mondial – une mesure qui prend en compte le nombre de bâtiments et leur taille – aura doublé. Cela revient à construire un nouveau New York par mois pendant quarante ans, essentiellement à cause de la croissance des pays en développement comme la Chine, l'Inde et le Nigeria.

C'est une bonne nouvelle pour ceux qui verront leurs conditions de vie s'améliorer, mais pas pour le climat. Considérons le fait que près de 40 % des émissions planétaires proviennent des 16 % les plus riches de la population. (Et encore, ce chiffre omet les émissions de produits fabriqués ailleurs, mais consommés dans les pays riches.) Que va-t-il se passer quand les gens seront plus nombreux à vivre comme les plus riches ? La demande mondiale en énergie va augmenter de 50 % d'ici 2050, et si rien d'autre ne change, les émissions de carbone augmenteront presque d'autant. Même si le monde riche parvenait par magie au zéro dès aujourd'hui, le reste du monde continuerait à en émettre de plus en plus.

Il serait immoral et irréaliste de vouloir empêcher la progression de ceux qui se trouvent plus bas sur l'échelle économique. Nous ne pouvons attendre des pauvres qu'ils

Beaucoup d'agriculteurs ont encore recours à des techniques ancestrales, et c'est l'une des raisons pour lesquelles ils ne peuvent pas s'arracher à la misère. Il leur faut des équipements et des approches modernes, sauf qu'aujourd'hui, de tels outils sont synonymes d'une augmentation des gaz à effet de serre.

le restent parce que les pays riches ont émis trop de gaz à effet de serre, et même si nous le souhaitions, ce serait impossible à mettre en œuvre. Nous devons plutôt permettre aux gens à faibles revenus de grimper les échelons sans aggraver le changement climatique. Nous devons parvenir au zéro – en produisant encore plus d'énergie qu'aujourd'hui, mais sans injecter davantage de carbone dans l'atmosphère –, et ce dès que possible.

Malheureusement…

L'Histoire ne joue pas en notre faveur. Si l'on considère la durée des transitions précédentes, nous sommes encore bien loin de ce « dès que possible ». Nous avons déjà entrepris ce genre de chose – passer d'une source d'énergie à une autre –, et cela a toujours pris plusieurs décennies. (Les meilleurs livres que j'ai lus sur ce sujet sont *Energy Transitions* [« Transitions énergétiques »] et *Energy Myths and Realities* [« Mythes et réalités de l'énergie »] de Vaclav Smil, auxquels j'emprunte mes données dans ce chapitre.)

Pendant la plus grande partie de l'histoire de l'humanité, nos muscles ont été notre principale source d'énergie, ainsi que certains animaux, capables par exemple de tirer des charrues, et les végétaux que nous faisions brûler. Il faut attendre la fin des années 1890 pour que les combustibles fossiles représentent à peine 50 % de l'énergie consommée dans le monde. En Chine, cela ne s'est pas fait avant les années 1960. Il y a des régions d'Asie et d'Afrique subsaharienne où cette transition n'a pas encore eu lieu[1].

Et considérez le temps qu'il a fallu pour que le pétrole devienne un élément essentiel de notre ravitaillement en énergie[2]. Nous avons commencé à l'exploiter commercialement dans les années 1860. Un demi-siècle plus tard, il représentait tout juste 10 % des

1. Vaclav Smil, *Energy Myths and Realities* (Washington, AEI Press, 2010), p. 136-137
2. *Ibid.*, p. 138

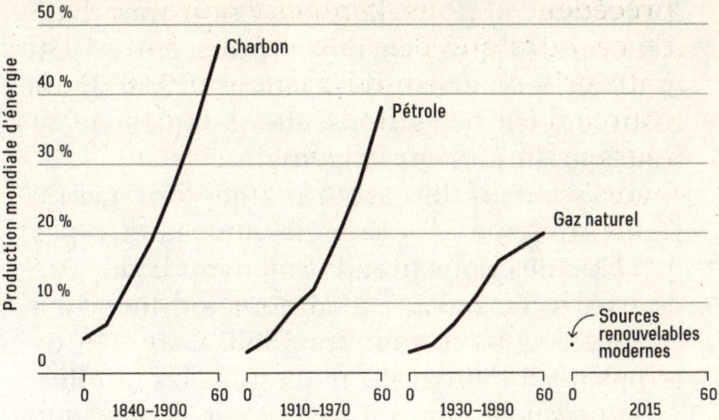

S'adapter à de nouvelles sources d'énergie prend vraiment du temps. Remarquez comment, en soixante ans, le charbon est passé de 5 % à près de 50 % de la production d'énergie mondiale. Sur la même durée, le gaz naturel n'a atteint que 20 %[1].

sources d'énergie de la planète. Il a fallu trente ans de plus pour qu'il atteigne les 25 %.

Le gaz naturel a suivi une trajectoire comparable[2]. En 1900, il représentait 1 % de l'énergie de la planète. Il lui a fallu soixante-dix ans pour atteindre 20 %. La fission nucléaire est allée plus vite, passant de 0 à 10 % en vingt-sept ans.

Ce tableau décrit le développement de diverses sources d'énergie en soixante ans à partir de leur première mise en œuvre. Entre 1840 et 1900, le charbon est passé de 5 %

1. *Ibid.*
2. Les énergies renouvelables incluent le vent, l'énergie solaire et les nouveaux types de biocarburants. Source : Vaclav Smil, *Energy Transitions* (2018).

à presque 50 % de la production mondiale d'énergie. Alors qu'en soixante ans, entre 1930 et 1990, le gaz naturel a atteint 20 %. Pour résumer, les transitions énergétiques ne se font pas du jour au lendemain.

Les sources de carburant ne sont pas le seul problème. Adopter de nouveaux types de véhicules nous prend également beaucoup de temps. Le moteur à combustion interne a été lancé dans les années 1880. Combien de temps a-t-il fallu avant que toutes les familles urbaines aient une voiture ? Trente à quarante ans aux États-Unis, soixante-dix à quatre-vingts ans en Europe.

Qui plus est, la transition énergétique dont nous avons aujourd'hui besoin est justifiée par une motivation inédite. Par le passé, nous avons effectué la transition vers de nouvelles sources d'énergie parce qu'elles étaient moins chères et plus puissantes. Ainsi, quand nous avons renoncé à brûler du bois pour utiliser davantage de charbon, c'est parce qu'une livre de charbon nous fournissait beaucoup plus de chaleur et de lumière qu'une livre de bois.

Prenons un autre exemple, plus récent, aux États-Unis. Nous avons recours à plus de gaz naturel et à moins de charbon pour produire de l'électricité. Pourquoi ? Parce que grâce à de nouvelles techniques de forage, le gaz naturel coûte nettement moins cher. C'est une question économique et non environnementale. En fait, la rentabilité du gaz naturel par rapport au charbon dépend de la façon dont on calcule les équivalents en dioxyde de carbone. Selon certains chercheurs, le gaz pourrait en réalité se révéler encore plus néfaste que le charbon pour le changement climatique, selon la quantité qui s'échappe lors de son traitement[1].

Au fil du temps, nous devrions naturellement utiliser davantage de renouvelables, mais si l'on attend de ce processus qu'il se déroule de lui-même, cette croissance ne sera jamais assez rapide. Et comme nous allons le voir dans le chapitre 4, sans innovation, cela ne suffira pas à atteindre le zéro. Nous devons provoquer une transition rapide qui n'aura rien de naturel. Ce qui implique un niveau de complexité, en termes de politiques publiques et de technologie, auquel nous n'avons encore jamais été confrontés.

D'ailleurs, pourquoi prennent-elles tant de temps, ces transitions énergétiques ? Parce que…

Les centrales au charbon ne sont pas comme des puces informatiques. Vous avez sans doute entendu parler de la loi de Moore, du nom de Gordon Moore qui, en 1965, avait prédit que la puissance des microprocesseurs doublerait tous les deux ans. L'histoire lui a donné raison, bien sûr, et c'est principalement grâce à cette loi que les secteurs du matériel et des logiciels ont

1. Xiaochun Zhang, Nathan P. Myhrvold et Ken Caldeira, « Key Factors for Assessing Climate Benefits of Natural Gas Versus Coal Electricity Generation », *Environmental Research Letters*, 26 novembre 2014, iopscience.iop.org

progressé comme ils l'ont fait. Les processeurs gagnant en puissance, nous avons pu mettre au point de meilleurs logiciels, ce qui a accru la demande d'ordinateurs, laquelle a poussé les producteurs de matériel à améliorer constamment leurs machines, pour lesquelles nous avons continué à mettre au point des logiciels toujours plus performants, et ainsi de suite dans une boucle de rétroaction positive.

La loi de Moore fonctionne parce que les entreprises ne cessent de trouver de nouveaux moyens de réduire la taille des transistors – ces minuscules interrupteurs qui gèrent l'alimentation en énergie d'un ordinateur. Ce qui leur permet d'entasser plus de transistors dans chaque puce. Aujourd'hui, une puce comprend environ un million de fois plus de transistors qu'en 1970, ce qui la rend un million de fois plus puissante.

Parfois, on invoque la loi de Moore pour affirmer qu'une progression exponentielle du même ordre serait possible dans le domaine de l'énergie. Si l'on parvient à améliorer les puces si rapidement, ne pourrait-il en aller de même des voitures et des panneaux solaires ?

Malheureusement non. Les puces informatiques sont un cas particulier. Nous pouvons les perfectionner parce que nous savons comment entasser davantage de transistors sur chacune d'elles, mais il n'existe aucune percée équivalente qui permettrait aux voitures de consommer un million de fois moins d'essence. Souvenons-nous que le premier modèle T sorti de la chaîne de production d'Henry Ford en 1908 faisait du 11,3 litres aux 100 kilomètres. À l'heure où j'écris ces lignes, le meilleur hybride sur le marché fait du 4 litres aux 100. En plus d'un siècle, nous n'avons réussi à diviser la consommation de carburant qu'à peu près par trois.

Les panneaux solaires ne sont pas non plus un million de fois plus performants. Quand les cellules solaires au silicium cristallin ont été lancées dans les années 1970, elles convertissaient en électricité environ 15 % de la lumière du soleil qui les atteignait. Aujourd'hui, elles en convertissent autour de 25 %. Un progrès indéniable, mais bien loin de ce que prédit la loi de Moore.

Il y a donc une raison proprement technologique qui empêche le secteur de l'énergie de se transformer aussi vite que le secteur informatique, mais elle n'est pas la seule. C'est aussi une question de dimensions. Le secteur de l'énergie est tout simplement énorme – il représente quelque 5 000 milliards de dollars par an, c'est l'un des secteurs les plus puissants de la planète. Un secteur aussi immense et complexe ne peut que résister au changement. Et, consciemment ou non, nous avons développé beaucoup d'inertie dans ce domaine.

Pour l'illustrer, revenons sur le fonctionnement du secteur des logiciels. Il n'existe pas d'organisme de réglementation chargé d'approuver vos produits. Même si vous commercialisez un logiciel imparfait, cela n'empêchera pas vos clients de s'enthousiasmer et de vous indiquer comment l'améliorer, du moment que le bénéfice net que vous offrez est suffisamment important. Et la plupart de vos frais sont initiaux. Une fois le produit développé, vous pourrez en fabriquer plus pour un coût marginal proche de zéro.

Comparez cela avec le domaine des médicaments et des vaccins. Il est beaucoup plus difficile de lancer un nouveau médicament sur le marché que de commercialiser un nouveau logiciel. Ce qui est normal, d'ailleurs, sachant qu'un médicament qui rend les gens malades est bien pire qu'une appli qui comporte certains défauts. Entre la recherche fondamentale, le développement du médicament, l'approbation des autorités de réglementation et toutes les autres étapes nécessaires, il faut des années avant que les patients puissent bénéficier d'un nouveau médicament. Mais une fois que l'on dispose d'un comprimé qui fonctionne, il coûte peu cher d'en fabriquer d'autres.

Revenons maintenant au secteur de l'énergie. Tout d'abord, il y a des frais en termes d'investissements qui sont gigantesques et ne disparaissent jamais. Si la construction d'une centrale thermique au charbon vous coûte un milliard de dollars, la suivante ne sera pas meilleur marché. Et vos investisseurs engagent cet argent dans l'espoir que cette centrale tournera pendant au moins trente ans. Or, si dix ans plus tard quelqu'un débarque avec une meilleure technologie, vous n'allez pas pour autant fermer votre vieille centrale pour en construire une nouvelle. En tout cas, pas sans une très bonne raison – par exemple, un retour financier important ou des réglementations gouvernementales qui vous y obligent.

De plus, la société ne tolère que très peu de risque dans le secteur de l'énergie, ce qui se comprend parfaitement. Nous exigeons une électricité fiable ; la lumière a intérêt à s'allumer chaque fois qu'un client actionne un interrupteur. Et nous redoutons les catastrophes. En fait, la question de la sécurité a presque mis fin à la construction de nouvelles centrales nucléaires aux États-Unis. Depuis les accidents de Three Mile Island et Tchernobyl, l'Amérique n'a inauguré que deux centrales nucléaires, alors que la pollution due au charbon tue plus de gens en une année que tous les accidents nucléaires conjugués n'ont fait de victimes.

Il est compréhensible que nous soyons très enclins à nous en tenir à ce que nous connaissons, même si ce que nous connaissons est en train de nous tuer. Il nous faut donc trouver de nouvelles motivations, afin de développer un système énergétique qui présentera toutes les qualités que nous aimons (la fiabilité, la sécurité), mais aucun des défauts que nous n'aimons pas (par exemple, dépendre des combustibles fossiles). Mais ça ne sera pas facile, parce que…

Nos lois et nos réglementations sont dépassées. On ne peut pas dire que l'expression « politique gouvernementale » électrise particulièrement le public. Or la politique – dans tous les domaines, de la fiscalité à l'environnement – a un énorme impact sur le comportement des individus et des entreprises. Nous n'atteindrons pas le zéro à moins d'une plus grande implication de la sphère politique, et nous en sommes encore très loin. (Je parle des États-Unis, mais cela s'applique à beaucoup d'autres pays.)

L'ennui, c'est que la législation sur l'environnement et les réglementations actuellement en place n'ont pas été conçues en ayant le changement climatique à l'esprit. Elles ont été adoptées pour résoudre d'autres problèmes, et nous essayons maintenant de nous en servir pour réduire les émissions. Autant chercher à créer une intelligence artificielle à l'aide d'un ordinateur central des années 1960.

Par exemple, la loi américaine la plus connue sur la qualité de l'air, le Clean Air Act, mentionne à peine les gaz à effet de serre. Ce qui n'a rien de vraiment surprenant, puisqu'elle a été votée en 1970 pour limiter les risques sanitaires liés à la pollution locale de l'air, et non pour répondre à une hausse de la température.

Ou encore, prenons les normes de consommation de carburant que l'on appelle CAFE (Corporate Average Fuel Economy). Elles ont été adoptées dans les années 1970, parce que le prix du pétrole crevait le plafond et que les Américains réclamaient des voitures plus économes en carburant. L'économie de carburant est une bonne chose, mais dorénavant, nous devons mettre en circulation davantage de véhicules électriques, et les normes CAFE ne nous y aident pas du tout car elles n'ont pas été conçues pour.

L'obsolescence des mesures politiques n'est pas le seul problème. Notre approche du climat et de l'énergie change à chaque échéance électorale. Tous les quatre à huit ans, un nouveau gouvernement s'installe à Washington, avec ses propres priorités énergétiques. Le fait de changer de priorité n'a en soi rien de répréhensible, et cela se produit effectivement à la mise en place de chaque nouvelle administration, mais ce principe pèse sur la recherche, qui dépend des subventions de l'État, ou sur les entreprises qui comptent sur des allègements fiscaux. Il est difficile de véritablement progresser quand on est régulièrement contraint d'abandonner un projet pour redémarrer de zéro sur autre chose.

Le cycle des élections est également source d'incertitude sur les marchés privés. Le gouvernement propose divers allègements fiscaux qui ont pour but d'inciter les sociétés à travailler sur les énergies propres. Mais ils sont d'un intérêt limité, parce qu'il est extrêmement difficile d'innover dans le domaine de l'énergie, et qu'il faut parfois des décennies avant qu'un projet ne devienne réalité. Vous pouvez travailler sur une idée pendant des années et voir surgir un nouveau gouvernement qui supprime les allègements sur lesquels vous comptiez.

En conclusion, notre politique actuelle dans le domaine de l'énergie n'aura qu'un impact négligeable sur les émissions futures. Il est possible d'en calculer les effets, en prenant en compte la baisse des émissions qui résultera d'ici 2030 des mesures politiques aujourd'hui annoncées, tant sur le plan fédéral qu'au niveau des États. En tout, on arrive à près de 300 millions de tonnes, soit environ 5 % des émissions américaines projetées en 2030[1]. Ce n'est pas ridicule, certes, mais cela ne suffira pas.

Ce qui ne veut pas dire qu'il soit impossible de concevoir des politiques capables d'avoir une grande influence sur les émissions. Les normes CAFE et le Clean Air Act ont obtenu les résultats escomptés : les voitures sont devenues plus économes, l'air plus propre. Et des politiques efficaces sont d'ores et déjà en vigueur, même si elles ne sont pas liées les unes aux autres et qu'elles ne changent pas grand-chose au problème du climat.

Je pense que nous pouvons atteindre le zéro, mais ça ne va pas être simple. Pour commencer, il est beaucoup plus facile de modifier une loi existante que d'en faire passer une

1. Analyse du Rhodium Group

nouvelle, surtout si celle-ci est déterminante. Il faut du temps pour développer une nouvelle politique avec la participation de l'opinion publique, du temps pour la défendre au besoin devant les tribunaux, du temps, enfin, pour qu'elle soit appliquée. Pour ne rien dire du fait que…

Le consensus sur le climat n'est pas aussi robuste qu'on pourrait le croire. Je ne parle pas des 97 % de scientifiques qui reconnaissent que le climat est en train de changer à cause de l'activité humaine. Il est vrai qu'il subsiste de petits groupes de personnes qui doutent des données scientifiques. Ils sont parfois puissants sur le plan politique et savent se faire entendre. Mais même si l'on admet que le changement climatique est bien réel, cela ne signifie pas forcément que l'on approuve l'idée qu'il faille investir d'énormes sommes d'argent dans les innovations technologiques censées y répondre.

Par exemple, certains vous diront : *d'accord, le changement climatique existe bien, mais ce n'est pas la peine de dépenser beaucoup pour tenter de l'arrêter ou de s'y adapter. Nous devrions plutôt accorder la priorité aux choses qui ont un impact plus important sur le bien-être de l'humanité, comme la santé et l'éducation.*

Voilà ce que je réponds à cet argument : si nous n'agissons pas pour parvenir rapidement au zéro, les conséquences seront terribles (et sans doute nombreuses) à l'échelle d'une vie, et des choses encore pires se produiront pour la génération suivante. Quand bien même le changement climatique ne représenterait pas une menace existentielle pour l'humanité, il va forcément détériorer les conditions de vie de la plupart des gens et appauvrir encore un peu plus les pauvres. Cela ne fera qu'empirer tant que nous continuerons à injecter des gaz à effet de serre dans l'atmosphère, ce qui en fait tout autant une priorité que la santé et l'éducation.

On entend souvent un autre argument, qui ressemble à peu près à ceci : *d'accord, le changement climatique est une réalité, et ses effets vont être terribles, mais nous avons tout ce qu'il faut pour l'endiguer. Avec l'énergie solaire, les éoliennes, l'énergie hydraulique et quelques autres outils, ça va aller. Il faut juste avoir la volonté de les mettre en œuvre.*

Les chapitres 4 à 8 expliquent pourquoi je ne crois pas à cette version-là. Nous avons une partie des moyens nécessaires, mais pas tous, tant s'en faut.

Le consensus sur la question du climat se heurte à un autre obstacle : il est notoire qu'il est difficile de mettre en place une coopération à l'échelle planétaire. Il est compliqué d'obtenir que tous les pays du monde s'entendent sur quoi que ce soit – surtout quand on leur demande de consentir à des dépenses supplémentaires, par exemple pour réduire les émissions de carbone. Aucun pays n'est prêt à payer pour limiter ses émissions, sauf si tous les autres le font aussi. C'est pourquoi l'Accord de Paris, signé par plus de 190 pays qui veulent réduire à terme leurs émissions, constitue une telle avancée. Non parce que leurs engagements vont entraîner une baisse considérable des émissions – si tous y satisfont, ils réduiront les émissions annuelles de 3 à 6 milliards de tonnes d'ici 2030, moins de 12 % du total des émissions actuelles –, mais parce que c'est un point de départ qui prouve que la coopération mondiale est possible. Le retrait des États-Unis de l'Accord de Paris de 2015 – sur lequel le président des États-Unis récemment élu Joe Biden a promis de revenir – montre qu'il est aussi difficile de garantir la pérennité de ces traités internationaux que de les conclure.

Résumons : nous devons accomplir quelque chose de titanesque et de totalement inédit, et ceci à une vitesse inégalée. Pour y parvenir, il nous faut réaliser un grand nombre de percées dans les sciences et l'ingénierie. Nous devons parvenir à un consensus pour l'heure inexistant et prendre des mesures politiques à même de promouvoir une transition qui ne pourra avoir lieu sans elles. Il faut que notre système énergétique cesse de faire toutes ces choses que nous n'aimons pas tout en continuant à faire toutes celles que nous aimons – autrement dit, il faut qu'il change totalement tout en restant le même.

Mais ne désespérez pas. Nous pouvons y arriver. Il y a bien des idées pour le faire, certaines plus prometteuses que d'autres. Dans le prochain chapitre, je vais vous expliquer comment vous y retrouver dans toutes les discussions sur le climat.

CHAPITRE 3

CINQ QUESTIONS À POSER DANS TOUTE DISCUSSION SUR LE CLIMAT

Quand j'ai commencé à m'informer sur le changement climatique, j'ai sans cesse été confronté à des faits difficiles à appréhender. Tout d'abord, les chiffres étaient si énormes qu'il m'était impossible de me les représenter. Qui peut dire à quoi ressemblent 52 milliards de tonnes de gaz ?

L'autre problème était d'avoir à interpréter des données souvent hors contexte. Un article disait par exemple qu'un programme d'échange d'émissions en Europe avait réduit l'empreinte carbone du secteur aéronautique de 17 millions de tonnes par an… 17 millions de tonnes, ça paraît beaucoup, mais l'est-ce vraiment ? Quel pourcentage cela représente-t-il par rapport au total ? L'article ne le mentionnait pas, et étrangement, ce genre d'oubli est très fréquent.

J'ai finalement conçu un cadre théorique pour les choses que j'apprenais. Cela m'a donné une échelle des grandeurs et des coûts. Cela m'a aussi permis de trier les idées les plus prometteuses. Cette approche m'aide pratiquement dans tous les nouveaux domaines dans lesquels je me plonge : j'essaie d'abord de me faire une image d'ensemble et de saisir le contexte pour comprendre les nouvelles informations. Je suis aussi plus à même de les retenir.

Le système à cinq questions que j'ai élaboré m'est toujours utile aujourd'hui, que ce soit quand j'écoute l'argumentaire d'une entreprise du secteur énergétique en quête d'investissement, ou quand j'en parle avec un ami lors d'un barbecue dans le jardin. Vous lirez peut-être bientôt un éditorial qui proposera une solution au dérèglement climatique ; vous entendrez certainement des politiciens vanter leurs projets de lutte contre le réchauffement. Ce sont des sujets complexes qui peuvent être déroutants. Ce système vous aidera à faire la part des choses.

1. De quelle portion de ces 52 milliards parlons-nous ?

Chaque fois que je tombe au cours de mes lectures sur un certain volume de gaz à effet de serre, je me livre à un petit calcul rapide pour le convertir en pourcentage sur le total annuel de 52 milliards de tonnes. Pour moi, cela a plus de sens que les autres comparaisons que l'on croise souvent, comme « tant de tonnes équivaut à retirer une voiture de la circulation ». Qui sait combien de voitures sont en circulation, pour commencer ? Et combien de voitures devrions-nous retirer pour faire face au changement climatique ?

Je préfère tout relier à l'objectif principal qui est d'éliminer ces 52 milliards de tonnes. Prenons l'exemple aéronautique dont j'ai parlé au début de ce chapitre, le programme qui se débarrasse de 17 millions de tonnes par an. Divisons-le par 52 milliards et transformons-le en pourcentage. Ce qui donne une réduction d'à peu près 0,03 % des émissions globales annuelles.

Cette contribution est-elle significative ? Tout dépend de la réponse à la question suivante : ce nombre est-il susceptible d'augmenter ou bien restera-t-il toujours le même ? Si ce programme commence par 17 millions de tonnes, mais qu'il a le potentiel de réduire plus d'émissions par la suite, c'est une chose. Si cette quantité n'évolue jamais, c'en est une autre. Malheureusement, la réponse n'est pas toujours évidente (et elle ne l'était pas dans cet article sur le programme aéronautique). Mais c'est une question importante.

Chez Breakthrough Energy, nous finançons uniquement des technologies capables de réduire les émissions d'au moins 500 millions de tonnes par an lorsqu'elles sont fonctionnelles et pleinement opérationnelles. Soit environ 1 % des émissions globales. Les technologies qui ne dépasseront jamais 1 % ne devraient pas pouvoir prétendre aux ressources limitées dont nous disposons pour atteindre le zéro. Il peut y avoir de bonnes raisons de préserver ces technologies, mais réduire les émissions n'en fait pas partie.

D'ailleurs, vous avez peut-être entendu parler de gigatonnes de gaz à effet de serre. Une gigatonne, c'est un milliard de tonnes (ou 10^9 tonnes si vous préférez les indications scientifiques). Je ne pense pas que la plupart des gens saisissent intuitivement ce que représente une gigatonne. À ce propos, il paraît plus facile d'éliminer 52 gigatonnes que 52 milliards de tonnes, même si c'est la même chose. Je m'en tiendrai aux milliards de tonnes, pour ma part.

Conseil : chaque fois que vous voyez un nombre de tonnes de gaz à effet de serre, convertissez-le en pourcentage de ces 52 milliards, soit le total actuel des émissions annuelles dans le monde (en équivalents en dioxyde de carbone).

2. Que prévoyez-vous pour le ciment ?

Quand on réfléchit à un plan exhaustif pour combattre le changement climatique, il faut considérer toutes les activités humaines produisant du gaz à effet de serre. Certaines choses, comme l'électricité et les voitures, attirent beaucoup l'attention, mais ce n'est que le début d'une longue liste. Les voitures privées représentent moins de la moitié des émissions liées aux transports qui, eux, correspondent à 16 % des émissions mondiales.

Pendant ce temps-là, la production d'acier et de ciment représente à elle seule presque 10 % de toutes les émissions. Donc, la question « Que prévoyez-vous pour le ciment ? » est un simple pense-bête pour se rappeler que si l'on tente d'élaborer un plan exhaustif pour lutter contre le changement climatique, il faut prendre en compte bien plus de choses que l'électricité et les voitures.

Voici une description de toutes les activités humaines qui produisent des gaz à effet de serre. Tout le monde n'utilise pas ces catégories, mais c'est la liste que je trouve la plus utile, et c'est aussi celle dont se sert l'équipe chargée des investissements chez Breakthrough Energy[1].

---

1. Quand on catalogue les émissions de sources diverses, il faut décider comment inclure les produits qui causent des émissions à la fois lors de leur production et de leur utilisation. Par exemple, nous produisons des gaz à effet de serre quand nous raffinons le pétrole pour en faire de l'essence, mais aussi quand nous le consommons en tant que carburant. Dans ce livre, j'ai inclus toutes les émissions dues à la fabrication dans « Comment nous fabriquons les choses » et toutes les émissions dues à leur utilisation dans leurs catégories respectives : par exemple, le raffinement du pétrole dans « Comment nous fabriquons les choses » et la combustion du carburant dans « Comment nous

Pour parvenir au zéro, il faut ramener à zéro toutes ces catégories :

Quelle quantité de gaz à effet de serre est émise par ce que nous faisons ?	
Fabriquer des choses (ciment, acier, plastique)	29 %
Se brancher (électricité)	26 %
Cultiver des plantes et élever des animaux	22 %
Se déplacer (avions, camions, bateaux)	16 %
Se chauffer ou se rafraîchir (chauffage, climatisation, réfrigération)	7 %

Vous êtes peut-être surpris de voir que l'électricité ne représente qu'un peu plus d'un quart des émissions. Personnellement, j'ai été stupéfait de l'apprendre, parce que la plupart des articles que j'ai lus sur le changement climatique se focalisaient sur la production d'électricité. J'ai donc supposé qu'elle était la principale fautive.

La bonne nouvelle, c'est que même si l'électricité ne constitue que 26 % du problème, elle pourrait représenter bien plus que 26 % de la solution. Avec de l'électricité propre, nous pourrions nous passer de la combustion d'hydrocarbures (qui émet du dioxyde de carbone) en guise de carburant. Imaginez des voitures et des bus électriques ; des systèmes de chauffage et de climatisation électriques dans nos maisons et nos bureaux ; et des usines gourmandes en énergie utilisant

nous déplaçons ». Il en va de même pour les voitures, les avions et les bateaux. L'acier avec lequel ils sont fabriqués est abordé dans « Comment nous fabriquons les choses » et les émissions dues aux carburants qu'ils consomment dans « Comment nous nous déplaçons ».

de l'électricité plutôt que du gaz naturel. L'électricité propre ne réglera pas tout à elle seule, mais ce sera une étape clé.

Conseil : rappelez-vous que les émissions proviennent de cinq activités différentes et que nous avons besoin de solutions pour chacune d'entre elles.

3. De quelle quantité d'énergie parlons-nous ?

Cette question survient le plus souvent dans les articles qui traitent de l'électricité. On peut par exemple y lire qu'une nouvelle centrale électrique produira 500 mégawatts. Est-ce que c'est beaucoup ? Et qu'est-ce qu'un mégawatt, d'ailleurs ?

Un mégawatt, c'est un million de watts, et un watt, c'est un joule par seconde. Pour ce qui nous intéresse, peu importe ce qu'est un joule, à part un peu d'énergie. Souvenez-vous juste qu'un watt, c'est un peu d'énergie par seconde. Envisagez les choses de cette façon : pour mesurer l'écoulement de l'eau du robinet de votre cuisine, vous pourriez compter combien de tasses vous remplissez par seconde. Mesurer l'énergie, c'est pareil, sauf que vous mesurez le flux de l'énergie à la place de l'eau. Les watts équivalent à des « tasses par seconde ».

Un watt est une quantité assez modeste. Une petite ampoule incandescente peut en utiliser 40. Un sèche cheveux en utilise 1 500.

Une centrale électrique peut en générer des centaines de millions. La plus grande centrale électrique au monde, le barrage des Trois-Gorges en Chine, peut produire 22 milliards de watts. (N'oubliez pas que la définition d'un watt inclut déjà « par seconde », donc il n'y a pas de sens à dire des watts par seconde ou par heure. Ce sont juste des watts.)

Ces chiffres ayant très vite tendance à devenir énormes, il vaut mieux utiliser des abréviations. Un kilowatt, c'est 1 000 watts, un mégawatt un million, et un gigawatt un milliard. On croise fréquemment ces abréviations dans les médias, donc, je vais m'en servir aussi.

Voici quelques comparaisons grossières qui m'aident à tout garder en tête[1] :

Combien d'électricité faut-il pour...	
Le monde	**3000 gigawatts**
Les États-Unis	**500 gigawatts**
Une ville de taille moyenne	**1 gigawatt**
Une petite ville	**1 mégawatt**
Une maison américaine de taille moyenne	**1 kilowatt**

Bien sûr, il y a bien des variations au sein de chacune de ces catégories, en une journée et en un an. Certaines maisons utilisent bien plus d'électricité que d'autres. La ville

1. Les chiffres du tableau montrent la consommation moyenne d'électricité. Elle est plus élevée en phase de pic. En 2019, par exemple, elle a été de 704 gigawatts aux États-Unis. Voir le site de l'Agence américaine de l'énergie pour en savoir plus (www.eia.gov).

de New York consomme jusqu'à près de 12 gigawatts, en fonction de la saison ; Tokyo, avec une population plus importante que New York, a besoin de quelque chose comme 23 gigawatts en moyenne, mais peut nécessiter plus de 50 gigawatts lors du pic de consommation pendant l'été.

Par conséquent, imaginons que vous souhaitiez électrifier une ville de taille moyenne qui a besoin d'un gigawatt. Pourriez-vous vous contenter de construire une quelconque centrale électrique fournissant un gigawatt et garantir ainsi à la ville toute l'électricité nécessaire ? Pas forcément. La réponse dépend de votre source d'énergie, parce que certaines sont plus intermittentes que d'autres. Une centrale nucléaire tourne vingt-quatre heures sur vingt-quatre et ne s'interrompt que pour l'entretien ou le ravitaillement. Tandis que le vent, lui, ne souffle pas toujours, et le soleil ne brille pas tout le temps. Donc, la capacité réelle des centrales alimentées par les éoliennes et les panneaux solaires pourrait être de 30 % ou moins. En moyenne, elles produiraient 30 % du gigawatt qu'il vous faut. Ce qui signifie que vous aurez besoin de les coupler à d'autres sources d'énergie pour être certain de produire ce gigawatt.

Conseil : chaque fois que vous entendez « kilowatt », pensez « une maison » ; « gigawatt », pensez « une ville » ; cent ou plus de gigawatts, pensez « un grand pays ».

4. De quel espace avons-nous besoin ?

Certaines sources d'énergie prennent plus de place que d'autres. C'est important pour une raison évidente, à savoir que le sol et l'eau ne sont pas illimités. L'espace est loin d'être la seule donnée à prendre en compte, bien sûr, mais il est essentiel, et on n'en parle pas assez aujourd'hui.

La densité énergétique est le chiffre à retenir ici. Elle nous dit combien d'énergie vous pouvez obtenir à partir de différentes sources pour une certaine superficie de terrain (ou d'eau, si vous installez des éoliennes dans l'océan). Elle se mesure en watts par mètre carré. En voici quelques exemples :

Combien d'électricité peut-on produire par mètre carré ?

Source d'énergie	Watts par mètre carré
Combustible fossile	500-10 000
Nucléaire	500-1 000
Solaire	5-20
Hydroélectrique (barrages)	5-50
Éolien	1-2
Bois et autres biomasses	Moins de 1

La densité énergétique du solaire peut théoriquement atteindre 100 watts par mètre carré, même si personne n'a encore réussi à atteindre ce niveau.

Remarquez que la densité énergétique du solaire est nettement plus élevée que celle de l'éolien. Par conséquent, si vous voulez utiliser l'éolien plutôt que l'énergie solaire, vous aurez besoin de beaucoup plus de terrain, toutes choses égales par ailleurs. Cela ne veut pas dire que l'énergie éolienne n'est pas bien ou que la solaire est meilleure. Cela signifie simplement qu'elles ont des besoins différents qui doivent être pris en considération.

Conseil : si quelqu'un vous dit qu'une source d'énergie (éolienne, solaire, nucléaire, peu importe) peut fournir toute l'énergie dont le monde a besoin, demandez-vous quel espace serait requis pour produire autant d'énergie.

5. Combien cela va-t-il nous coûter ?

Si le monde émet autant de gaz à effet de serre, c'est parce que – tant que l'on ne tient pas compte des dégâts à long terme qu'ils provoquent – nos technologies actuelles dans le domaine de l'énergie sont de très loin les moins chères disponibles. Aussi, remplacer nos technologies « sales » par celles qui nous permettront d'atteindre le zéro carbone aura un coût.

Lequel ? Dans certains cas, nous pouvons estimer la différence de coût directement. Imaginons que nous ayons deux sources d'énergie – une sale et une propre – pour une même activité : il suffit en ce cas de comparer les deux prix.

Presque toutes les solutions zéro carbone sont plus chères que leurs pendants en combustible fossile. C'est en partie parce que les prix des combustibles fossiles ne reflètent pas les dégâts environnementaux qu'ils infligent et paraissent donc moins chers que les solutions de remplacement. (Je reviendrai sur la difficulté qu'il y a à chiffrer le coût du carbone dans le chapitre 10.) Ces coûts additionnels sont ce que j'appelle les « Green Premiums[1] ».

Dans chaque conversation que j'ai à propos du changement climatique, je garde toujours les Green Premiums en tête. Je reviendrai sur ce concept à plusieurs reprises dans les prochains chapitres, donc prenons un moment pour le clarifier.

Il n'y a pas qu'une seule Green Premium. Il y en a beaucoup : certaines pour l'électricité, d'autres pour des carburants divers, d'autres pour le ciment, et ainsi de suite. La taille de la Green Premium dépend de ce que vous remplacez et de ce par quoi vous le remplacez. Le coût d'un carburant pour avion zéro carbone, disons, n'est pas le même que celui de l'électricité produite par le solaire. Je vais vous donner un exemple concret du fonctionnement des Green Premiums.

Ces dernières années, le prix de vente moyen d'un litre d'essence aux États-Unis est de 0,63 dollar. Les biocarburants avancés, dans la mesure où ils sont accessibles, coûtent en

---

1. J'ai consulté beaucoup de gens au sujet des Green Premiums, dont le Rhodium Group, Evolved Energy Research et Ken Caldeira de l'Institut Carnegie pour la science. Pour en savoir plus sur la façon dont les Green Premiums ont été calculées pour ce livre, voir breakthroughenergy.org.

moyenne 1,31 dollar le litre. Dans ce cas, la Green Premium pour l'essence zéro carbone correspond à la différence entre ces deux prix, qui est de 0,68 dollar. Soit une fourchette de plus de 100 %. (J'expliquerai tout ceci plus en détail au chapitre 7.)

Il peut arriver qu'une Green Premium soit négative, mais c'est rare ; dans ce cas précis, devenir vert coûte moins cher que d'en rester aux combustibles fossiles. Par exemple, en fonction de votre lieu de résidence, vous pourriez économiser de l'argent en remplaçant votre chaudière au gaz naturel et votre climatisation par une pompe à chaleur électrique. À Oakland, cela vous ferait économiser 14 % sur vos frais de chauffage et de climatisation ; à Houston, vos économies s'élèveraient à 17 %.

Vous vous dites peut-être que les technologies présentant une Green Premium négative ont sans doute déjà été adoptées partout dans le monde. En règle générale, c'est le cas, mais il y a d'ordinaire un décalage entre l'introduction d'une nouvelle technologie et sa mise en œuvre – surtout pour les objets comme les chaudières, que nous ne remplaçons pas souvent.

C'est seulement une fois que vous avez calculé les Green Premiums pour toutes les principales solutions zéro carbone que vous pouvez envisager d'avoir une conversation sérieuse sur les décisions à prendre. Combien sommes-nous prêts à payer pour devenir vert ? Allons-nous acheter des biocarburants avancés, qui sont deux fois plus chers que l'essence ? Allons-nous acheter du ciment vert, qui coûte deux fois plus que le matériau conventionnel ?

D'ailleurs, quand je pose la question « combien sommes-nous prêts à payer ? », je veux dire « nous » au sens global. Il ne s'agit pas simplement de savoir ce que les Américains et les Européens peuvent se permettre. Vous pouvez imaginer des Green Premiums élevées, que les États-Unis seraient prêts à payer, mais que l'Inde, la Chine, le Nigeria et le Mexique ne pourraient se permettre. Ce qu'il faut, c'est qu'elles soient assez basses pour que tout le monde puisse décarboner.

Certes, les Green Premiums sont une cible mouvante. Leur calcul fait la part belle à l'estimation ; dans ce livre, je présente les hypothèses qui me semblent les plus réalistes, mais d'autres personnes bien informées pourraient se livrer à des hypothèses différentes, et donc arriver à d'autres chiffres. Ce qui compte, plus que d'obtenir des prix précis, c'est de savoir si une technologie verte est proche du coût de son équivalent en combustible fossile ; quant à celles qui en sont loin, il faut se demander comment les innovations peuvent en réduire le prix.

J'espère que les Green Premiums évoquées dans ces pages contribueront à entamer un débat plus général sur ce que nous coûtera la transition. J'espère aussi que d'autres les calculeront, et je serais vraiment ravi d'apprendre que certaines d'entre elles ne sont pas aussi élevées que je le pense. Celles que j'ai calculées dans ce livre sont un outil imparfait pour comparer les prix, mais cela vaut mieux que pas d'outil du tout.

Les Green Premiums se révèlent particulièrement géniales quand il s'agit de prendre des décisions. Elles nous aident à utiliser au mieux notre temps, notre attention et notre argent. En considérant toutes ces premiums différentes, nous pouvons choisir quelles solutions zéro carbone mettre en œuvre et dans quel domaine poursuivre nos recherches, car les solutions propres restent encore trop chères. Elles nous aident à répondre à des questions comme celles-ci :

Quelles solutions zéro carbone devrions-nous mettre en œuvre maintenant ?

Réponse : celles qui présentent une Green Premium peu élevée, voire pas de premium du tout. Si ces solutions ne sont pas déjà mises en œuvre, ce n'est certainement pas à cause de leur coût : quelque chose d'autre, comme des politiques publiques dépassées ou un manque de sensibilisation, nous empêche de les appliquer officiellement à grande échelle.

Sur quoi devons-nous concentrer nos dépenses en recherche et développement, attirer l'attention de nos premiers investisseurs et nos meilleurs inventeurs ?

Réponse : là où nous décidons que les Green Premiums sont trop élevées. Autrement dit, là où le coût supplémentaire impliqué par le choix de devenir vert nous empêche de décarboner, mais où il est possible de créer de nouvelles technologies, sociétés et produits abordables. Les pays qui excellent dans la recherche et le développement peuvent créer de nouveaux produits, les rendre meilleur marché et les exporter dans les régions incapables de payer les premiums actuelles. Ce qui évitera que l'on débatte pour savoir si chaque nation fait sa part pour prévenir le désastre climatique. Au lieu de quoi les pays et les entreprises se lanceront dans une course à la création et la commercialisation des innovations abordables pour aider le monde à atteindre l'objectif zéro.

Le concept des Green Premiums présente encore un avantage : il permet de mesurer nos progrès dans la lutte contre le changement climatique.

Considérées sous cet angle, les Green Premiums me rappellent un problème auquel nous avons été confrontés, Melinda et moi, au début de notre travail dans le domaine de la santé mondiale. Les spécialistes étaient capables de nous dire combien d'enfants mouraient dans le monde chaque année, mais ils ne pouvaient pas nous en expliquer clairement la cause. Nous savions qu'un certain nombre d'enfants décédaient de diarrhées, mais nous ne savions pas ce qui les causait en premier lieu. Comment savoir quelles innovations pourraient sauver des vies sans connaître la cause de ces décès ?

C'est en travaillant avec des partenaires partout dans le monde que nous avons pu financer plusieurs études pour comprendre ce qui tuait ces enfants. Enfin, nous avons pu remonter à la cause de leurs décès et ces données ont ouvert la voie à de grandes avancées. Par exemple, nous nous sommes aperçus que la pneumonie était responsable d'un grand nombre de morts chaque année, alors qu'un vaccin contre la pneumonie existait déjà ; mais il coûtait si cher que les pays pauvres ne pouvaient pas l'acheter. (Rien ne les y poussait, puisqu'ils n'avaient aucune idée du nombre d'enfants qui mouraient à cause de cette maladie.) Pourtant, quand ils ont consulté les résultats et que des donateurs ont accepté de payer la plupart des frais, ils se sont mis à inclure le vaccin dans leur programme de santé, et nous avons finalement pu financer un vaccin bien moins cher, qui est maintenant utilisé partout dans le monde.

Nous pouvons faire quelque chose de comparable avec les Green Premiums pour les émissions de gaz à effet de serre. Les premiums nous donnent un point de vue différent sur le nombre brut d'émissions, qui, lui, nous montre à quel point nous sommes loin de l'objectif zéro, mais qui ne nous dit rien des difficultés qui nous attendent avant que nous ne *parvenions au zéro*. Combien coûterait l'utilisation des outils zéro carbone actuels ? Quelles innovations auraient le plus d'impact sur les émissions ? Les Green Premiums répondent à ces questions en mesurant ce qu'il va nous coûter de parvenir au zéro, secteur par secteur, et en identifiant les domaines où nous avons besoin d'innover – tout comme les données nous avaient montré que nous devions accentuer nos efforts en faveur du vaccin contre la pneumonie.

Dans certains cas, comme l'exemple de l'essence que j'ai évoqué plus tôt, l'approche directe pour estimer les Green Premiums est simple. Mais quand nous l'appliquons de manière plus générale, nous rencontrons un problème : actuellement, nous n'avons pas d'équivalent vert direct pour chaque catégorie. Le ciment zéro carbone, ça n'existe pas (du moins, pas encore). Comment pouvons-nous évaluer le coût d'une solution verte dans ces cas-là ?

On peut le faire en se livrant à un exercice de réflexion. « Si nous nous contentions d'aspirer directement le carbone de l'atmosphère, combien cela nous coûterait-il ? » Cette idée a un nom ; c'est ce que l'on appelle le Direct Air Capture (DAC, ou captage direct dans l'air. En bref, avec le DAC, vous soufflez de l'air sur un appareil qui absorbe le dioxyde de carbone, puis vous stockez le gaz en lieu sûr). Le DAC est une technologie coûteuse et qui, pour l'essentiel, n'a pas encore été testée, mais si elle pouvait fonctionner à grande échelle, elle nous permettrait de capturer le dioxyde de carbone, peu importe le moment ou le lieu de sa production. Le DAC en activité aujourd'hui, basé en Suisse, absorbe du gaz qui a peut-être été recraché par une centrale alimentée au charbon au Texas il y a dix ans.

Pour savoir combien cette approche pourrait coûter, nous n'avons besoin que de deux données : le volume des émissions mondiales et le coût de l'absorption des émissions grâce au DAC.

Nous connaissons déjà le chiffre des émissions ; 52 milliards de tonnes par an. Quant au coût du retrait d'une tonne de carbone dans l'air, il n'a pas été fermement établi, mais il serait d'au moins 200 dollars par tonne. À l'aide d'une nouvelle technologie, je pense que l'on peut raisonnablement s'attendre à le réduire à 100 dollars par tonne, c'est donc ce chiffre que j'utiliserai.

Ce qui nous donne l'équation suivante :

52 milliards de tonnes par an × 100 dollars par tonne = 5 200 milliards de dollars par an

En d'autres termes, en continuant à vivre comme nous le faisons et en faisant appel au DAC pour résoudre le problème climatique, il nous en coûterait au moins 5 200 milliards de dollars par an, et ce chaque année tant que nous produirons des émissions. Soit environ 6 % de l'économie mondiale. (C'est une somme énorme, même si cette technologie DAC théorique reviendrait en réalité bien moins cher que si nous tentions de réduire les émissions en fermant des secteurs de l'économie, comme nous l'avons fait pendant la pandémie de la

Covid-19. Aux États-Unis, selon les données du Rhodium Group, le coût par tonne pour notre économie se situe entre 2 600 et 3 300 dollars[1]. En Union européenne, il dépasse les 4 000 dollars par tonne. Autrement dit, cela nous a coûté entre vingt-cinq et quarante fois plus que les 100 dollars par tonne que nous espérons atteindre un jour.)

Comme je le disais, l'approche fondée sur le DAC n'est vraiment qu'un exercice de pensée. En réalité, la technologie qui soustend le DAC n'est pas prête à un déploiement mondial, et même si elle l'était, le DAC constituerait une méthode tout à fait inefficace pour résoudre le problème planétaire du carbone. On ne sait pas comment nous pourrions stocker des centaines de milliards de tonnes de carbone de manière sûre. Il n'existe pas non plus de méthode pratique pour rassembler 5 200 milliards de dollars par an, ou pour garantir que tout le monde paie une part équitable (et définir la part de chacun engendrerait un vigoureux débat politique). Il faudrait que nous construisions plus de 50 000 centrales DAC dans le monde uniquement pour gérer les émissions que nous produisons maintenant. De plus, le DAC ne fonctionne pas pour le méthane ou d'autres gaz à effet de serre, seulement pour le dioxyde de carbone. Et c'est probablement la solution la plus coûteuse ; dans de

1. Source : Taking Stock 2020 : The COVID-19 Edition, Rhodium Group : rhg.com

nombreux cas, il sera moins cher de ne pas émettre de gaz à effet de serre.

Même si le DAC pouvait être conçu pour fonctionner à l'échelle mondiale – et souvenez-vous que je suis optimiste quand il est question de technologie –, il ne pourrait certainement pas être développé et déployé assez rapidement pour empêcher des dégâts environnementaux catastrophiques. Malheureusement, nous ne pouvons pas nous contenter d'attendre qu'une technologie future comme le DAC vienne nous sauver. Nous devons commencer à nous sauver dès maintenant.

Conseil : gardez les Green Premiums en tête et demandez-vous si elles sont assez basses pour que des pays à revenus moyens puissent les payer.

Voici un résumé des cinq conseils :

1. Convertissez les tonnes d'émissions en pourcentage des 52 milliards.

2. Souvenez-vous que nous avons besoin de trouver des solutions pour les cinq activités dont proviennent les émissions : la fabrication, l'électricité, la culture et l'élevage, les déplacements et la nécessité de se rafraîchir ou de se chauffer.

3. Kilowatt = maison ; gigawatt = ville de taille moyenne ; centaines de gigawatts = grand pays riche.

4. Pensez à l'espace dont nous aurons besoin pour développer nos solutions au changement climatique.

5. Gardez en tête les Green Premiums et demandez-vous si elles sont assez basses pour que les pays à revenus moyens puissent les payer.

CHAPITRE 4
LE RÔLE CRUCIAL DE L'ÉLECTRICITÉ

26 % des 52 milliards de tonnes par an

Nous sommes amoureux de l'électricité, mais la plupart d'entre nous ne savent même pas ce que c'est. L'électricité est constamment là pour nous, elle garantit le bon fonctionnement de nos éclairages publics, nos climatiseurs, nos ordinateurs et nos téléviseurs. Elle alimente toutes sortes de procédés industriels auxquels la majorité d'entre nous ne veut même pas penser. Mais, comme c'est parfois le cas dans la vie, on ne mesure vraiment l'importance d'une chose que lorsqu'elle vient à manquer. Aux États-Unis, les coupures de courant sont devenues si rares que les gens se souviennent de ce moment, il y a dix ans, où les lumières se sont éteintes et qu'ils se sont retrouvés coincés dans un ascenseur.

Je n'ai pas toujours mesuré à quel point nous dépendons de l'électricité, mais au fil des années, j'ai progressivement pris conscience de son importance. Et je m'enthousiasme devant un tel miracle. Je suis sincèrement fasciné par toutes les infrastructures physiques qui produisent de l'électricité si peu coûteuse, accessible et fiable. C'est tout simplement magique qu'il suffise d'appuyer sur un interrupteur presque n'importe où dans un pays riche pour que la lumière s'allume – et cela pour même pas un centime. Au sens littéral. Aux États-Unis, si vous laissez allumé une ampoule de 40 watts pendant une heure, cela vous coûtera à peu près la moitié d'un cent.

Je ne suis pas le seul de ma famille à être passionné par l'électricité. Avec mon fils Rory, il nous est arrivé de visiter des centrales électriques pour le plaisir, simplement pour découvrir leur fonctionnement.

Je suis heureux d'avoir consacré tant de temps à l'électricité. Tout d'abord, parce que c'était une merveilleuse activité père-fils. (Je ne plaisante pas.) De plus, trouver les moyens de tirer tous les bénéfices d'une électricité fiable et bon marché, mais sans émettre de gaz à effet de serre, est une priorité si l'on veut éviter une catastrophe climatique. En partie parce que la production d'électricité joue un rôle central dans le changement climatique, mais aussi parce que si nous utilisons une électricité zéro carbone, nous pourrons nous en servir pour décarboner beaucoup d'autres activités, tels nos déplacements ou nos moyens de production. Si nous renonçons au charbon, au gaz naturel ou au pétrole, nous devons trouver une autre source d'énergie, et ce sera principalement de l'électricité propre. Raison pour laquelle je commence par la question de l'électricité, même si la production industrielle cause plus d'émissions.

Après une visite en famille du volcan Thríhnúkagígur en Islande, en 2015 ; Rory et moi sommes allés jeter un œil à la centrale géothermique juste à côté.

Par ailleurs, l'accès à l'électricité devrait concerner un *plus grand* nombre de personnes. En Afrique subsaharienne, moins de la moitié de la population dispose de courant fiable à domicile[1]. Et si vous n'avez aucun

1. J'utilise le mot « courant » de manière un peu approximative ici. Techniquement, le « courant » se réfère au flux de l'électricité mesuré en watts. Dans ce livre, pour

accès à l'électricité, une tâche apparemment aussi simple que recharger son téléphone portable devient complexe et onéreuse. Il faut se rendre dans un magasin et payer 25 centimes, voire plus, pour brancher son téléphone sur une prise ; autrement dit, cent fois plus que ce que paient les gens dans les pays développés.

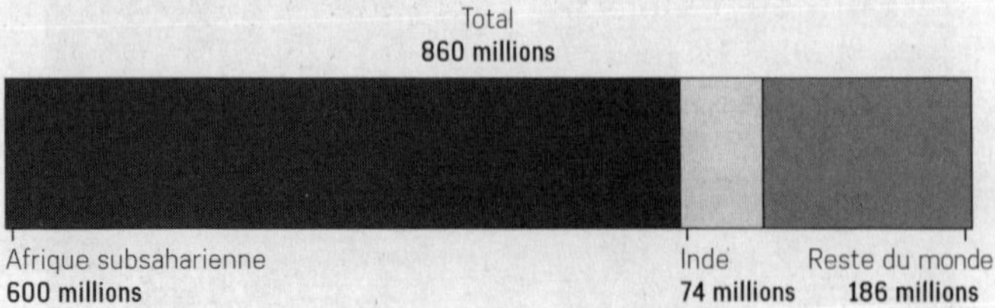

Aujourd'hui, 860 millions de personnes ne disposent pas d'un accès fiable à l'électricité. Moins de la moitié des habitants d'Afrique subsaharienne sont raccordés au réseau électrique[1]. (AIE)

Je ne m'attends pas à ce que la plupart des gens soient aussi enthousiastes que moi au sujet des réseaux et transformateurs. (Je me rends bien compte qu'il faut être assez geek pour écrire une phrase comme : « Je suis fasciné par les infrastructures physiques. ») Mais je pense que si tout le monde prenait le temps d'analyser ce que coûte la distribution

---

en simplifier la lecture, j'userai du terme dans son sens le plus général, synonyme d'« électricité ».

1. Données tirées de IEA (2020), SDG7 : Data and Projections, IEA 2020, www.iea.org/statistics. Tous droits réservés ; adapté par Gates Ventures, LLC

de ce service, que nous considérons maintenant comme acquis, nous l'apprécierions davantage. Et nous réaliserions que personne n'a envie de s'en passer. Peu importent les méthodes mises en place pour arriver à l'électricité zéro carbone à l'avenir, elles devront être aussi fiables et presque aussi abordables que celles d'aujourd'hui.

Dans ce chapitre, j'explique ce qui sera nécessaire pour préserver tout ce que nous aimons dans l'électricité – une source d'énergie bon marché et toujours accessible – et pour la distribuer plus largement, mais sans émission de carbone. Commençons par nous demander comment nous en sommes arrivés là et où nous allons.

Compte tenu de l'omniprésence de l'électricité de nos jours, il est facile d'oublier qu'elle n'est devenue un facteur clé de la vie de la plupart des Américains que quelques décennies après le début du XXe siècle. Et l'une de nos toutes premières sources majeures d'électricité ne compte même pas parmi celles auxquelles on pense aujourd'hui, comme le charbon, le pétrole ou le gaz naturel. C'était l'eau, sous forme d'hydroélectricité.

L'énergie hydraulique a beaucoup d'atouts – elle coûte relativement peu cher –, mais elle a aussi de gros défauts. La création d'un réservoir entraîne l'exode de la population et de la faune. Quand on recouvre la terre d'eau et qu'il y a beaucoup de carbone dans le sol, ce dernier finit par se transformer en méthane qui s'échappe dans l'atmosphère[1]. Des études montrent ainsi que, selon le lieu où il est construit, un barrage peut en réalité se révéler un pire émetteur que le charbon pendant cinquante ou cent ans, avant qu'il ne compense tout le méthane dont il est responsable[2]. En outre, la quantité d'électricité que l'on peut produire avec un barrage dépend de la saison, parce que l'on est tributaire des cours d'eau alimentés par la pluie. Et, bien sûr, l'hydroélectricité est immobile. Il faut construire les barrages là où se trouvent les rivières.

On ne rencontre pas un tel obstacle avec les combustibles fossiles. On peut extraire le charbon, le pétrole ou le gaz naturel directement du sol et les transférer ensuite dans une centrale électrique, où on les brûle, pour ensuite utiliser la chaleur afin de porter l'eau à ébullition, et enfin laisser la vapeur de l'eau

1. Nathan P. Myhrvold et Ken Caldeira, « Greenhouse Gases, Climate Change, and the Transition from Coal to Low-Carbon Electricity », *Environmental Research Letters*, 16 février 2012, iopscience.iop.org

2. Ces calculs proviennent d'une évaluation du cycle de vie des barrages. L'évaluation du cycle de vie est un domaine intéressant qui nécessite de documenter tous les gaz à effet de serre dont un produit précis est responsable, de sa création jusqu'à la fin de sa vie. Ces évaluations sont un moyen utile d'analyser l'impact climatique de diverses technologies, mais elles sont assez compliquées, donc, dans ce livre, je me concentrerai sur les émissions directes, qui sont plus faciles à expliquer et mènent généralement aux mêmes conclusions.

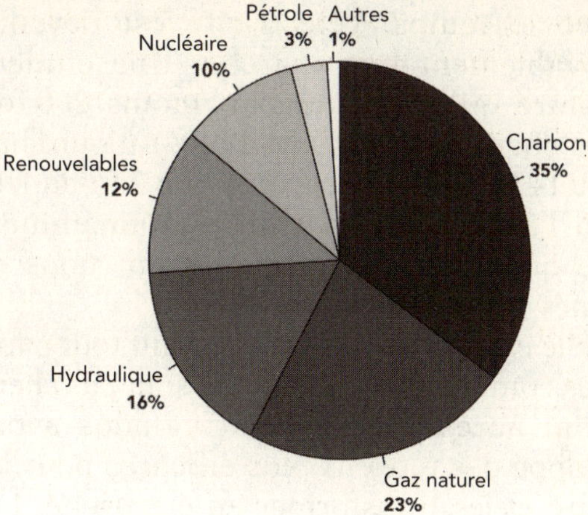

Il ne sera pas facile de veiller à ce que toute l'électricité du monde provienne de sources propres[1]. Aujourd'hui, les combustibles fossiles représentent deux tiers de toute l'électricité produite dans le monde. (bp Statistical Review of World Energy 2021)

bouillante faire tourner la turbine qui produit de l'électricité.

C'est pour cela que nous avons privilégié les combustibles fossiles après la Seconde Guerre mondiale, quand la demande en électricité a explosé aux États-Unis. Ils ont fourni l'essentiel des nouvelles capacités que nous avons développées durant la seconde moitié du XXe siècle – près de 700 gigawatts, soit quasiment soixante fois plus que ce que nous avions mis en place avant la guerre.

1. Le secteur des renouvelables inclut l'éolien, le solaire, la géothermie et les biocarburants modernes. Source : bp Statistical Review of World Energy (2021), www.bp.com

Avec le temps, l'électricité est devenue incroyablement bon marché. Une étude a démontré qu'elle coûtait au moins 200 fois moins cher en 2000 qu'en 1900. Aujourd'hui, les États-Unis ne consacrent que 2 % de leur PIB à l'électricité, un chiffre étonnamment faible quand on sait à quel point nous en sommes dépendants.

Si elle est à si bas prix, c'est avant tout parce que les combustibles fossiles ne sont pas chers. Ils sont accessibles partout et nous avons développé des moyens plus efficaces pour les extraire et les transformer en électricité. Les gouvernements font aussi des efforts considérables pour maintenir les prix des énergies fossiles au plus bas et pour encourager leur production.

Aux États-Unis, c'est ce que nous faisons depuis les premiers jours de la République : le Congrès américain a promulgué le premier tarif protectionniste sur le charbon importé en 1789. Dans les années 1830, réalisant l'importance du charbon pour l'industrie ferroviaire, les États ont commencé à l'exempter de certaines taxes et à offrir d'autres avantages à sa production. En 1913, après l'instauration de l'impôt sur les sociétés, les producteurs de pétrole et de gaz ont obtenu le droit de déduire certaines dépenses, dont les frais de forage. En tout, ces dépenses fiscales ont représenté approximativement 42 milliards (en dollars actuels) de soutien aux producteurs de charbon et de gaz naturel de 1950 à 1978, et elles sont toujours inscrites dans le code fiscal aujourd'hui[1]. De plus, les producteurs de charbon et de gaz bénéficient de conditions très favorables pour les baux sur les terres fédérales.

Les États-Unis ne sont pas les seuls : la plupart des pays entreprennent différentes démarches pour maintenir les combustibles fossiles à bas prix[2]. L'Agence internationale de l'énergie (AIE) estime qu'en 2018 les subventions des gouvernements à la consommation des combustibles fossiles sont montées à 400 milliards de dollars, ce qui explique pourquoi ils constituent une part si importante de notre approvisionnement en électricité. La part que représente la combustion de charbon dans la production d'électricité à l'échelle mondiale (environ 40 %) n'a pas changé en trente ans. Le pétrole et le gaz naturel cumulés plafonnent à 26 % depuis trois décennies. En tout, les combustibles fossiles fournissent deux tiers de l'électricité mondiale. Les énergies solaire et éolienne, quant à elles, en représentent 9 %.

---

1. U.S. Department of Energy Office of Scientific and Technical Information, « Analysis of Federal Incentives Used to Stimulate Energy Production : An Executive Summary », février 1980, www.osti.gov. Le calcul ajuste les subventions pour le charbon et le gaz naturel en dollars de 2019.

2. Wataru Matsumura et Zakia Adam, « Fossil Fuel Consumption Subsidies Bounced Back Strongly in 2018 », IEA commentary, 13 juin 2019

Ce prospectus représente une exploitation de charbon à Connellsville, en Pennsylvanie, vers 1900.

À la mi-2019, des centrales à charbon d'un rendement de près de 236 gigawatts avaient été construites partout dans le monde ; le gaz naturel et le charbon sont désormais des combustibles de choix pour les pays en développement, où la demande a grimpé en flèche ces dernières décennies. Entre 2000 et 2018, la Chine a triplé la quantité d'électricité qu'elle produit à partir du charbon. C'est plus que les États-Unis, le Mexique et le Canada réunis !

Peut-on inverser la tendance et obtenir toute l'électricité nécessaire sans émettre de gaz à effet de serre ?

Tout dépend de ce que l'on entend par « on ». Les États-Unis peuvent s'en approcher, en appliquant des politiques adaptées afin de développer les éoliennes et les panneaux solaires, tout en mettant l'accent sur certaines innovations. Mais le monde entier peut-il se doter d'une électricité zéro carbone ? Ça, ce sera beaucoup plus difficile.

Commençons par les Green Premiums pour l'électricité aux États-Unis. En fait, les nouvelles sont bonnes : nous sommes capables d'éliminer nos émissions et cela ne nous coûtera qu'une Green Premium modeste.

Pour ce qui est de l'électricité, la premium correspond à ce que nous devrons payer en plus pour obtenir toute notre électricité à partir de sources sans émission, dont l'énergie éolienne, le solaire, le nucléaire et les centrales thermiques au gaz naturel et au charbon équipées de dispositifs capables de capturer le carbone qu'elles produisent. (Souvenez-vous que le but n'est pas d'utiliser uniquement des sources renouvelables comme l'éolien et le solaire ; le but est d'arriver à zéro émission. C'est pourquoi j'ai ajouté ces autres options zéro carbone.)

À combien se monte la premium ? Le fait de changer l'intégralité du réseau électrique américain au profit de sources zéro carbone augmenterait le prix moyen de 1,3 % à 1,7 % par kilowattheure, à peu près 15 % de plus que ce que la plupart des gens paient aujourd'hui.

Ce qui revient à une Green Premium de 18 dollars par mois pour une maison moyenne – une somme plutôt abordable pour la plupart des gens, mais peut-être pas pour les Américains à faibles revenus, qui dépensent déjà un dixième de ce qu'ils gagnent en énergie.

(Si vous payez votre électricité, vous connaissez sans doute les kilowattheures, car c'est en ces termes que sont exprimées les factures de notre courant domestique. Mais au cas où vous vous poseriez la question, un kilowattheure est une unité d'énergie employée pour mesurer combien d'électricité vous utilisez sur une période donnée. Si vous consommez un kilowatt pour une heure, vous utilisez un kilowattheure. Le foyer américain typique utilise 29 kilowattheures par jour. En moyenne, tous types de consommateurs et États américains confondus, un kilowattheure d'électricité coûte environ 10 centimes, bien que dans certains endroits, cela peut monter à trois fois plus.)

C'est formidable que les Green Premiums puissent être si peu élevées aux États-Unis. L'Europe est bien lotie, elle aussi ; selon une étude réalisée par un regroupement industriel européen, la décarbonation de son réseau électrique à hauteur de 90 à 95 % augmenterait les tarifs moyens de 20 %[1]. (Cette étude a eu recours à une méthodologie différente de la façon dont j'ai établi la Green Premium américaine.)

Malheureusement, rares sont les pays qui sont aussi chanceux. Les États-Unis disposent d'une grande quantité de ressources renouvelables, dont l'hydroélectricité dans le nord-ouest de la côte Pacifique, les vents puissants

---

1. Données tirées d'Eurelectric, « Decarbonisation Pathways », mai 2018, cdn.eurelectric.org

qui soufflent dans le Midwest et l'énergie solaire toute l'année dans le Sud-Ouest et en Californie. D'autres pays ont peut-être du soleil, mais pas de vent, ou alors du vent, mais peu de soleil, ou bien encore pas assez des deux. Et sans doute souffrent-ils d'indices de solvabilité faibles, ce qui fait qu'il leur est difficile d'engager des investissements importants sur de nouvelles centrales.

L'Afrique et l'Asie sont dans la position la plus ardue. Durant ces dernières décennies, la Chine a accompli l'un des plus grands exploits de l'Histoire – elle a arraché des centaines de millions de personnes à la pauvreté –, et elle l'a fait en partie en construisant des centrales électriques à charbon à très bas prix. Les entreprises chinoises ont réussi à faire baisser le coût d'une centrale à charbon de 75 %, ce qui est remarquable. Et, en toute logique, elles souhaitent désormais plus de clients, aussi ne ménagent-elles pas leurs efforts pour attirer la prochaine vague de pays en développement : l'Inde, l'Indonésie, le Vietnam, le Pakistan et des nations du continent africain.

Que feront ces nouveaux clients potentiels ? Construiront-ils des centrales à charbon ou opteront-ils pour l'énergie propre ? Réfléchissons à leurs objectifs et à leurs possibilités. L'énergie solaire à petite échelle peut être une option pour les habitants des zones rurales pauvres, qui ont besoin de charger leurs portables et de s'éclairer la nuit. Mais ce genre de solution ne fournira jamais les volumes colossaux d'une électricité toujours accessible et bon marché dont ces pays ont besoin pour développer leur économie. Ils veulent faire comme la Chine : attirer des secteurs tels que la manufacture ou les centres d'appels – le genre d'activité qui réclame beaucoup plus d'électricité (et une électricité beaucoup plus fiable) que ce que les énergies renouvelables à petite échelle peuvent garantir.

Si ces pays choisissent les centrales à charbon, comme l'ont fait la Chine et tous les autres pays riches, ce sera un désastre pour le climat. Mais à l'heure actuelle, c'est l'option la plus économique pour eux.

La raison même de l'existence d'une Green Premium ne paraît pas évidente à première vue. Les centrales au gaz naturel doivent constamment acheter du combustible pour fonctionner ; les fermes solaires, les parcs éoliens et les barrages se procurent leur combustible gratuitement. Et un truisme veut qu'une technologie développée à grande échelle tende à devenir moins chère. Par conséquent, pourquoi l'électricité verte coûte-t-elle plus cher ?

L'un des problèmes tient au prix des combustibles fossiles : ils sont très bon marché. Leurs tarifs n'incluant ni le véritable coût du changement climatique, ni les dégâts économiques qu'ils infligent en réchauffant la planète, il est plus difficile pour les sources d'énergie propre de rivaliser avec eux. Et nous avons passé des décennies à édifier un système pour extraire les combustibles fossiles du sol, en retirer de l'énergie et la distribuer, tout cela à bas coût.

Par ailleurs, comme je le disais plus haut, certaines régions ne disposent tout simplement pas de ressources renouvelables dignes de ce nom. Pour approcher les 100 % d'électricité propre, il nous faudrait transférer de grandes quantités d'énergie propre de son lieu de production (des zones ensoleillées, situées dans l'idéal près de l'équateur, et des régions venteuses) vers ceux où elle est nécessaire (des zones nuageuses, peu venteuses). Cela impliquerait de poser de nouveaux câbles électriques, une affaire coûteuse et chronophage, surtout s'il faut traverser des frontières – et plus on installe de lignes à haute tension, plus le prix de l'électricité grimpe. La distribution et la transmission sont responsables de plus d'un tiers du coût définitif de l'électricité[1]. Sans compter que de nombreux pays ne veulent pas dépendre d'autres nations pour leur approvisionnement en électricité.

Mais le prix avantageux du pétrole et le coût élevé des câbles électriques ne suffisent pas à eux seuls à expliquer la Green Premium de l'électricité. Nos exigences en termes de

---

1. Envisagez la transmission comme une autoroute, et la distribution comme une départementale. Nous utilisons les lignes de transmission à haute tension pour transférer l'électricité de la centrale à la ville. Puis l'électricité est transmise au système local de distribution à basse tension, les lignes que vous voyez dans votre quartier.

fiabilité et la malédiction de l'intermittence en sont les principales responsables.

Le soleil et le vent sont des ressources intermittentes ; ils ne produisent pas d'électricité vingt-quatre heures sur vingt-quatre, 365 jours par an. Or notre besoin d'électricité, lui, n'est pas aussi intermittent : nous en voulons tout le temps. Par conséquent, si le solaire et l'éolien doivent constituer une grande partie de notre combinaison électrique et que nous souhaitons éviter des coupures majeures, il nous faut d'autres solutions pour les moments sans soleil ou sans vent. Soit nous devrons stocker le surplus d'électricité dans des batteries (ce qui, j'en parlerai bientôt, est excessivement cher), soit nous devrons ajouter d'autres sources d'énergie qui utilisent des combustibles fossiles, comme les centrales au gaz naturel qui ne fonctionneraient que quand nous en avons besoin. Quoi que nous fassions, l'économie ne jouera pas en notre faveur. À mesure que nous approcherons des 100 % d'électricité propre, l'intermittence va devenir un problème de plus en plus important et coûteux.

En se couchant, le soleil nous coupe de notre approvisionnement en électricité solaire. C'est là l'illustration la plus évidente de ce qu'est l'intermittence. Supposons que nous souhaitions résoudre ce problème en prenant un kilowattheure de l'électricité produite en surplus dans la journée, qu'on le stocke, et qu'on l'utilise pendant la nuit. (Il vous en faudrait bien plus que ça, mais j'ai opté pour un kilowattheure pour simplifier le calcul.) Combien cela ajouterait-il à votre facture d'électricité ?

Tout dépend de deux facteurs : le prix de la batterie et sa durée de vie. En ce qui concerne le prix, disons que l'on peut se procurer une batterie d'un kilowattheure pour 100 dollars. (C'est une estimation conventionnelle, et pour le moment, je passe sous silence ce qui se passe si nous sommes obligés de faire un prêt pour cette batterie.) Quant à savoir combien de temps notre batterie durera, partons du principe qu'elle peut supporter 1 000 cycles de charge et décharge.

Donc, le coût d'investissement d'une batterie d'un kilowattheure sera de 100 dollars réparti sur 1 000 cycles, ce qui revient à 10 centimes par kilowattheure. Ce qui s'ajoute au coût de la production de courant en premier lieu ; l'énergie solaire coûte quelque chose comme 5 centimes par kilowattheure. En d'autres termes, l'électricité que nous stockons pour la nuit va nous coûter le triple de ce que nous payons durant la journée, 5 centimes pour la produire et 10 centimes pour la stocker, soit un total de 15 centimes.

Je connais des chercheurs qui pensent pouvoir créer une batterie qui durera cinq fois plus longtemps que celle que j'ai décrite ici. Ils ne l'ont pas encore mise au point, mais s'ils disent vrai, cela ferait baisser la Green Premium de 10 à 2 centimes, une augmentation nettement plus raisonnable. Dans tous les cas, le problème de la nuit pourrait être résolu dès aujourd'hui, en acceptant de payer une Green Premium élevée ; mais grâce à l'innovation, je suis sûr que nous pourrons la réduire.

Malheureusement, l'intermittence nocturne n'est pas le problème le plus difficile à régler. La variation saisonnière entre été et hiver constitue un obstacle bien plus important. Il existe divers moyens pour tenter d'y remédier – comme ajouter de l'électricité produite par une centrale nucléaire ou une centrale électrique au gaz dotée d'un dispositif de captage des émissions – et tout scénario réaliste ne pourra que prendre ces options en considération. J'y reviendrai plus tard dans ce chapitre, mais dans un souci de simplification, j'en resterai pour l'instant aux batteries pour illustrer le problème de la variation saisonnière.

Disons que nous voulons stocker un kilowattheure, non pour une journée, mais pour toute une saison. Nous le produirons pendant l'été et nous l'utiliserons pendant l'hiver pour faire fonctionner un chauffage d'appoint. Cette fois-ci, la durée de vie de la batterie n'est pas un problème parce que nous ne la chargeons qu'une fois par an.

Mais supposons que nous devions financer l'achat d'une batterie. Nous avons mis de côté 100 dollars en capitaux. (Il va sans dire qu'il ne serait pas nécessaire de financer une batterie de 100 dollars, mais peut-être auriez-vous besoin d'un financement si vous deviez acheter de quoi stocker plusieurs gigawatts. Quant au calcul, c'est le même.) Si nous payons 5 % d'intérêt sur le capital, et que la batterie coûte

100 dollars, cela représente un coût additionnel de 5 dollars pour stocker notre unique kilowattheure. Et souvenez-vous de ce que nous payons pour l'énergie solaire pendant la journée : seulement 5 centimes. Qui irait payer 5 dollars pour stocker de l'électricité qui ne coûte en réalité que 5 centimes ?

L'intermittence saisonnière et le prix élevé du stockage sont à l'origine d'un autre problème, surtout pour les grands consommateurs d'énergie solaire : le problème de la surproduction en été et de la sous-production en hiver.

La Terre étant inclinée sur son axe, la quantité de lumière du jour qui atteint n'importe quelle région de la planète varie au fil des quatre saisons, tout comme son intensité. Cette variation dépend de la distance à laquelle vous vous trouvez de l'équateur. En Équateur, il n'y a pour ainsi dire pas de changement. Dans les environs de Seattle, où je vis, nous avons deux fois plus de lumière du soleil lors de la journée la plus longue de l'année par rapport à la plus courte. Pour certaines régions du Canada ou de la Russie, cet écart est près de douze fois supérieur[1].

Pour comprendre pourquoi ces variations sont importantes, livrons-nous à un autre exercice de pensée. Imaginez que près de

1. Il y a aussi des variations saisonnières pour le vent. Aux États-Unis, l'énergie éolienne connaît généralement un pic au printemps et atteint son point le plus bas au milieu et vers la fin de l'été (bien que ce soit le contraire en Californie). Il peut être deux à quatre fois supérieur.

Seattle se trouve une ville, que nous appellerons Suntown, la « ville du soleil », qui souhaite produire un gigawatt d'énergie solaire par an. De quelle taille devra être le parc solaire de Suntown ?

L'une des options serait d'installer assez de panneaux pour produire un gigawatt pendant l'été, quand la lumière du soleil est abondante. Mais la ville serait bien malheureuse en hiver, puisqu'elle n'obtiendrait plus que la moitié de cette lumière. C'est la sous-production. (Et le conseil municipal savait parfaitement que le stockage coûte extrêmement cher, aussi a-t-il exclu le recours aux batteries.) D'un autre côté, Suntown pourrait installer le nombre de panneaux nécessaires pour les journées d'hiver courtes et sombres, mais à l'arrivée de l'été, ils produiraient beaucoup trop d'énergie. L'électricité serait si peu chère que la ville aurait des difficultés à recouvrer les frais d'installation de ces panneaux.

Suntown pourrait répondre à ce problème de surproduction en éteignant certains de ses panneaux pendant l'été, mais cela reviendrait à engloutir de l'argent dans des équipements qui ne seraient utilisés qu'une partie de l'année. Cela augmenterait encore le coût de l'électricité pour chaque foyer et entreprise de la ville ; en d'autres termes, cela s'ajouterait à la Green Premium de la ville.

La situation de Suntown n'est pas qu'une simple hypothèse. Il est arrivé quelque chose de comparable en Allemagne, laquelle, par son ambitieux programme baptisé Energiewende, s'est fixé pour objectif d'atteindre 60 % d'énergies renouvelables d'ici 2050. Le pays a dépensé des milliards de dollars ces dernières décennies pour développer son utilisation des renouvelables, et a accru sa capacité solaire de 650 % entre 2008 et 2010. Mais l'Allemagne a produit environ dix fois plus d'énergie solaire en juin 2018 qu'en décembre de la même année[1]. En fait, à certaines périodes de l'été, les centrales éoliennes et solaires en Allemagne produisent tellement d'électricité que le pays ne peut pas tout utiliser. Quand c'est le cas, Berlin finit par transférer une partie du surplus vers la Pologne et la République tchèque voisines, dont les dirigeants se sont plaints car cela saturerait leur propre réseau énergétique en provoquant des variations imprévisibles du coût de leur électricité[2].

L'intermittence pose un autre problème, encore plus difficile à régler que la variabilité journalière ou saisonnière. Que se passerait-il si un événement extrême contraignait la ville à tenir plusieurs jours sans aucune énergie renouvelable ?

Imaginez un avenir où toute l'électricité de Tokyo ne proviendrait plus que d'éoliennes. (Le Japon est en fait très exposé au vent sur le littoral et au large.) Un jour, en août, au plus fort de la saison des cyclones, une tempête gigantesque survient ; les vents sont si forts

1. Fraunhofer ISE, www.energy-charts.de

2. Zeke Turner, « In Central Europe, Germany's Renewable Revolution Causes Friction », *Wall Street Journal*, 16 février 2017

qu'ils arrachent les éoliennes de la ville qui n'ont pas été mises hors service au préalable. La municipalité de Tokyo décide d'arrêter les éoliennes et d'utiliser exclusivement l'électricité stockée dans les meilleures batteries disponibles à grande échelle.

La question est la suivante : combien faudrait-il de batteries pour alimenter Tokyo pendant trois jours, jusqu'à ce que la tempête passe et que l'on puisse relancer les éoliennes ?

Plus de 14 millions de batteries. Ce qui représente une capacité de stockage supérieure à ce que le monde produit en sept ans. Le prix d'achat : 400 milliards de dollars. En moyenne, en tenant compte de la durée de vie des batteries, cela reviendrait à une dépense annuelle de plus de 27 milliards de dollars[1]. Et ce n'est que le coût initial des batteries ; je n'inclus pas les autres dépenses comme l'installation et la maintenance.

Cet exemple est entièrement hypothétique. Personne ne pense sérieusement à alimenter Tokyo en électricité au moyen exclusif de l'énergie éolienne ou de lui faire stocker cette électricité dans les batteries actuelles.

---

1. Voici comment j'ai obtenu ces chiffres : entre le 6 août et le 8 août 2019, Tokyo a consommé 3 122 gigawattheures d'électricité. Pour fournir l'électricité de base, je suis parti de 5,4 millions de batteries à flux à base fer avec une durée de vie de vingt ans et un coût par unité de 36 000 dollars. Pour les pics de consommation, j'ai envisagé 9,1 millions de batteries au lithium avec une durée de vie de dix ans et un coût par unité de 23 300 dollars.

Je me sers de cette hypothèse pour soulever un point crucial : il est extrêmement difficile et coûteux de stocker l'électricité à grande échelle, mais c'est une des choses que nous allons devoir faire si nous comptons sur des sources intermittentes pour fournir un pourcentage significatif d'électricité propre dans les années à venir.

Et nous aurons besoin de *beaucoup* plus d'électricité propre durant les années en question. La plupart des experts reconnaissent qu'avec la poursuite de l'électrification des autres processus générant de grandes quantités de carbone – telles la fabrication de l'acier et l'utilisation des voitures –, l'approvisionnement en électricité dans le monde va nécessairement doubler, voire tripler d'ici 2050. Sans compter l'accroissement de la population, ou le fait que les gens s'enrichiront et utiliseront donc plus d'électricité. Par conséquent, le monde aura besoin de bien plus que trois fois la quantité d'électricité que nous produisons aujourd'hui. Notre besoin en électricité va donc sérieusement augmenter, bien au-delà du triple de ce que nous produisons actuellement.

Le solaire et l'éolien étant intermittents, notre capacité à produire de l'électricité devra augmenter d'autant plus. (La capacité mesure la quantité d'électricité que nous sommes en théorie capable de produire quand le soleil brille au maximum et que le vent souffle au plus fort ; la production correspond à ce que nous pouvons obtenir en réalité, après avoir pris en considération l'intermittence, la fermeture des centrales pour maintenance et d'autres facteurs. La production est toujours inférieure à la capacité, et dans le cas des sources variables comme le soleil ou le vent, la différence peut être encore plus nette.)

En tenant compte de toute l'électricité supplémentaire que nous utiliserons, et en supposant que l'éolien et le solaire jouent un rôle important, il faudrait accroître notre capacité d'environ 75 gigawatts de capacité chaque année pendant trente ans pour espérer complètement décarboner l'approvisionnement des États-Unis d'ici 2050.

Est-ce beaucoup ? Au cours des dix dernières années, nous avons ajouté en moyenne 22 gigawatts par an. Il nous faut maintenant nous doter de plus de trois fois ce montant chaque année, et continuer à ce rythme pendant encore trois décennies.

Ce sera un peu plus simple si nous fabriquons des panneaux solaires et des éoliennes moins chers et plus efficaces – autrement dit, si nous inventons des procédés qui nous permettent d'obtenir plus d'énergie à partir de la même quantité de soleil ou de vent. (De nos jours, les meilleurs panneaux solaires convertissent en électricité moins d'un quart de la lumière du soleil qu'ils captent, et la limite théorique pour le type commercialisé le plus courant est de près de 33 %.) Comme ces taux de conversion ne font qu'augmenter, nous pourrons tirer plus d'énergie à partir d'un terrain de même superficie, ce qui nous aidera quand nous déploierons ces technologies à grande échelle.

Toutefois, des panneaux solaires et des éoliennes plus efficaces ne suffiront pas, car il y a une différence cruciale entre la progression qu'a connue l'Amérique en termes d'équipements au XXe siècle et ce que nous devons entreprendre au XXIe siècle. L'emplacement aura plus d'importance que jamais.

Depuis les débuts du réseau électrique, les prestataires ont installé la plupart des centrales électriques près des villes qui se développaient rapidement aux États-Unis, parce qu'il était relativement simple de se servir des chemins de fer et des pipelines pour transférer les combustibles fossiles de leur lieu d'extraction vers les centrales, afin de les brûler pour en faire de l'électricité. Par conséquent, le réseau électrique américain dépend des chemins de fer et des pipelines pour transférer les carburants sur de longues distances jusqu'aux centrales, puis des câbles électriques pour transférer l'électricité sur de courtes distances vers les villes qui en ont besoin.

Ce modèle ne peut pas fonctionner avec le solaire ou l'éolien. Vous ne pouvez pas embarquer de l'énergie solaire dans un wagon en direction d'une centrale ; elle doit être convertie en électricité sur place. Or l'essentiel de la production d'énergie solaire se trouve dans le sud-ouest des États-Unis, et la plupart des éoliennes sont situées dans les Grandes Plaines, loin des principales zones urbaines.

En bref, l'intermittence est la principale raison pour laquelle le coût augmente à mesure que l'on se rapproche d'une électricité zéro carbone généralisée. C'est pourquoi les villes qui s'efforcent de devenir vertes continuent, pour compléter l'énergie solaire et éolienne, d'user d'autres moyens pour produire de l'électricité, comme des centrales électriques au gaz qui peuvent être mises en œuvre ou arrêtées à la demande – et ces dernières ne sont en aucun cas à zéro carbone.

Disons-le clairement : les sources d'énergie variable, comme le soleil et le vent, peuvent jouer un rôle de substitut pour nous permettre d'atteindre l'objectif zéro. En fait, *nous avons besoin qu'elles le fassent*. Nous devrions déployer des énergies renouvelables rapidement, partout où il est économiquement possible de le faire. Les coûts du solaire et de l'éolien ont chuté de façon incroyable ces dix dernières années : les panneaux solaires, par exemple, étaient presque dix fois moins chers en 2020 qu'en 2010, bien que leur prix semble s'être à présent stabilisé. Cette baisse s'explique tout simplement par l'expérience – plus on fabrique un produit, mieux on le fait.

Nous devons surmonter les obstacles qui nous empêchent de mieux exploiter les énergies renouvelables. Il est par exemple normal d'imaginer le réseau électrique américain comme un unique réseau interconnecté, mais en réalité, ce n'est pas du tout le cas. Il n'y a pas qu'un seul réseau électrique ; il y en a plusieurs, c'est un patchwork désordonné, ce qui fait qu'il est presque impossible d'envoyer de l'électricité au-delà de la région où elle est produite. L'Arizona peut vendre son surplus d'énergie solaire à ses voisins, mais pas à un État qui serait à l'autre bout du pays.

Nous pourrions résoudre ce problème en quadrillant le pays avec des milliers de kilomètres de lignes électriques spéciales qui transporteraient sur de longues distances ce que l'on appelle le « courant à haute tension ». Cette technologie existe déjà ; en fait, les États-Unis ont déjà installé quelques-unes de ces lignes. (La plus grande va de l'État de Washington à la Californie.) Mais les obstacles politiques qui se dressent sur la voie d'une mise à niveau massive de notre réseau électrique sont considérables.

Imaginez simplement le nombre de propriétaires terriens, de prestataires et de représentants des autorités locales et fédérales qu'il vous faudrait rassembler pour construire des lignes électriques capables de transférer l'énergie solaire depuis le Sud-Ouest jusqu'à des clients résidant au fin fond de la Nouvelle-Angleterre. Rien que le fait de déterminer les tracés et de négocier les droits de passage serait une entreprise titanesque ; les gens ont tendance à ne pas être d'accord quand vous voulez faire passer une ligne à haute tension à travers un parc local.

La construction du TransWest Express, un projet de câble conçu pour transférer l'énergie des éoliennes du Wyoming vers la Californie et le Sud-Ouest, devait démarrer en 2021. Le projet est censé être opérationnel en 2024, soit presque dix-sept ans après son lancement.

Mais si nous réussissions, ce serait une transformation radicale. Je finance un projet qui prévoit le développement d'un modèle informatique de tous les réseaux électriques recouvrant les États-Unis. À l'aide de ce modèle, des spécialistes ont étudié ce qu'il en coûterait à tous les États de l'Ouest d'atteindre l'objectif affiché par la Californie, soit 60 % d'énergie renouvelable d'ici 2030 ; et à tous les États de l'Est d'atteindre celui de New York, soit 70 % d'énergie propre d'ici la même année. Ce qu'ils ont constaté, c'est qu'il n'y avait tout simplement aucun moyen pour ces États d'y parvenir sans améliorer le réseau électrique. Le modèle a aussi démontré que les approches régionale et nationale de la transmission – plutôt que de laisser chaque État se débrouiller seul – permettrait à chacun d'entre eux d'atteindre l'objectif avec 30 % d'énergie renouvelable de moins que ce qui leur serait nécessaire autrement. En d'autres termes, nous économiserions de l'argent en construisant des sites de production de renouvelables aux meilleurs emplacements, en créant un réseau national unifié et en expédiant des électrons à zéro émission partout où l'on a besoin d'eux[1].

L'électricité occupant une place de plus en plus importante dans notre alimentation

1. Ce projet est présenté en ligne. Voir breakthroughenergy.org.

totale en énergie, nous aurons besoin, dans les années à venir, de modèles de ce genre pour des réseaux à l'échelle mondiale. Ils nous aideront à répondre à des questions comme celles-ci : quelle combinaison de ressources énergétiques propres sera la plus efficace pour une région donnée ? Vers où devraient mener les lignes à haute tension ? Quelles réglementations font barrage et quelles motivations devons-nous trouver ? J'espère voir naître beaucoup d'autres projets comme celui-ci.

Et il y a une autre complication : comme nos maisons dépendent plus de l'électricité que des combustibles fossiles (pour recharger les voitures électriques, par exemple, ou pour se chauffer en hiver), nous devrons mettre à niveau le réseau électrique desservant chaque foyer – d'au moins un ou deux facteurs, voire plus selon les cas. Il va falloir procéder à des travaux dans de nombreuses rues, installer des câbles plus lourds sur les poteaux électriques, des transformateurs et d'autres équipements. Presque toutes les communes seront touchées de manière concrète, et cela aura un impact politique au niveau local.

La technologie pourrait aider à surmonter certains obstacles politiques indissociables de ces mises à niveau. Les câbles électriques, par exemple, choquent moins le regard lorsqu'ils sont souterrains. Mais de nos jours, les travaux pour enterrer les câbles électriques augmentent le prix d'un facteur de 5 à 10. (Le problème, c'est la chaleur : les lignes électriques chauffent quand l'électricité passe.

Ce n'est pas gênant quand elles sont à l'air libre, puisque la chaleur se dissipe dans l'air, mais sous terre, cette chaleur n'a nulle part où aller. Si la température devient trop élevée, le câble fond.) Certaines entreprises travaillent sur la prochaine génération de systèmes de transmission, qui aboliraient ce problème de chaleur et réduiraient le coût des câbles souterrains de façon significative.

L'utilisation des énergies renouvelables actuelles et l'amélioration des transmissions sont de la plus haute importance. Si nous n'entreprenons pas une ambitieuse mise à niveau de notre réseau électrique et préférons laisser chaque région gérer cette question par elle-même, la Green Premium ne sera pas de 15 à 30 %, mais de 100 % ou plus. À moins d'utiliser une grande quantité d'énergie nucléaire (ce que j'aborderai dans la partie suivante), tous les chemins menant à l'objectif zéro aux États-Unis nécessiteront d'installer autant de systèmes d'alimentation en énergie solaire et éolienne que nous aurons la place d'en construire. Il est difficile d'établir avec précision quelle part de l'électricité américaine proviendra à terme des renouvelables aux États-Unis, mais ce que l'on sait, c'est qu'entre aujourd'hui et 2050, il faut que nous les construisions beaucoup plus vite, de l'ordre de cinq à dix fois plus vite que ce que nous faisons actuellement.

Et rappelez-vous que la plupart des pays ne sont pas aussi bien lotis que les États-Unis du point de vue des ressources solaires et éoliennes. Espérer produire un pourcentage important de notre énergie à partir de ressources renouvelables est en soi un luxe. C'est pourquoi, alors même que nous ne cessons de mettre en œuvre toujours plus de panneaux solaires et d'éoliennes, le monde va avoir lui aussi besoin d'innovations en matière d'électricité propre.

Des recherches formidables sont déjà en cours. S'il y a une chose que j'aime dans mon travail, c'est que j'ai l'occasion de rencontrer de grands scientifiques et entrepreneurs, et d'apprendre beaucoup grâce à eux. Au fil des années, et notamment par le biais de mes investissements dans Breakthrough Energy, j'ai entendu parler de quelques découvertes potentielles qui pourraient déclencher la révolution dont nous avons besoin pour atteindre zéro émission en électricité. Ces idées en sont à différents stades de développement ; certaines sont relativement bien avancées et testées, tandis que d'autres ne sont qu'embryonnaires. Mais nous ne pouvons pas nous permettre d'avoir peur de parier sur des idées folles. C'est la seule façon de garantir au moins quelques découvertes capitales.

Produire de l'électricité sans carbone

Fission nucléaire. Voici la phrase à retenir en faveur de l'énergie nucléaire : c'est la seule source d'énergie sans carbone qui puisse distribuer de l'énergie de manière fiable jour et nuit, peu importe la saison, presque partout sur Terre, et qui ait démontré son efficacité à grande échelle.

Aucune autre énergie propre ne s'approche de ce que le nucléaire peut fournir aujourd'hui. (Je veux parler ici de fission nucléaire, le processus qui permet d'obtenir de l'énergie en séparant les atomes. Je traiterai de son pendant, la fusion nucléaire, dans la prochaine partie.) Aux États-Unis, près de 20 % de l'électricité provient des centrales nucléaires ; dans ce domaine, c'est la France la championne du monde, puisque le nucléaire lui fournit 70 % de son électricité. Souvenez-vous qu'en comparaison, le solaire et l'éolien conjugués ne donnent que 9 % de l'énergie mondiale.

Et il est difficile d'envisager un avenir où l'on décarbonerait notre réseau électrique de manière abordable sans utiliser davantage d'énergie nucléaire. En 2018, les chercheurs du Massachusetts Institute of Technology ont analysé près de mille scénarios sur les moyens d'atteindre le zéro aux États-Unis ; toutes les solutions les moins coûteuses impliquaient le recours à une énergie propre et toujours accessible – comme l'énergie nucléaire. Sans une source de ce type, il coûterait beaucoup plus cher d'arriver à une électricité zéro carbone.

Les centrales nucléaires occupent également la première place quand il s'agit d'utiliser efficacement des matériaux comme le ciment, l'acier et le verre. Ce graphique vous montre combien de matériau il faut pour produire une unité d'électricité à partir de diverses sources :

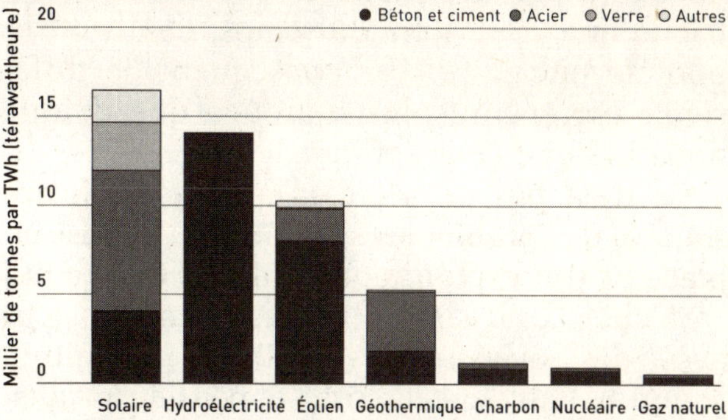

Que faut-il pour construire une centrale électrique ? Tout dépend du type de centrale. La centrale nucléaire est la plus efficace, car elle nécessite nettement moins de matériaux par unité d'électricité produite que d'autres ressources[1]. (Département américain de l'Énergie)

Vous voyez comme la colonne du nucléaire est petite ? Cela signifie que l'on obtient beaucoup plus d'énergie pour chaque livre de

1. Poids des matériaux mesurés en tonnes par térawattheure d'électricité produite. Source : U.S. Department of Energy, « Quadrennial Technology Review. An Assessment of Energy Technologies and Research Opportunities » (2015), www.energy.gov

matériau impliqué dans la construction et la gestion d'une de ces centrales. C'est un point crucial, compte tenu de tous les gaz à effet de serre qui sont émis quand on produit ces matériaux. (Lisez le prochain chapitre pour en savoir plus à ce sujet.) Et ces chiffres ne tiennent pas compte du fait que les fermes solaires et éoliennes ont généralement besoin de davantage de superficie que les centrales nucléaires, et qu'elles ne produisent de l'électricité que 25 à 40 % du temps, contre 90 % pour le nucléaire. Par conséquent, la différence est encore plus marquée que ce que nous indique ce graphique.

Ce n'est pas un secret, l'énergie nucléaire soulève des problèmes spécifiques. Sa mise en place et son exploitation coûtent aujourd'hui très cher. Une simple erreur humaine peut avoir des conséquences terribles. L'uranium, le combustible qu'elle utilise, peut être transformé en armes. Ses déchets sont dangereux et difficiles à stocker.

Des accidents très médiatisés, à Three Mile Island aux États-Unis, Tchernobyl en ex-URSS et Fukushima au Japon, ont braqué les projecteurs sur tous ces risques. De graves problèmes sont à l'origine de ces catastrophes, mais plutôt que de travailler à résoudre ces problèmes, nous avons tout simplement renoncé aux progrès dans ce domaine.

Imaginez si le monde entier s'était rassemblé un jour pour annoncer : « Eh, les voitures, ça tue des gens. Elles sont dangereuses. Arrêtons de conduire et laissons tomber ces automobiles. » Cela aurait été évidemment ridicule. Nous avons fait tout le contraire : nous avons innové afin de rendre les voitures plus sûres. Pour empêcher les gens de voler à travers le pare-brise, nous avons inventé les ceintures et les airbags. Pour protéger les passagers pendant un accident, nous avons créé des matériaux plus sûrs et amélioré la conception. Pour protéger les piétons sur les parkings, nous avons entrepris de doter les voitures de caméras de recul.

L'énergie nucléaire tue infiniment moins de gens que les voitures. D'ailleurs, elle en tue beaucoup moins que n'importe quelle énergie fossile. Quoi qu'il en soit, nous devrions l'améliorer, tout comme nous l'avons fait pour les voitures, en analysant les problèmes un par un et en nous efforçant de les résoudre grâce à des innovations.

Les scientifiques et les ingénieurs ont avancé diverses solutions. Je suis très optimiste quant à l'approche développée par TerraPower, une société que j'ai fondée en 2008 pour concevoir la prochaine génération de réacteur nucléaire, et qui rassemble quelques-uns des esprits les plus brillants dans les domaines de la physique nucléaire et de la modélisation informatique.

Personne ne nous laisserait construire des réacteurs expérimentaux dans le monde réel, aussi avons-nous établi un laboratoire équipé de superordinateurs à Bellevue, dans l'État de Washington, où l'équipe simule de manière numérique la conception de différents réacteurs.

Nous pensons avoir créé un modèle qui résout tous les problèmes clés, à l'aide d'un projet appelé « réacteur à onde progressive ».

Le réacteur de TerraPower serait capable de fonctionner à partir de différents types de combustibles, y compris les déchets provenant d'autres installations nucléaires. Le réacteur produirait bien moins de déchets que les centrales actuelles et serait entièrement automatisé – éliminant la possibilité d'une erreur humaine –, et il pourrait être construit en souterrain, ce qui le protégerait des attaques. Enfin, le projet serait intrinsèquement sûr, grâce à des procédés ingénieux permettant de contrôler la réaction nucléaire ; par exemple, le combustible radioactif serait contenu dans des barres qui se dilateraient si elles devenaient trop chaudes, ce qui ralentirait la réaction nucléaire et empêcherait la surchauffe. Ce sont les lois de la physique qui permettraient d'éviter les accidents.

Nous sommes encore à des années de démarrer le chantier d'une nouvelle centrale. Pour le moment, les croquis de TerraPower existent seulement sur nos superordinateurs ; nous travaillons avec le gouvernement américain afin de construire notre premier prototype.

Fusion nucléaire. Voilà une autre approche de l'énergie nucléaire totalement différente, et qui s'annonce plutôt prometteuse, mais encore au moins à une décennie de pouvoir fournir de l'électricité aux consommateurs.

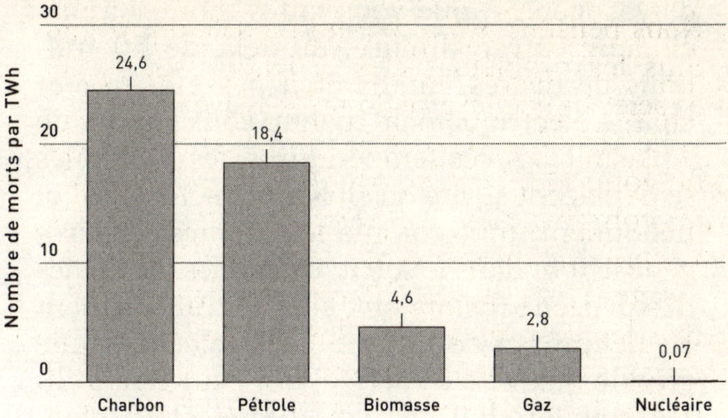

Le nucléaire est-il dangereux ? Pas si l'on compte le nombre de morts causées par unité d'électricité, comme ce graphique le montre. Les chiffres recouvrent ici l'ensemble du processus de production d'électricité, depuis l'extraction des combustibles à leur transformation en électricité, ainsi que les problèmes environnementaux qu'ils engendrent, comme la pollution de l'air[1]. (Our World in Data)

Au lieu de tirer de l'énergie de la séparation des atomes, comme dans le cas de la fission, elle les regroupe, ou les « fusionne ».

Cette dernière repose sur le même principe fondamental que le soleil. Ce qu'il vous faut au départ, c'est du gaz – la plupart des recherches se concentrent sur certains types

1. Ce graphique s'appuie sur les données de « Deaths per TWh » de Markandya & Wilkinson, Sovacool *et al.* (licence CC BY 4.0 ; https://www.creativecommons.org/licenses/by/4.0/) disponible en ligne : https://ourworldindata.org/grapher/death-rates-from-energy-production-per-twh.

d'hydrogène –, que vous faites monter à une chaleur extraordinaire, au-delà de 50 millions de degrés, tandis qu'il passe à un état chargé électriquement, connu sous le nom de « plasma ». À ces températures, les particules se déplacent si vite qu'elles s'entrechoquent et fusionnent, tout comme les atomes d'hydrogène le font dans le soleil. Quand les particules d'hydrogène fusionnent, elles se transforment en hélium, et ce faisant, elles relâchent une grande quantité d'énergie, qui peut être utilisée pour produire de l'électricité. (Les scientifiques disposent de divers moyens pour contenir le plasma ; les méthodes les plus courantes ont recours soit à de puissants aimants, soit à des lasers.)

Bien que l'on en soit encore à la phase expérimentale, la fusion semble très prometteuse. Comme elle fonctionnerait à partir d'éléments aisément accessibles, tel l'hydrogène, le combustible serait bon marché et abondant. Le principal type d'hydrogène généralement utilisé lors d'une fusion peut être extrait de l'eau de mer, et il y en a assez pour répondre aux besoins du monde entier pendant plusieurs milliers d'années. Les déchets produits par la fusion seraient radioactifs durant des siècles, et non des centaines de milliers d'années comme les déchets du plutonium, et à un niveau nettement inférieur – à peu près aussi dangereux que les déchets radioactifs des hôpitaux. Il n'y a pas de réaction en chaîne dont on risquerait de perdre le contrôle, car la fusion cesse dès qu'on ne l'alimente plus en combustible ou que l'on arrête le dispositif qui contient le plasma.

En pratique, cependant, la fusion est très complexe à mettre en œuvre. Une vieille blague circule chez les scientifiques nucléaires : « On est à quarante ans de réaliser la fusion et ça sera toujours comme ça. » (Certes, la notion de « blague » est relative.) L'un des principaux obstacles est la gigantesque quantité d'énergie nécessaire pour lancer la fusion, à tel point que le lancement nécessite souvent plus d'efforts qu'il n'aura d'avantages. Et, comme vous pouvez l'imaginer étant donné les températures que cela implique, la construction d'un tel réacteur est en elle-même un formidable défi en termes d'ingénierie. Aucun des réacteurs à fusion existants n'a été conçu pour produire de l'électricité que les consommateurs pourraient utiliser ; ils ne servent qu'à la recherche.

Le plus grand projet actuellement en construction, une collaboration entre six pays et l'Union européenne, est une installation expérimentale dans le sud de la France connue sous le nom d'ITER. La construction, démarrée en 2010, est encore en cours. D'ici le milieu des années 2020, ITER est censé produire son premier plasma, et il devrait générer plus d'énergie – dix fois plus que ce qu'il lui faut pour être opérationnel – d'ici la fin des années 2030. Pour la fusion, l'impossible deviendrait alors réalité, ce serait un résultat majeur qui nous mettrait sur la voie d'une première centrale de démonstration commerciale.

Et d'autres innovations sont à venir, qui pourraient rendre la fusion plus pratique. Je connais par exemple des entreprises qui utilisent des supraconducteurs à haute température pour engendrer des champs magnétiques encore plus puissants afin de contenir le plasma. Si cette approche fonctionne, cela nous permettrait de développer des réacteurs à fusion beaucoup plus petits et donc moins chers et plus rapides.

Mais le point crucial, ce n'est pas qu'une quelconque entreprise accouche de l'idée innovante dont nous avons besoin pour l'énergie nucléaire à fission ou à fusion. Le plus important, c'est que le monde se concentre de nouveau sérieusement sur l'énergie nucléaire. Car elle est trop prometteuse pour qu'on s'en détourne.

Les éoliennes offshore. Le déploiement d'éoliennes dans un océan ou tout autre plan d'eau présente divers avantages. Nombre de grandes villes étant situées sur la côte, nous pouvons produire de l'électricité beaucoup plus près de là où elle sera utilisée, et donc sans rencontrer les mêmes problèmes de transmission. Les éoliennes offshore tournent plus régulièrement, ce qui atténue en outre le problème de l'intermittence.

Malgré ces avantages, le vent du large ne représente actuellement qu'une infime partie de la capacité totale à produire de l'électricité dans le monde, environ 0,4 % en 2019. La plupart de ces installations sont en Europe, en particulier en mer du Nord ; les États-Unis ne peuvent produire que 30 mégawatts, et le tout dans un seul et même parc au large du littoral du Rhode Island. N'oubliez pas que les États-Unis consomment à peu près 1 000 gigawatts, donc les éoliennes offshore fournissent environ 1/32 000 de l'électricité du pays.

Le secteur des éoliennes offshore ne peut que progresser. Des entreprises sont en train de développer des solutions pour construire des turbines de plus grande taille, afin que chacune d'entre elles puisse produire plus d'énergie. Elles ont aussi relevé les défis, en termes d'ingénierie, que représente la nécessité d'installer de grands objets métalliques dans l'océan. Comme ces innovations font baisser les prix, certains pays déploient davantage d'éoliennes ; l'utilisation des éoliennes offshore a augmenté de 25 % par an en moyenne au cours des trois dernières années. Le Royaume-Uni est aujourd'hui le plus grand utilisateur au monde d'éoliennes offshore, grâce aux subventions judicieuses du gouvernement qui ont encouragé les entreprises à investir. La Chine procède à des investissements ambitieux dans les éoliennes offshore et deviendra sûrement leur plus grand consommateur d'ici 2030.

Aux États-Unis, les vents du large sont considérables, surtout en Nouvelle-Angleterre, en Californie du Nord et dans l'Oregon, sur le golfe du Mexique et dans la région des Grands Lacs ; en théorie, nous pourrions produire 2 000 gigawatts grâce à eux, plus que nos besoins actuels[1]. Mais si nous voulons tirer profit de ce potentiel, il faut simplifier la procédure d'installation des éoliennes. Actuellement, obtenir un permis implique de surmonter de véritables obstacles bureaucratiques : il faut acheter un des rares baux fédéraux, puis se soumettre à une procédure qui dure des années dans l'espoir d'obtenir une attestation sur l'impact environnemental, et enfin des permis fédéraux et locaux supplémentaires. Et à chaque étape, il faut s'attendre à se heurter à l'opposition (justifiée ou non) des propriétaires de maisons en bord de mer, de l'industrie du tourisme, des pêcheurs et des groupes environnementaux.

Les éoliennes offshore sont riches en promesses : elles deviennent moins chères et peuvent jouer un grand rôle dans la décarbonation de nombreux pays.

Géothermie. Profondément enfouies sous terre – parfois à quelques centaines de mètres, parfois à plus d'un kilomètre – se trouvent des roches chaudes qui peuvent servir à produire de l'électricité sans carbone. Nous pouvons injecter de l'eau sous haute pression dans la roche, où elle absorbe la chaleur avant de ressortir par un autre trou où elle actionne une turbine ou produit de l'électricité par un autre moyen.

1. U.S. Department of Energy, « Computing America's Offshore Wind Energy Potential », 9 septembre 2016, www.energy.gov

Mais l'exploitation de cette chaleur sous nos pieds a des inconvénients. Sa densité énergétique – la quantité d'énergie que l'on obtient par mètre carré – est assez faible. Dans son superbe livre paru en 2009[1], David MacKay estimait que la géothermie ne pourrait satisfaire qu'à peine 2 % des besoins énergétiques du Royaume-Uni, et que pour distribuer ne serait-ce que cette quantité, il faudrait exploiter chaque mètre carré du pays en menant gratuitement les opérations de forage.

De plus, cela implique de creuser des puits, et il est difficile de savoir à l'avance si un puits va produire la chaleur nécessaire, et pour combien de temps. Environ 40 % de ces puits creusés pour la géothermie ne donnent finalement rien. Et la géothermie n'est accessible que dans certains endroits dans le monde ; les meilleurs emplacements sont souvent situés dans des régions où l'activité volcanique est au-dessus de la normale.

Si ces problèmes signifient que la géothermie ne contribuera que modestement à la consommation mondiale d'électricité, il n'en est pas moins utile de se demander comment résoudre certains d'entre eux, ainsi que nous l'avons fait pour les voitures. Des entreprises travaillent sur diverses innovations qui tireraient parti des progrès techniques grâce auxquels le forage de gaz et de pétrole a tant gagné en efficacité ces dernières années.

1. David MacKay, *L'Énergie durable. Pas que du vent !*, De Boeck, 2015

Certaines, par exemple, développent des capteurs avancés qui pourraient faciliter la détection des puits géothermiques prometteurs. D'autres envisagent des forages horizontaux afin de puiser dans les sources géothermiques plus efficacement et de façon plus sûre. Cela confirme qu'une technologie développée à l'origine pour le secteur des combustibles fossiles peut finalement nous aider à atteindre notre objectif de zéro émission.

Stocker l'électricité

Batteries. Jamais je n'aurais imaginé consacrer autant de temps à m'informer sur les batteries. (Ni perdre autant d'argent dans des start-up spécialisées dans ce domaine.) À ma grande surprise, en dépit de toutes les limites des batteries au lithium – celles qui font fonctionner vos ordinateurs et vos téléphones portables –, il est difficile de faire mieux. Les inventeurs ont étudié tous les métaux que nous pourrions utiliser, et il semble peu probable qu'il existe des matériaux qui aboutissent à des batteries nettement plus performantes que celles que nous produisons déjà. Je pense que nous pourrions les améliorer d'un facteur de 3, mais pas d'un facteur de 50.

Quoi qu'il en soit, un bon inventeur finira toujours par trouver des solutions. J'ai rencontré de brillants ingénieurs qui travaillent sur des batteries bon marché capables de stocker assez d'énergie pour une ville – ce que nous appelons des batteries de réseau, par opposition à celles, plus petites, qui alimentent un téléphone ou un ordinateur –, et de la conserver assez longtemps pour surmonter l'intermittence saisonnière. Un inventeur que j'admire travaille sur une batterie qui utilise des métaux liquides au lieu des métaux solides employés dans les équipements traditionnels. L'idée est que le métal liquide permet de stocker et de distribuer beaucoup plus d'énergie très rapidement – exactement le genre de choses dont on a besoin quand on veut fournir du courant à une ville entière. Cette technologie a été démontrée en laboratoire, et l'équipe s'efforce maintenant d'en développer une version suffisamment bon marché pour être rentable et de prouver qu'elle peut fonctionner sur le terrain.

D'autres travaillent sur ce que l'on appelle les « batteries à flux », c'est-à-dire qu'ils stockent des fluides dans des réservoirs séparés, puis produisent de l'électricité en pompant les fluides ensemble. Plus les réservoirs sont grands, plus on peut stocker d'énergie, et plus la batterie est grande, plus elle devient économique.

Pompage hydraulique. C'est une méthode de stockage pour des quantités d'énergie à l'échelle d'une ville, qui fonctionne comme suit : quand l'électricité est à bas prix (par exemple, quand un vent vigoureux fait tourner les turbines très vite), on pompe de l'eau vers le haut dans un réservoir situé sur une colline ; puis, quand la demande en électricité augmente, on laisse l'eau s'écouler depuis la hauteur et on s'en sert pour actionner une turbine et produire plus d'électricité.

En termes de dimensions, ce système de pompage hydroélectrique est la plus grande méthode de stockage d'électricité de réseau au monde. Ce qui ne veut pas dire grand-chose, malheureusement. Les dix plus grandes installations des États-Unis peuvent stocker moins d'une heure de la consommation en électricité du pays. Vous avez sans doute compris pourquoi ça n'a pas vraiment pris : pour remonter l'eau au sommet d'une colline, il vous faut un grand réservoir d'eau, et, bien sûr, une colline. Sans l'un ou l'autre, vous n'avez aucune chance.

Plusieurs sociétés travaillent sur d'autres solutions. L'une d'entre elles cherche actuellement à savoir s'il serait possible de remonter autre chose que de l'eau en haut d'une colline, des galets par exemple. Une autre travaille sur un procédé qui éliminerait la colline, mais pas l'eau : il s'agit de pomper de l'eau sous terre, où elle serait maintenue sous pression, puis on la relâche pour actionner une turbine. Si cette approche fonctionnait, ce serait magique, car cela ne nécessiterait que très peu d'équipement hors-sol.

Stockage thermique. L'idée, ici, consiste à utiliser l'électricité bon marché pour chauffer un matériau. Ensuite, quand on a besoin de plus d'électricité, on utilise la chaleur pour produire du courant à l'aide d'un moteur thermique. Ce système peut fonctionner avec une efficacité de 50 à 60 %, ce qui n'est pas mal. Les ingénieurs connaissent un grand nombre de matériaux capables de conserver de la chaleur pendant longtemps sans perdre beaucoup d'énergie ; l'approche la plus prometteuse, sur laquelle travaillent certains scientifiques et des entreprises, envisage de stocker la chaleur dans du sel fondu.

Chez TerraPower, nous nous efforçons de comprendre comment utiliser le sel fondu afin de ne pas avoir à concurrencer l'électricité solaire pendant la journée (si nous parvenons à construire une centrale). L'idée serait de stocker la chaleur produite pendant la journée, puis de la convertir en électricité pendant la nuit, quand l'énergie solaire n'est pas accessible.

Hydrogène à bas prix. J'espère que nous réaliserons bientôt de formidables percées dans le domaine du stockage. Mais il est aussi possible qu'une innovation survienne qui rendra toutes ces idées obsolètes, comme l'ordinateur personnel est arrivé et a rendu plus ou moins inutile la machine à écrire.

L'hydrogène à bas prix pourrait avoir cet impact sur le stockage de l'électricité.

Car l'hydrogène sert d'ingrédient clé aux piles à combustible. Les piles à combustible tirent leur énergie d'une réaction chimique entre deux gaz – habituellement l'hydrogène et l'oxygène – et leur seul sous-produit, c'est l'eau. Nous pourrions utiliser l'électricité d'une ferme solaire ou éolienne pour créer de l'hydrogène, stocker ce dernier sous forme de gaz comprimé ou autre, et ensuite le placer dans une pile à combustible pour produire de l'électricité à la demande. Dans les faits, nous utiliserions de l'électricité propre pour créer un combustible sans carbone qui pourrait être stocké pendant des années et transformé de nouveau en électricité au moment voulu. Et nous pourrions résoudre le problème de l'emplacement que j'ai mentionné plus tôt ; si vous ne pouvez pas embarquer la lumière du soleil dans un wagon, vous pouvez en revanche commencer par la transformer en combustible, puis la transporter comme bon vous semble.

Mais il y a un problème : pour l'heure, la production d'hydrogène sans émettre de carbone coûte cher. Ce n'est pas aussi efficace que de stocker l'électricité directement dans une batterie, parce qu'il faut d'abord utiliser de l'électricité pour produire de l'hydrogène avant de pouvoir ensuite utiliser cet hydrogène pour produire de l'électricité. Toutes ces étapes signifient que l'on perd de l'énergie en cours de route.

L'hydrogène est par ailleurs un gaz très léger, ce qui le rend difficile à stocker dans un conteneur de taille raisonnable. Il est plus facile de stocker le gaz si on le pressurise (on peut ainsi en entasser davantage dans un conteneur de même volume), mais les molécules d'hydrogène sont si petites que quand elles sont sous pression, elles sont susceptibles de migrer à travers le métal. C'est comme si votre réservoir d'essence fuyait lentement alors que vous êtes occupé à le remplir.

Pour finir, le procédé de production de l'hydrogène (l'électrolyse) nécessite aussi des matériaux divers (connus sous le nom d'« électrolyseurs ») qui sont assez coûteux. En Californie, où l'on peut désormais se procurer des voitures qui fonctionnent avec des piles à combustible, le coût de l'hydrogène revient à payer 1,5 dollar le litre d'essence. Les scientifiques se livrent donc à des expériences avec des matériaux moins coûteux qui pourraient servir d'électrolyseurs.

Autres innovations

Capter le carbone. Nous pourrions continuer de produire de l'électricité comme aujourd'hui, à l'aide de gaz naturel et de charbon, mais en aspirant le dioxyde de carbone avant qu'il ne se répande dans l'atmosphère. C'est ce que l'on appelle « le captage et la séquestration du carbone », et cette méthode implique d'installer des dispositifs spéciaux dans les centrales à combustibles fossiles pour absorber les émissions. Ces dispositifs de « captage ponctuel » existent depuis des décennies, mais leur fabrication coûte cher, tout comme leur fonctionnement, et ils ne captent en général que 90 % des gaz à effet de serre émis. Enfin, leur installation ne rapporte rien aux prestataires du secteur de l'énergie.

Il n'y en a donc pas beaucoup en service. Des politiques publiques ingénieuses pourraient rendre le captage de carbone plus attractif, un sujet sur lequel nous reviendrons aux chapitres 10 et 11.

J'ai évoqué plus tôt une technologie qui s'en rapproche, le Direct Air Capture. Le nom parle de lui-même : il s'agit de capter le carbone directement dans l'air. Le DAC est plus flexible que le captage ponctuel, parce qu'on peut le mettre en œuvre n'importe où. Et, selon toute vraisemblance, il représentera une étape cruciale pour atteindre le zéro ; une étude de l'Académie nationale des sciences a montré qu'il nous faudra éliminer près de 10 milliards de tonnes de dioxyde de carbone par an d'ici le milieu du siècle et environ 20 milliards d'ici la fin du siècle[1].

Mais le DAC constitue un défi technique nettement supérieur au captage ponctuel, à cause de la faible concentration du dioxyde de carbone dans l'air. Quand les émissions proviennent directement d'une centrale à charbon, elles sont très concentrées, soit près de 10 % de dioxyde de carbone, mais une fois qu'elles se sont répandues dans l'atmosphère, où le DAC opère, elles se dispersent considérablement. Capturez une molécule au hasard dans l'atmosphère et il n'y a qu'une chance sur 2 500 que ce soit du dioxyde de carbone.

1. Consensus Study Report, « Negative Emissions Technologies and Reliable Sequestration : A Research Agenda », National Academies of Science, Engineering, and Medicine, 2019

Des sociétés étudient actuellement de nouveaux matériaux plus à même d'absorber le dioxyde de carbone, ce qui réduirait le coût et augmenterait l'efficacité tant du captage ponctuel que du DAC. De plus, les applications actuelles du DAC requièrent beaucoup d'énergie pour capturer les gaz à effet de serre, les récupérer et les stocker de manière sûre. Il est impossible d'accomplir tout ce travail sans utiliser de l'énergie, les lois de la physique en imposant une quantité minimale. Mais les technologies les plus récentes en utilisent nettement plus que ce seuil minimal, aussi ne peut-on que progresser dans ce domaine.

Consommer moins. J'avais coutume de me moquer de l'idée que le fait d'utiliser l'énergie plus efficacement aurait une influence sur le changement climatique. Ma logique était la suivante : si on dispose de ressources limitées pour réduire les émissions (et c'est le cas), il sera alors beaucoup plus efficace d'arriver à zéro émission que de dépenser des sommes considérables pour tenter de réduire la demande en énergie.

Un point de vue qui est toujours le mien aujourd'hui, mais de façon plus modérée, car j'ai compris toute la superficie qu'il nous faudrait pour produire bien plus d'électricité à partir de l'énergie solaire et éolienne. Une ferme solaire a besoin de cinq à cinquante fois plus de superficie pour produire autant d'électricité qu'une centrale à charbon équivalente, et une ferme éolienne en nécessite dix fois plus que la solaire. Nous devrions faire tout notre possible pour augmenter nos chances d'arriver à 100 % d'énergie propre, et ce sera plus simple si nous diminuons la demande en électricité chaque fois que nous le pouvons. Tout ce qui peut réduire l'échelle de notre objectif nous aidera.

Une approche, qui est liée, s'appelle le « déplacement de la charge » ou le « déplacement de la demande ». Elle revient à utiliser le courant de façon plus constante tout au long de la journée. Si nous l'appliquions à grande échelle, le déplacement de la charge serait synonyme d'un certain bouleversement dans notre façon d'envisager la place de l'électricité dans nos vies. Actuellement, nous avons tendance à produire du courant quand nous l'utilisons – par exemple en faisant tourner les centrales électriques pour éclairer une ville la nuit. Or, avec le déplacement de la charge, c'est le contraire que nous ferions : nous utiliserions davantage d'électricité quand elle est moins chère à produire.

Ainsi, votre chauffe-eau pourrait s'allumer à 16 heures, quand il y a moins de demande d'électricité, au lieu de 19 heures. Ou vous pourriez brancher votre véhicule électrique quand vous rentrez chez vous en fin de journée, et il se chargerait automatiquement à partir de 4 heures du matin, car l'électricité est moins chère la nuit puisque peu de personnes l'utilisent. Au niveau industriel, les procédés gourmands en énergie comme le traitement des eaux et la fabrication de carburants à base d'hydrogène pourraient être mis en œuvre à un moment de la journée où l'électricité est plus facile à se procurer.

Si l'on veut que le déplacement de la charge ait un impact significatif, il va nous falloir quelques changements en termes de politique, outre des avancées technologiques. Les prestataires d'énergie devront actualiser le prix de l'électricité au fil de la journée pour prendre en compte les fluctuations de l'approvisionnement et de la demande, par exemple, et votre chauffe-eau et votre voiture électrique devront être assez intelligents pour être capables de tirer parti de cette information tarifaire et y réagir en conséquence. Dans des cas extrêmes, quand l'électricité est particulièrement difficile à produire, nous devrions avoir la possibilité de répartir la demande, autrement dit, nous devrions rationner l'électricité, et accorder la priorité aux besoins les plus urgents (comme les hôpitaux), en interrompant les activités non essentielles.

N'oubliez pas que si nous devons progresser à partir de toutes ces idées, nous n'aurons probablement pas besoin qu'elles se concrétisent toutes pour décarboner notre réseau électrique. Certaines solutions se rejoignent. Si nous réalisons une percée dans le domaine de l'hydrogène bon marché, nous n'aurons peut-être pas besoin de mettre au point une batterie magique.

Ce que je peux vous assurer, c'est qu'il nous faut un plan concret pour développer de nouveaux réseaux électriques qui fournissent une électricité zéro carbone abordable et fiable à n'importe quel moment. Si je pouvais faire un seul vœu pour changer l'une des activités qui participent au dérèglement climatique, je choisirais l'électricité, car elle va jouer un grand rôle dans la décarbonation d'autres secteurs de notre économie physique. Concentrons-nous à présent sur les premiers d'entre eux dans le prochain chapitre : comment nous fabriquons des choses tels l'acier et le ciment.

CHAPITRE 5
COMMENT NOUS FABRIQUONS LES CHOSES

29 % des 52 milliards de tonnes par an

Pour relier Medina, dans l'État de Washington, où Melinda et moi vivons, au siège de notre fondation à Seattle, il faut faire un peu plus de douze kilomètres en voiture. Pour me rendre au bureau, je traverse le lac Washington sur ce qui s'appelle officiellement le « pont flottant d'Evergreen Point ». Nom que personne ici ne lui donne jamais ; pour les habitants du coin, c'est le pont 520, numéro de la voie express qui passe dessus. Mesurant plus de 2 350 mètres, c'est le pont flottant le plus long du monde.

Souvent, quand j'emprunte le pont 520, je prends le temps de m'émerveiller à son sujet. Non pour ses dimensions, mais parce que *c'est un pont qui flotte*. Comment cette structure massive, faite de tonnes d'asphalte, de béton et d'acier, et qui supporte le poids de centaines de voitures, peut-elle flotter à la surface d'un lac ? Pourquoi diable ne sombre-t-elle pas ?

La réponse tient à un miracle d'ingénierie lui-même lié à un incroyable matériau : le béton. À première vue, cela peut paraître étrange, car on a naturellement tendance à concevoir le béton comme un bloc lourd absolument incapable de flotter. S'il est vrai qu'il est possible de faire du béton de ce type – assez solide pour absorber les radiations nucléaires dans les murs d'un hôpital –, on peut aussi s'en servir pour réaliser des formes creuses, comme les 77 pontons étanches et remplis d'air qui soutiennent le pont 520. Chacun pèse des milliers de tonnes, mais est ainsi fait qu'il peut flotter à la surface du lac, tout en étant assez robuste pour supporter le poids du pont et de toutes les voitures qui le traversent à toute vitesse[1]. Enfin, plutôt au ralenti, d'ailleurs, durant l'un de nos bouchons quotidiens.

Il n'est pas nécessaire de chercher bien longtemps pour découvrir d'autres miracles que le béton accomplit autour de vous. Il résiste à la rouille, à la décomposition, est ininflammable, raisons pour lesquelles il fait partie intégrante de la plupart des bâtiments modernes. Si vous êtes un fan de l'énergie hydroélectrique, vous aimez forcément le béton, car c'est lui qui rend les barrages possibles. La prochaine fois que vous verrez la statue de la Liberté, jetez

1. Washington State Department of Transportation, www.wsdot.wa.gov

un œil au socle sur lequel elle se dresse. Il est fait de 27 000 tonnes de béton[1].

Le plus grand inventeur d'Amérique n'est pas resté indifférent aux charmes du béton. Thomas Edison a tenté de créer des maisons entièrement construites à partir de ce matériau[2]. Il rêvait de fabriquer des meubles en béton, comme du mobilier de chambre à coucher, et a même essayé de mettre au point un phonographe en béton.

Voici le pont 520 à Seattle, que j'emprunte chaque fois que je vais de chez moi jusqu'au siège de la Fondation Gates. C'est un prodige de l'ingénierie moderne.

---

1. « Statue Statistics », Statue of Liberty National Monument, New York, National Park Service, www.nps.gov

2. Vaclav Smil, *Making the Modern World*, Chichester, Wiley, 2014, p. 36

Ces projets d'Edison ne se sont jamais concrétisés, mais cela ne nous empêche pas d'utiliser *beaucoup* de béton. Chaque année, entre le remplacement, la réparation ou la construction de routes, de ponts et d'édifices, l'Amérique, à elle seule, produit 96 millions de tonnes de ciment, un des principaux ingrédients du béton. Soit plus de 270 kilos par habitant de ce pays. Et nous ne sommes pas les plus gros consommateurs de ce matériau. Cet honneur revient sans doute à la Chine, qui a utilisé davantage de béton au cours des seize premières années du XXIe siècle que les États-Unis pendant tout le XXe siècle !

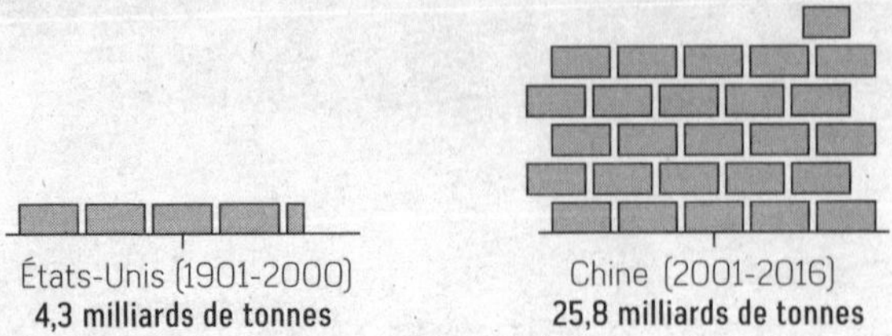

La Chine produit beaucoup de ciment. Le pays en a déjà produit plus au XXIe siècle que les États-Unis tout au long du XXe siècle[1]. (U.S. Geological Survey)

Le ciment et le béton ne sont évidemment pas les seuls matériaux dont nous dépendons.

1. En tonnes de ciment produit. U.S. Department of the Interior, U.S. Geological Survey, T. D. Kelly et G. R. Matos (dir.), « Historical statistics for mineral and material commodities in the United States », 2014 (version de 2016) : U.S. Geological Survey Data Series 140, consulté le 6 décembre 2019. USGS Minerals Yearbooks – China (2002, 2007, 2011, 2016), www.usgs.gov/.

Il y a aussi l'acier que nous mettons dans les voitures, les bateaux et les trains ; les réfrigérateurs et les fours ; les machines-outils ; les boîtes de conserve ; et même les ordinateurs. L'acier est robuste, bon marché, durable, et recyclable à l'infini. Et c'est un fabuleux partenaire du béton : insérez des barres d'acier dans un bloc de béton, et vous voilà avec un matériau de construction magique qui peut supporter plusieurs tonnes et qui ne se rompra pas non plus si vous le tordez. C'est pourquoi nous utilisons du béton armé dans la plupart de nos bâtiments et de nos ponts.

Les Américains consomment autant d'acier que de ciment – soit près de 270 kilos par habitant, chaque année, sans compter l'acier que nous recyclons et réutilisons.

Le plastique aussi est un matériau incroyable. On le trouve dans tant de produits, des vêtements aux jouets, des meubles aux voitures et aux téléphones portables, qu'il est impossible d'en dresser une liste exhaustive. Il a mauvaise réputation de nos jours, une réputation qui n'est pas tout à fait usurpée. Mais il a aussi bien des qualités. Alors que je rédige ce chapitre, je suis assis à mon bureau et je peux voir du plastique tout autour de moi : mon ordinateur, mon clavier, mon écran et ma souris, mon agrafeuse, mon téléphone, et ainsi de suite. C'est grâce au plastique que les voitures moins gourmandes en carburant sont si légères. Il constitue près de la moitié du volume total d'une voiture, mais seulement 10 % de son poids[1].

Et il y a le verre – dans nos fenêtres, nos bocaux et nos bouteilles, notre isolation, nos voitures, et les câbles en fibre optique qui vous garantissent une connexion Internet à haut débit. L'aluminium, lui, se retrouve dans les boîtes de soda, le papier d'aluminium, les lignes à haute tension, les poignées de porte, les trains, les avions et les fûts de bière. Les engrais aident à nourrir le monde. Il y a des années de cela, j'ai prédit la fin du papier, les communications électroniques se démocratisant tandis que les écrans devenaient omniprésents, mais en réalité, rien ne prouve qu'il soit bientôt sur le point de disparaître.

En bref, nous fabriquons des matériaux qui sont désormais tout aussi essentiels à la vie moderne que l'électricité. Nous n'allons pas y renoncer. En fait, nous allons sans doute en utiliser encore plus au fur et à mesure que la population de la planète va croître et s'enrichir. Cette affirmation est étayée par des données abondantes – d'ici le milieu du siècle, notre production d'acier aura ainsi augmenté de 50 % par rapport à aujourd'hui –, mais je pense que les deux clichés ci-dessous sont tout aussi parlants. Jetez-y rapidement un coup d'œil. On dirait deux villes différentes, non ?

---

1. American Chemistry Council, « Plastics and Polymer Composites in Light Vehicles », août 2019, www.automotiveplastics.com

Ces deux photos montrent à quoi ressemble la croissance – pour le meilleur et pour le pire. Shanghai en 1987 (à gauche) et en 2013 (à droite).

Eh bien non. Ce sont deux photos de Shanghai, prises depuis le même point de vue. La première, à gauche, a été prise en 1987, celle à droite en 2013. Quand je contemple tous ces nouveaux bâtiments sur la photo de droite, je vois des tonnes et des tonnes d'acier, de ciment, de verre et de plastique.

Cette histoire est en train de se répéter partout dans le monde, même si, la plupart du temps, la croissance n'est pas aussi spectaculaire que ce qu'a connu Shanghai. Pour reprendre un thème qui ne cesse de resurgir dans ce livre : *ce progrès est une bonne chose*. La croissance que vous dévoilent ces deux photos signifie que la vie des gens s'améliore de bien des façons. Ils gagnent plus d'argent, obtiennent une meilleure éducation et sont moins susceptibles de mourir jeunes. Quiconque prétend lutter contre la misère ne peut que considérer cela comme une bonne nouvelle.

Mais pour reprendre un autre thème que l'on croise souvent dans ce livre : *la médaille a un revers, et il est sombre*. La production de tous ces matériaux émet d'énormes quantités de gaz à effet de serre. En fait, ils sont responsables d'environ un tiers de toutes les émissions dans le monde. Et dans certains cas, comme celui du béton en particulier, nous ne connaissons aucun moyen pratique de les fabriquer sans produire de carbone.

Alors, comment résoudre ce casse-tête, comment continuer à fabriquer ces matériaux sans rendre le climat invivable ? Pour aller à l'essentiel, concentrons-nous sur trois des matériaux les plus importants : l'acier, le béton et le plastique. Comme nous l'avons fait avec l'électricité, nous allons voir comment nous en sommes arrivés là et pourquoi ces matériaux représentent une telle menace pour le climat. Puis nous calculerons les Green Premiums d'une réduction des émissions à l'aide de la technologie existante, et nous examinerons les moyens de faire baisser les Green Premiums et de produire tout cela sans émettre de carbone.

L'histoire de l'acier est vieille de près de 4 000 ans. Toutes sortes d'inventions fascinantes se sont succédé au fil des siècles et nous ont fait passer de l'âge du fer à l'acier bon marché et versatile que nous connaissons aujourd'hui. En revanche, je ne pense pas que les gens entendent souvent parler de la différence entre haut-fourneau, four de puddlage et procédé Bessemer. Donc, voici les choses essentielles à savoir.

Nous apprécions l'acier parce qu'il est à la fois robuste et facile à façonner quand il est chaud. Pour faire de l'acier, il faut du fer et du carbone. Utilisé seul, le fer n'est pas très solide, mais ajoutez-y la quantité de carbone appropriée – moins de 1 %, en fonction du type d'acier que vous souhaitez obtenir – et les atomes de carbone vont se nicher entre les atomes de fer, conférant à l'acier qui en résulte ses propriétés les plus importantes.

Le carbone et le fer ne sont pas difficiles à trouver. On peut tirer du carbone du charbon, et le fer est un élément courant de la croûte terrestre. Le fer pur, en revanche, est plutôt rare : quand on extrait du fer, il est presque toujours associé à de l'oxygène et d'autres éléments, mélange connu sous le nom de « minerai de fer ».

Pour faire de l'acier, il faut séparer l'oxygène du fer et y ajouter un petit peu de carbone. Ce qui peut se faire simultanément en faisant fondre le fer à de très hautes températures (1 700 °C), avec de l'oxygène et un type de charbon que l'on appelle le « coke ». À ces températures, le minerai de fer libère son oxygène, et le coke son carbone. Une partie du carbone se lie au fer, formant l'acier que l'on souhaite, et le reste du carbone s'attache à l'oxygène, accouchant d'un sous-produit que l'on ne souhaite pas : le dioxyde de carbone. Et beaucoup, en plus : la fabrication d'une tonne d'acier produit environ 1,8 tonne de dioxyde de carbone.

Pourquoi procédons-nous de cette façon ? Parce que c'est peu coûteux, et tant que nous ne nous soucions pas du changement climatique, rien ne nous poussait à faire autrement. Le minerai de fer est relativement facile à extraire (et donc bon marché). Le charbon aussi, parce qu'il y en a tant dans le sol.

Par conséquent, le monde va continuer à avancer cahin-caha en fabriquant plus d'acier, même si la production est actuellement en train de se stabiliser aux États-Unis. Un certain nombre de pays produisent aujourd'hui plus d'acier brut que les États-Unis – la Chine, l'Inde et le Japon, entre autres –, et d'ici 2050, le monde en produira à peu près 2,8 milliards de tonnes par an. Soit près de 5 milliards de tonnes de dioxyde de carbone libérées chaque année dans l'atmosphère d'ici le milieu du siècle, et ce uniquement pour la fabrication de l'acier, à moins que nous ne trouvions une nouvelle façon de le faire qui soit plus favorable au climat.

Le défi de l'acier paraît déjà insurmontable, mais avec le béton, ce sera encore plus dur. (Désolé pour le jeu de mots involontaire.) Pour le fabriquer, il faut mélanger du gravier, du sable, de l'eau et du ciment. Les trois premiers éléments sont relativement simples, c'est le ciment qui pose problème pour le climat.

Pour produire du ciment, il faut du calcium. Pour obtenir du calcium, on commence par du calcaire – qui contient du calcium, ainsi que du carbone et de l'oxygène –, que l'on brûle dans un fourneau avec quelques autres ingrédients.

Compte tenu de la présence de carbone et d'oxygène, vous voyez sans doute comment ça va finir. Une fois le calcaire brûlé, vous vous retrouvez avec ce que vous vouliez – du calcium pour votre ciment –, mais aussi avec quelque chose dont vous ne vouliez pas : du dioxyde de carbone. Personne ne sait comment fabriquer du ciment sans ce procédé. C'est une réaction chimique – *calcaire + chaleur = oxalate de calcium + dioxyde de carbone* – et il n'y a pas moyen de faire autrement. La relation est de l'ordre de 1 pour 1 : fabriquez une tonne de ciment, et vous obtiendrez une tonne de dioxyde de carbone.

Et, tout comme dans le cas de l'acier, rien ne nous porte à croire que nous allons cesser de produire du ciment. Pour l'heure, la Chine en est le plus grand producteur ; elle en fabrique sept fois plus que l'Inde, deuxième sur la liste[1] et en produit plus que l'ensemble du reste du monde. D'ici 2050, la production mondiale annuelle va légèrement augmenter – le boom dans le secteur du bâtiment en Chine fléchit, mais il progresse dans d'autres pays en développement –, avant de baisser et de se stabiliser autour des 4 milliards de tonnes par an, ce qui est à peu près son niveau actuel[2].

---

1. U.S. Department of the Interior, U.S. Geological Survey, « Mineral Commodity Summaries 2019 »
2. Freedonia Group, « Global Cement – Demand and Sales Forecasts, Market Share, Market Size, Market Leaders », mai 2019, www.freedoniagroup.com

Comparé au ciment et à l'acier, le plastique est le petit dernier du groupe. Si l'homme utilisait déjà des plastiques naturels comme le caoutchouc il y a des milliers d'années, le plastique synthétique n'est arrivé à maturité que dans les années 1950, grâce aux percées réalisées dans l'ingénierie chimique. Aujourd'hui, on recense plus d'une vingtaine de types de plastique, et cela va de ceux auxquels vous vous attendez sans doute – le polypropylène dans les pots de yaourt, par exemple – à des utilisations plus surprenantes, comme l'acrylique dans la peinture, la cire et les détergents, les microplastiques dans le savon et le shampoing, le Nylon dans votre veste imperméable ou le polyester dans tous ces vêtements que je regrette d'avoir portés dans les années 1970.

Tous ces types de plastiques ont une chose en commun : ils contiennent du carbone. Il s'avère que le carbone est utile pour créer toutes sortes de matériaux parce qu'il se lie aisément à un large éventail d'éléments. En ce qui concerne le plastique, il est généralement rempli d'hydrogène et d'oxygène.

Puisque vous êtes arrivés jusqu'ici, vous ne serez probablement pas surpris d'apprendre où les entreprises fabriquant du plastique trouvent leur carbone. Elles se le procurent en raffinant du pétrole, du charbon ou du gaz naturel, puis en traitant les produits raffinés de multiples façons. Ce qui explique pourquoi le plastique a acquis la réputation d'être bon marché : comme le ciment et l'acier, le plastique ne coûte pas cher parce que les combustibles fossiles sont bon marché.

Toutefois, le plastique est fondamentalement différent du ciment et de l'acier pour une raison essentielle. Le dioxyde de carbone est un sous-produit inévitable de la fabrication du ciment ou de l'acier, mais quand nous fabriquons du plastique, près de la moitié du carbone reste dans le plastique. (Il y a de grandes variations en termes de pourcentage, selon le type de plastique, mais « près de la moitié » est une approximation raisonnable.) Le carbone adore se lier à l'oxygène et à l'hydrogène, et il n'est pas enclin à lâcher prise. Le plastique peut mettre des siècles à se décomposer.

C'est un problème terrible pour l'environnement, parce que le plastique jeté dans les décharges et les océans y subsiste pendant un siècle ou plus. Un problème qui vaut donc la peine d'être résolu : les bouts de plastique qui flottent dans les mers sont à l'origine de bien des ennuis. Entre autres, ils empoisonnent la faune et la flore marines. Mais cela n'aggrave pas le changement climatique. En termes d'émissions, le carbone contenu dans le plastique n'est pas une mauvaise nouvelle. Comme le plastique met beaucoup de temps à se décomposer, tous les atomes de carbone qui s'y trouvent sont autant qui ne seront pas libérés dans l'atmosphère pour y augmenter la température – du moins, pas avant très longtemps.

Je rappelle que cette brève analyse ne s'intéresse qu'à trois des matériaux les plus importants que nous fabriquons aujourd'hui. Je n'évoque ni les engrais, ni le verre, le papier, l'aluminium et bien d'autres. Mais les points clés restent les mêmes : nous produisons d'immenses quantités de matériaux, qui s'accompagnent de volumes gigantesques de gaz à effet de serre, presque un tiers des 52 milliards de tonnes par an. Il faut que nous ramenions ces émissions à zéro, mais nous ne pouvons tout simplement pas envisager de cesser de fabriquer des choses. Dans la partie suivante de ce chapitre, nous allons étudier les solutions et le montant des Green Premiums, puis voir comment la technologie pourrait faire baisser ces Green Premiums afin d'inciter tout le monde à adopter l'approche zéro émission.

Pour calculer les Green Premiums sur les matériaux, il est nécessaire de comprendre où partent les émissions liées à leur fabrication. Je me représente ce phénomène en trois étapes : nous émettons des gaz à effet de serre (1) quand nous utilisons des combustibles fossiles pour produire l'électricité dont les usines ont besoin pour fonctionner ; (2) ou pour produire la chaleur indispensable aux divers procédés de fabrication, comme la fonte du fer pour faire de l'acier ; et (3) quand nous fabriquons effectivement ces matériaux, comme la production de ciment qui engendre inévitablement du dioxyde de carbone. Considérons ces étapes l'une après l'autre afin de comprendre comment elles contribuent aux Green Premiums.

En ce qui concerne la première, l'électricité, nous avons abordé les principaux défis au chapitre 4. Une fois que l'on intègre le stockage et la transmission, et le fait que beaucoup d'usines ont besoin d'une source de courant fiable vingt-quatre heures sur vingt-quatre, le coût de l'électricité propre grimpe rapidement – nettement plus pour les autres pays que pour les États-Unis ou l'Europe.

Ensuite, il y a la deuxième étape : comment pouvons-nous produire de la chaleur sans faire brûler des combustibles fossiles ? Si l'on n'a pas besoin de températures extrêmement élevées, on peut utiliser des pompes à chaleur électriques ou d'autres technologies. Mais quand les températures nécessaires se chiffrent en milliers de degrés, l'électricité ne représente pas une solution économique – en tout cas, pas avec les technologies d'aujourd'hui. Il va falloir recourir soit à l'énergie nucléaire, soit aux combustibles fossiles, et intercepter les émissions à l'aide de dispositifs destinés à capter le carbone. Malheureusement, le captage du carbone a un prix. Il s'ajoute au coût de fabrication et se répercute sur le consommateur.

Enfin, la troisième étape : que pouvons-nous faire au sujet des procédés qui, par leur nature, émettent des gaz à effet de serre ? Rappelez-vous que la production d'acier et de ciment émet du dioxyde de carbone, non seulement parce qu'elle consomme des combustibles fossiles, mais aussi du fait d'inévitables réactions chimiques.

Pour l'instant, la réponse est évidente : à défaut de supprimer purement et simplement ces phases de la fabrication, nous ne pouvons rien faire pour éviter ces émissions. Si nous souhaitions les éliminer totalement grâce aux technologies actuelles, nous n'aurions guère plus de solutions que pour la deuxième étape. Il nous faudrait utiliser des combustibles fossiles et des systèmes de captage de carbone – ce qui, une fois encore, augmenterait le coût.

En gardant ces trois étapes à l'esprit, considérons la fourchette des Green Premiums pour le plastique, l'acier et le ciment[1] :

Matériau	Prix moyen à la tonne	Carbone émis par tonne de matériau fabriqué	Nouveau prix après le captage de carbone	Fourchette des Green Premiums
Éthylène (plastique)	1 000 dollars	1,3 tonne	1 087 à 1 155 dollars	**9 à 15 %**
Acier	750 dollars	1,8 tonne	871 à 964 dollars	**16 à 29 %**
Ciment	125 dollars	1 tonne	219 à 300 dollars	**75 à 140 %**

Green Premiums pour le plastique, l'acier et le ciment

En dehors du ciment, ces Green Premiums n'ont pas l'air très impressionnantes. Et il est vrai que dans certains cas, les consommateurs n'en ressentiront pas du tout les effets. Par exemple, une voiture vendue 30 000 dollars peut contenir une tonne d'acier. Que cet acier

1. Émission directe uniquement ; exclut les émissions de la production d'électricité. Source : Rhodium Group

coûte 750 ou 850 dollars la tonne ne change pas grand-chose au coût définitif du véhicule. Même dans le cas du Coca à 2 dollars que vous avez acheté dans un distributeur l'autre jour, le plastique ne représente qu'une part infime du prix de vente.

Mais le coût définitif pour le consommateur n'est pas le seul facteur qui compte. Supposons que vous soyez un ingénieur qui travaille pour la municipalité de Seattle, et que vous passiez en revue les offres pour le chantier de réparation d'un de nos nombreux ponts. L'une propose 125 dollars la tonne de ciment, alors qu'une autre prévoit de facturer 250 dollars la tonne en incluant le coût du captage de carbone. Laquelle choisir ? Sans une bonne raison de pencher en faveur du ciment zéro carbone, vous opterez pour la moins chère.

Ou alors, si vous gérez une entreprise dans l'industrie automobile, serez-vous prêt à dépenser 25 % de plus sur tout l'acier que vous achetez ? Probablement pas, surtout si vos concurrents préfèrent continuer à se procurer de l'acier meilleur marché. Et le fait que le prix de vente de la voiture soit à peine plus élevé risque de ne pas vous rassurer. Vos marges sont déjà plutôt réduites, et vous n'apprécieriez pas de voir le prix d'une de vos matières premières les plus importantes augmenter d'un quart. Dans un secteur où les marges bénéficiaires sont limitées, une hausse de 25 % pourrait faire la différence entre le maintien dans la course et la faillite.

Il est possible que quelques fabricants, dans une poignée de secteurs, soient prêts à supporter de tels coûts au nom de la lutte contre le changement climatique ; mais avec de tels prix, jamais nous ne provoquerons le bouleversement nécessaire à l'échelle de tout le système. Nous ne pouvons pas non plus espérer des consommateurs qu'ils fassent baisser les prix en réclamant davantage de produits verts. Après tout, ce ne sont pas eux qui achètent du ciment ou de l'acier, mais les grandes entreprises.

Il existe diverses solutions pour faire baisser les Green Premiums. On peut faire appel à des politiques publiques afin de susciter une demande en produits propres – par exemple en proposant des compensations pour l'achat de ciment ou d'acier zéro carbone, voire en le rendant obligatoire. Les entreprises se montreront nettement plus enclines à payer la Green Premium pour les matériaux propres si la loi l'impose que si leurs clients l'exigent et que leurs concurrents le font. Je reviendrai sur ces motivations aux chapitres 10 et 11.

Mais – et c'est crucial –, nous avons besoin d'innovation dans les procédés de fabrication, de moyens de fabriquer les choses sans émettre de carbone. Étudions de plus près certaines de ces possibilités.

De tous les matériaux que nous avons abordés dans ce chapitre, le ciment est le plus compliqué. Car nous sommes confrontés à cette réalité toute simple, mais impossible à ignorer : *calcaire + chaleur = oxalate de calcium + dioxyde de carbone*. Toutefois, plusieurs entreprises ont avancé des idées intéressantes.

Une approche consiste à prendre du dioxyde de carbone recyclé – peut-être capté pendant le processus de fabrication du ciment – et à le réinjecter dans le ciment afin qu'il soit utilisé sur le chantier. La société qui a lancé ce projet a déjà des dizaines de clients, dont Microsoft et McDonald's ; jusqu'à présent, elle ne parvient à réduire les émissions que d'environ 10 %, bien qu'elle espère atteindre à terme 33 %. Une autre approche, plus théorique, passe par la fabrication de ciment à partir d'eau de mer et du dioxyde de carbone capté dans les centrales électriques. Les inventeurs de ce principe pensent qu'elle finira par permettre de réduire les émissions de plus de 70 %.

Pourtant, même si ces approches réussissent, elles ne nous fourniront pas du ciment débarrassé du carbone à 100 %. Le captage du carbone sera utilisé à l'avenir et en particulier – s'il devient faisable – le captage direct dans l'air pour intercepter le carbone que nous émettons quand nous fabriquons du ciment.

Pour à peu près tous les autres matériaux, la première chose qu'il nous faut, c'est beaucoup d'*électricité propre et fiable*. L'électricité représente déjà près d'un quart de toute l'énergie utilisée par le secteur de la fabrication dans le monde ; pour alimenter en électricité tous ces procédés industriels, il nous faut à la fois mettre en œuvre la technologie énergétique dont nous disposons déjà et réaliser des percées qui nous permettront de produire et de stocker de grandes quantités d'électricité zéro carbone, et ce à bas prix.

Et bientôt, il va nous falloir encore plus de courant, quand nous prendrons une autre voie pour réduire les émissions : l'*électrification*, autrement dit, la technique qui consiste à utiliser de l'électricité plutôt que des combustibles fossiles pour certains procédés industriels. Il existe par exemple un moyen vraiment génial de produire de l'acier, en utilisant de l'électricité propre à la place du charbon. Une entreprise que je suis de près a développé un nouveau procédé que l'on appelle l'« électrolyse de l'oxyde fondu » : au lieu de brûler du fer dans un fourneau avec du coke, on fait passer de l'électricité par une cellule qui contient un mélange d'oxyde de fer liquide et d'autres ingrédients. L'électricité provoque la décomposition de l'oxyde de fer, et on se retrouve avec le fer pur dont on a besoin pour l'acier, avec de l'oxygène pur comme sous-produit. Il n'y a absolument aucune production de dioxyde de carbone. C'est une technique prometteuse – semblable à un procédé que l'on utilise depuis plus d'un siècle pour purifier l'aluminium –, mais comme les autres idées qui permettraient de produire de l'acier propre, la possibilité d'un fonctionnement à l'échelle industrielle n'a pas encore été démontrée.

De plus, l'électricité propre nous aiderait à résoudre un autre problème : celui de la fabrication du plastique. Un jour, le plastique pourrait devenir un puits de carbone, un moyen d'éliminer le carbone plutôt que d'en émettre.

Voyons comment nous pourrions procéder. Tout d'abord, il nous faudrait un moyen zéro carbone d'alimenter le processus de raffinage. Nous pourrions le faire avec de l'électricité propre ou l'hydrogène produit avec elle. Ensuite, il faudrait obtenir le carbone pour notre plastique sans faire brûler de charbon. Une idée consisterait à éliminer le dioxyde de carbone dans l'air et à en extraire le carbone, mais c'est un procédé coûteux. Une autre approche, sur laquelle travaillent différentes entreprises, serait de tirer le carbone de végétaux. Enfin, nous aurions besoin d'une source de chaleur zéro carbone – qui serait là encore probablement de l'électricité propre, de l'hydrogène, ou du gaz naturel équipé d'un dispositif pour capter le carbone qu'il émet.

Si toutes les pièces de ce puzzle s'assemblent donc, nous pourrions fabriquer du plastique avec des émissions nettes négatives. En fait, nous aurions trouvé un moyen de prélever le carbone dans l'air (à l'aide de végétaux ou grâce à une autre méthode) et de l'intégrer à une bouteille ou un autre produit en plastique, où il resterait pendant des décennies, voire des siècles, sans émissions supplémentaires. Nous aspirerions davantage de carbone que nous n'en émettrions.

Outre la découverte de moyens de fabriquer des matériaux sans aucune émission, nous pouvons simplement utiliser moins de choses dans nos procédés de fabrication. Recycler en plus grandes quantités l'acier, le ciment et le plastique sera loin de suffire à éliminer les gaz à effet de serre, mais y contribuera quand même. Il est possible de recycler davantage de matériaux, et nous devrions chercher à réduire la quantité d'énergie nécessaire à ce recyclage. Et comme réutiliser un objet nécessite beaucoup moins d'énergie que de le recycler, nous devrions également chercher à construire et à fabriquer des choses à l'aide de matériaux réutilisés. Pour finir, les bâtiments et les routes peuvent aussi être conçus dans le but de limiter le recours au ciment et à l'acier, et dans certains cas, le bois lamellé croisé – fait de couches de bois collées en pile – peut se révéler assez robuste pour remplacer ces deux matériaux.

En résumé, le chemin qui mène à zéro émission dans l'industrie lourde ressemble à ce qui suit :

1. Électrifiez tous les procédés possibles.

2. Obtenez cette électricité à partir d'un réseau qui a été décarboné.

3. Utilisez le captage de carbone pour absorber les émissions restantes.

4. Utilisez plus efficacement les matériaux.

Tout ceci va nécessiter de nombreuses innovations.

C'est un thème auquel il va falloir vous habituer. Vous allez souvent le croiser dans les prochains chapitres. Nous allons maintenant nous attaquer à l'agriculture, où il sera question d'un des grands héros méconnus du XXe siècle, ainsi que de fermes peuplées de vaches qui rotent.

CHAPITRE 6
LA CULTURE ET L'ÉLEVAGE

22 % des 52 milliards de tonnes par an

Dans ma famille, les cheeseburgers sont une tradition. Quand j'étais enfant, je partais en randonnée avec ma troupe de scouts, et tous les copains voulaient toujours rentrer en voiture avec mon père parce qu'il s'arrêtait sur le chemin et offrait des burgers à tout le monde. Bien des années après, aux premiers temps de Microsoft, j'ai englouti d'innombrables déjeuners et dîners et apaisé des fringales nocturnes au Burgermaster du coin, une des plus vieilles franchises de burgers de Seattle.

Au bout d'un moment, alors que Microsoft était déjà un succès, mais avant que Melinda et moi créions notre fondation, mon père a commencé à se servir du Burgermaster près de chez lui comme de son bureau officieux. Il s'y installait, y déjeunait tout en épluchant les demandes de dons que nous adressaient les gens. Ça a fini par se savoir, et mon père a commencé à recevoir des lettres qui lui étaient adressées ainsi : « Bill Gates Sr., c/o Burgermaster. »

Cette époque est depuis longtemps révolue. Il y a vingt ans déjà que mon père a troqué sa table chez Burgermaster pour un bureau dans notre fondation. Et si je suis toujours partant pour un bon cheeseburger, je n'en mange plus aussi souvent qu'avant – car j'ai appris l'impact qu'a la consommation de bœuf et autres viandes sur le changement climatique.

L'élevage est une des principales sources d'émissions de gaz à effet de serre. Dans le secteur de ce que les spécialistes nomment « l'agriculture, la foresterie et autre utilisation des terres » (AFOLU), qui couvre un éventail complexe d'activités humaines et comprend entre autres les cultures céréalières et la sylviculture, l'élevage est la plus importante source de gaz à effet de serre, lesquels sont d'ailleurs très variés : en agriculture, le principal fautif n'est pas le dioxyde de carbone, mais le méthane – qui provoque un réchauffement vingt-huit fois plus puissant par molécule que le dioxyde de carbone en un siècle – et le protoxyde d'azote, qui entraîne un réchauffement *265 fois* supérieur.

En tout, les émissions annuelles de méthane et de protoxyde d'azote représentent l'équivalent de 9 milliards de tonnes de dioxyde de carbone, soit plus de 80 % de tous les gaz à effet de serre émis par le secteur AFOLU. À moins de prendre des mesures pour les réduire, ce chiffre ne fera que croître alors que nous produirons de quoi nourrir une population mondiale de plus en plus nombreuse et riche. Si nous souhaitons nous approcher de zéro émission, nous allons devoir trouver comment cultiver des plantes et élever des animaux tout en diminuant les gaz à effet de serre pour finalement les éliminer.

Et l'agriculture n'est pas le seul défi. Il nous faudra aussi agir au sujet de la déforestation et autres utilisations des terres qui, conjuguées, ajoutent des centaines de millions de tonnes de dioxyde de carbone dans l'atmosphère tout en détruisant des habitats essentiels à la faune[1].

À l'image de ce sujet si vaste, ce chapitre touche un peu à tout. Je vais vous parler d'un de mes héros, un agronome lauréat du prix Nobel qui a sauvé un milliard de personnes de la famine, mais dont le nom n'est guère connu en dehors des cercles des spécialistes du développement mondial. Nous allons aussi explorer les tenants et les aboutissants du lisier de porc et des rots des vaches, la chimie de l'ammoniac, et nous demander si nous pourrions éviter un désastre climatique en plantant des arbres. Mais avant d'aborder tout cela, commençons par une célèbre prédiction que l'Histoire a démentie.

En 1968, Paul Ehrlich, un biologiste américain, a publié un best-seller intitulé *La Bombe P*,

1. Analyse interne du Rhodium Group

dans lequel il brossait un tableau sinistre de l'avenir, assez proche de la vision dystopique de romans comme *Hunger Games*. « La bataille pour nourrir l'humanité tout entière est terminée, écrivait-il. Dans les années 1970 et 1980, des centaines de millions de gens mourront de faim malgré tous les programmes d'urgence que l'on a déjà mis en œuvre. » Ehrlich ajoutait qu'il était « impossible que l'Inde puisse nourrir 200 millions d'habitants de plus d'ici 1980 ».

Rien de tout cela ne s'est produit. Depuis la publication de *La Bombe P*, la population de l'Inde a augmenté de plus de 800 millions d'habitants – elle représente aujourd'hui le double de ce qu'elle était en 1968 –, mais le pays produit plus de trois fois plus de blé et de riz qu'à l'époque, et son économie a progressé d'un facteur de 50. Dans de nombreux autres pays d'Asie et d'Amérique du Sud, les agriculteurs ont enregistré des gains de productivité comparables[1].

Par conséquent, même si la population de la planète croît, des centaines de millions de personnes ne meurent pas de faim en Inde ou ailleurs. La nourriture devient au contraire plus accessible. Aux États-Unis, le budget qu'un foyer moyen consacre à la nourriture a diminué en trente ans, une tendance que l'on retrouve également dans d'autres régions du monde.

Je ne dis pas que la malnutrition n'est pas un problème grave dans certaines régions.

---

1. Source : Banque mondiale, data.worldbank.org

Elle l'est. D'ailleurs, améliorer la nutrition des habitants les plus pauvres du monde est une priorité essentielle pour Melinda et moi. Mais la famine de masse annoncée par Ehrlich n'a pas eu lieu.

Pourquoi ? Quel facteur a échappé à Ehrlich et aux autres prophètes de malheur ?

Ils n'ont pas pris en compte le pouvoir de l'innovation. Ni l'existence d'un Norman Borlaug, le génial botaniste à l'origine d'une révolution agricole qui a débouché sur les progrès accomplis en Inde et ailleurs. Borlaug est parvenu à développer des variétés de blé à plus gros grains et avec d'autres caractéristiques qui permettaient de fournir plus de nourriture par hectare de terre cultivée – ce que les agriculteurs appellent « augmenter le rendement ». (Borlaug s'est aperçu que la tige n'était plus en mesure de supporter le poids de ces nouveaux grains, aussi a-t-il raccourci la taille de la tige, raison pour laquelle ses variétés portent le nom de « blé semi-nain ».)

Le blé semi-nain de Borlaug s'est répandu dans le monde entier, tandis que d'autres phytogénéticiens menaient des travaux similaires sur le maïs et le riz. Grâce à ces trouvailles, les rendements ont triplé presque partout. Les chiffres de la faim dans le monde ont chuté et, de nos jours, on considère que Borlaug a sauvé un milliard de vies. Il a remporté le prix Nobel de la paix en 1970, et l'impact de ses travaux se fait encore sentir : presque tout le blé cultivé descend des plantes qu'il a développées. (Ces nouvelles variétés ont toutefois un défaut : il leur faut beaucoup d'engrais pour atteindre leur meilleur potentiel de croissance, et comme nous allons le voir plus loin, les engrais ont des effets secondaires négatifs.) J'adore le fait qu'un des plus grands héros de l'Histoire ait occupé un poste d'« agronome », un métier dont la plupart d'entre nous n'ont jamais entendu parler.

Mais quel est le lien entre Norman Borlaug et le changement climatique ?

La population mondiale devrait être de 10 milliards en 2100, et si l'on veut que chacun mange à sa faim, nous allons avoir besoin de davantage de nourriture. Puisque nous serons 40 % de plus d'ici la fin de ce siècle, il serait logique d'en déduire qu'il nous faudra 40 % de nourriture en plus, mais ce n'est pas le cas. La production devra être encore plus importante.

Voici pourquoi : plus les gens deviennent riches, plus ils consomment de calories ; ils mangent surtout plus de viande et de produits laitiers. Or, pour pouvoir produire de la viande et des produits laitiers, il faut cultiver davantage. Un poulet, par exemple, doit manger l'équivalent en graines de deux calories pour nous donner une calorie de volaille. Autrement dit, un poulet a besoin de deux fois plus de calories qu'il ne nous en fournit. Un porc mange trois fois plus de calories qu'il n'en donne à la consommation. C'est pour les bovins que ce ratio est le plus élevé : six calories de nourriture pour une calorie de bœuf. En clair, plus nous consommons des viandes, plus nous avons besoin de végétaux pour l'élevage de ces animaux.

Le tableau ci-après vous montre les tendances de la consommation de viande dans le monde. En gros, elle s'est stabilisée aux États-Unis, en Europe, au Brésil et au Mexique, mais elle progresse rapidement en Chine et dans d'autres pays en développement.

Nous sommes face au casse-tête suivant : nous devons produire davantage de nourriture, mais si nous continuons d'utiliser les mêmes méthodes, ce sera une catastrophe pour le climat. Si nous n'augmentons pas le rendement, l'alimentation de la population mondiale, qui s'élèvera à 10 milliards d'individus, va entraîner une hausse de deux tiers des émissions liées à l'industrie agro-alimentaire.

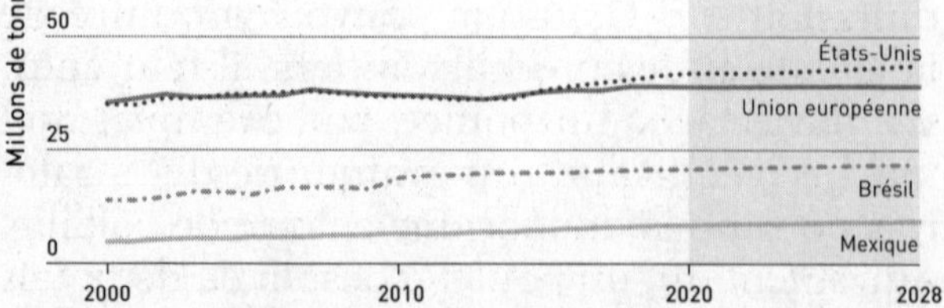

La plupart des pays ne consomment plus autant de viande qu'autrefois. La Chine étant une exception de taille[1]. (Perspectives agricoles de l'OCDE-FAO 2020)

1. Consommation mesurée en tonnes de viande, dont le bœuf, l'agneau, le porc, la volaille et le veau. Source :

Autre source d'inquiétude : si nous entreprenons des efforts colossaux pour produire de l'énergie à partir des végétaux, nous risquons accidentellement de provoquer une ruée sur les terres cultivables. Comme je l'expliquerai au chapitre 7, les biocarburants avancés fabriqués à partir de panic érigé, sans émission de carbone, pourraient alimenter les camions, les bateaux et les avions. Mais si ces plantes sont cultivées sur des terres qui autrement seraient utilisées pour nourrir une population en expansion, une hausse des prix de l'agroalimentaire serait à craindre, condamnant encore plus de gens à la misère et à la malnutrition, tout en accélérant le rythme déjà dangereux de la déforestation.

Pour ne pas tomber dans ces pièges dans les années qui viennent, nous allons avoir besoin de nouvelles découvertes comme celle de Borlaug. Cependant, avant de nous intéresser à ces découvertes éventuelles, voyons d'où viennent précisément toutes ces émissions, et étudions les solutions technologiques dont nous disposons aujourd'hui pour les éliminer. Comme au chapitre précédent, je ferai appel aux Green Premiums pour montrer en quoi il revient actuellement trop cher de nous débarrasser de ces gaz à effet de serre, et pourquoi il nous faut donc innover.

Ce qui nous amène aux rots des vaches et au lisier de porc.

OCDE (2020), OECD-FAO Agricultural Outlook, https://stats.oecd.org (consulté en octobre 2020).

Regardez l'estomac de quelqu'un, et vous n'y trouverez qu'une seule chambre où la nourriture commence à être digérée avant de se diriger vers le tractus intestinal. Vous trouverez en revanche quatre chambres dans l'estomac d'une vache. Ce sont ces compartiments qui lui permettent de manger de l'herbe et d'autres végétaux que l'homme ne peut pas digérer. Lors d'un processus dit de « fermentation entérique », des bactéries y décomposent la cellulose de la plante, la fermentent et produisent par conséquent du méthane. La vache éructe l'essentiel de ce méthane, même si une petite quantité est également évacuée à l'autre bout, sous forme de flatulences.

(Force est de reconnaître que sur un tel sujet, il arrive que l'on ait d'étranges conversations. Chaque année, Melinda et moi publions une lettre ouverte sur nos travaux, et dans l'édition de 2019, j'avais décidé de traiter du problème de la fermentation entérique du bétail. Un jour, alors que nous révisions le brouillon, Melinda et moi avons vivement débattu du nombre de fois où je pouvais utiliser le mot « pet » dans notre lettre. Une fois, m'a-t-elle imposé. Étant le seul auteur de ce livre, j'ai davantage de marge de manœuvre, et j'ai la ferme intention d'en profiter.)

On recense dans le monde entier environ un milliard de bovins élevés pour la viande et le lait. Chaque année, ils rotent et pètent du méthane qui a le même effet sur le réchauffement que 2 milliards de tonnes de dioxyde de carbone, représentant près de 4 % de toutes les émissions planétaires[1].

Le fait de roter et de péter du gaz naturel est un problème propre aux vaches et aux autres ruminants, comme les moutons, les chèvres, les cervidés et les camélidés. En revanche, tous les animaux ont un point commun qui cause du gaz à effet de serre : ils défèquent.

En se décomposant, les excréments libèrent un mélange de puissants gaz à effet de serre – principalement du protoxyde d'azote, ainsi que du méthane, du soufre et de l'ammoniac. Près de la moitié des émissions liées aux excréments proviennent du lisier de porc, le reste des vaches. Il y a tant d'excréments animaux qu'ils représentent en fait la deuxième source la plus importante d'émissions dans l'agriculture, après la fermentation entérique.

Que peut-on faire de tous ces excréments, rots et pets ? Ce n'est pas simple. Les chercheurs ont testé toutes sortes d'idées pour gérer la fermentation entérique. Ils ont essayé des vaccins pour réduire les populations de microbes méthanogènes qui vivent dans les estomacs des vaches, de créer des races bovines qui produisent naturellement moins d'émissions, et aussi des aliments spéciaux, ou des médicaments à ajouter à leur régime alimentaire. Ces efforts n'ont pour la plupart pas abouti, à l'exception, prometteuse, d'un composé baptisé le 3-nitrooxypropanol, qui réduit

1. Food and Agriculture Organization of the United Nations, www.fao.org

les émissions de méthane de 30 %. Mais pour l'instant, il faut le donner au bétail au moins une fois par jour et n'est donc pas applicable aux animaux en pâturage.

Tout porte cependant à croire que nous sommes en mesure de diminuer ces émissions sans avoir recours à de nouvelles technologies et sans Green Premium importante. Il s'avère que la quantité de méthane produite par une vache dépend beaucoup de là où elle vit. Par exemple, le bétail en Amérique du Sud émet cinq fois plus de gaz à effet de serre qu'en Amérique du Nord, et le bétail africain en émet encore plus. Si une vache est élevée en Amérique du Nord ou en Europe, il est plus probable qu'elle soit d'une race améliorée qui transforme sa nourriture plus efficacement en lait et en viande. Elle bénéficie en outre de meilleurs soins vétérinaires et d'aliments de meilleure qualité, si bien qu'elle produit moins de méthane.

Si nous parvenons à répandre les races améliorées et à diffuser des pratiques d'élevage plus saines – en particulier en croisant des bovins africains afin qu'ils soient plus productifs et en facilitant l'accès à des aliments de meilleure qualité à des prix abordables –, cela réduira les émissions tout en aidant les agriculteurs pauvres à gagner plus d'argent. Il en va de même de la gestion du lisier. Les éleveurs du monde riche disposent de plusieurs techniques pour se débarrasser du lisier tout en produisant moins d'émissions. Plus ces techniques seront abordables, plus elles pourront être adoptées par les agriculteurs pauvres, et nous augmenterons nos chances de réduire les émissions.

Un végan pur et dur pourrait proposer une autre solution : *au lieu de tester toutes ces façons de réduire les émissions, nous devrions tout simplement cesser d'élever du bétail*. Je comprends ce que cet argument a de séduisant, mais je ne pense pas que ce soit réaliste. Pour commencer, la viande joue un rôle trop important dans l'histoire de l'humanité. Dans de nombreuses régions du monde, même quand elle est rare, la viande est un élément crucial des fêtes et des célébrations. En France, le repas gastronomique – qui se compose d'entrées, de viande ou de poisson, de fromages et de desserts – est officiellement inscrit sur la liste du Patrimoine culturel immatériel de l'humanité établie par l'UNESCO. Comme on peut le lire sur son site : « Le repas gastronomique met l'accent sur le fait d'être bien ensemble, le plaisir du goût, l'harmonie entre l'être humain et les productions de la nature[1]. »

Nous pouvons toutefois réduire notre consommation de viande sans pour autant cesser d'en apprécier le goût. La viande végétale est une solution : il s'agit des produits à base de plantes qui ont été traités de diverses façons pour imiter le goût de la viande. Comme

1. ich.unesco.org/fr/RL/le-repas-gastronomique-des-francais-00437. En moyenne, un substitut du bœuf haché : enquête sur les prix de détail américains en septembre 2020, conduite par Rhodium Group.

j'investis dans deux entreprises qui proposent aujourd'hui des produits simili-carnés à base de végétaux sur le marché – Beyond Meat et Impossible Foods –, on pourrait m'accuser de parti pris, mais je dois avouer que la viande artificielle est vraiment bonne. Préparée comme il faut, c'est un substitut convaincant au bœuf haché. Et toutes les solutions actuelles sont moins nocives pour l'environnement, parce qu'elles nécessitent beaucoup moins de terre et d'eau, et sont responsables de moins d'émissions. Il faut également moins de céréales pour les fabriquer, ce qui allège la pression sur les cultures alimentaires et diminue aussi le recours aux engrais. Et s'il y a moins de bétail enfermé dans des cages exiguës, c'est une véritable bénédiction pour le bien-être animal.

Les viandes artificielles sont cependant indissociables de lourdes Green Premiums. En moyenne, un substitut de bœuf haché coûte 86 % de plus que de la vraie viande. Mais sachant que la vente de ces produits alternatifs augmente et qu'ils sont de plus en plus nombreux sur le marché, je suis optimiste : ils finiront par coûter moins cher que la viande animale.

Quoi qu'il en soit, la question fondamentale à propos de la viande artificielle est liée au goût, non à l'argent. S'il est relativement facile d'imiter la texture d'un hamburger avec des végétaux, il est beaucoup plus difficile de leurrer les gens et de leur faire croire qu'ils sont effectivement en train de manger un steak ou un blanc de poulet. Les consommateurs apprécieront-ils suffisamment la viande artificielle pour l'adopter, et seront-ils assez nombreux pour que cela ait un impact sensible ?

Certains indices semblent déjà aller dans ce sens. Je dois admettre que j'ai moi-même été surpris de voir à quel point Beyond Meat et Impossible Foods se portaient bien – surtout après leur démarrage difficile. J'avais assisté à l'une des premières démonstrations d'Impossible Foods, durant laquelle ils avaient fait brûler leur burger au point de déclencher l'alarme incendie. Il est étonnant de voir que leurs produits sont si largement distribués, du moins dans la région de Seattle et dans les villes que je visite. En 2019, Beyond Meat a fait une belle entrée en Bourse. Il faudra peut-être dix ans de plus, mais je suis persuadé que plus ces produits gagneront en qualité, plus leurs prix baisseront, et plus les gens qui se soucient du changement climatique et de l'environnement opteront pour eux.

Une autre approche, semblable à la viande à base de végétaux, préconise de produire la viande en laboratoire, au lieu de cultiver des plantes et de leur donner le goût du bœuf. Ce processus est affublé de noms peu engageants comme « viande à base de cellules », « viande cultivée » et « viande propre ». Une vingtaine de start-up travaillent aujourd'hui à leur commercialisation, mais leurs produits ne se retrouveront sans doute pas dans les rayons des supermarchés avant le milieu des années 2020.

Ne croyez pas qu'il s'agisse de *fausse* viande. La viande cultivée présente la même graisse, les mêmes muscles et tendons que n'importe quel animal à deux ou quatre pattes. Mais on la crée en laboratoire au lieu de la développer dans un élevage. Les scientifiques partent de quelques cellules souches prélevées sur un animal vivant, laissent ces cellules se multiplier, puis les amènent à former tous les tissus que nous avons l'habitude de manger. Tout cela est réalisable avec peu, voire aucune émission de gaz à effet de serre, en dehors de l'électricité qu'il vous faut pour alimenter les laboratoires. Le problème de cette approche, c'est qu'elle est très onéreuse et qu'on voit mal comment en réduire le coût.

De plus, les producteurs de ces deux types de viande artificielle ne sont pas au bout de leur peine. Dans au moins dix-sept États américains, les législateurs ont entrepris d'interdire que ces produits portent la mention « viande » dans les magasins. Un État a même suggéré d'en interdire tout bonnement la vente. Ainsi, même si la technologie progresse et que les produits deviennent meilleur marché, il faudra un débat public sérieux sur leur réglementation, leur emballage et leur commercialisation.

Il y a un autre moyen de diminuer les émissions dues à ce que nous mangeons : gaspiller moins. En Europe, dans les régions industrialisées d'Asie et en Afrique subsaharienne, plus de 20 % de la nourriture finissent tout simplement à la poubelle, pourrissent sur place ou sont gaspillés autrement. Aux États-Unis, ce chiffre est de 40 %. C'est terrible pour les gens qui manquent de nourriture, terrible pour l'économie, terrible pour le climat. En pourrissant, la nourriture gaspillée et le méthane ainsi produit participent autant au réchauffement que 3,3 milliards de tonnes de dioxyde de carbone chaque année.

Il est essentiel de modifier notre comportement et de veiller à mieux utiliser ce que nous avons. La technologie peut nous y aider. Par exemple, deux sociétés travaillent sur des revêtements invisibles, à base de végétaux, qui permettent de prolonger la durée de vie des fruits et des légumes. Ces revêtements sont mangeables et n'affectent absolument pas le goût. Une autre entreprise a développé une « poubelle intelligente » qui utilise un système de reconnaissance visuelle pour calculer la quantité de nourriture gaspillée par foyer ou dans une entreprise. Elle vous transmet ensuite un rapport sur les déchets que vous jetez, leur coût et leur empreinte carbone. Ce système peut paraître intrusif, mais on peut aider les individus à faire de meilleurs choix en leur communiquant ce genre d'informations.

Il y a quelques années, je suis entré dans un entrepôt à Dar es Salam, en Tanzanie, et j'y ai vu quelque chose qui m'a enthousiasmé : des milliers de tonnes d'engrais synthétiques. Cet entrepôt dépendait du nouveau centre

En visite dans le centre de distribution d'engrais de Yara, à Dar es Salam, en Tanzanie, en 2018. En fait, je me suis amusé encore plus que j'en ai l'air sur ce cliché.

de distribution d'engrais de Yara, le plus grand de ce genre en Afrique de l'Est. Tout en le visitant, je me suis entretenu avec les ouvriers qui remplissaient des sacs de minuscules billes blanches contenant de l'azote, du phosphore et d'autres nutriments qui, bientôt, alimenteraient les récoltes dans une des régions les plus pauvres du monde.

J'adore faire des voyages comme celui-là. Je sais que ça peut paraître dingue, mais pour moi, les engrais ont quelque chose de magique, et pas seulement parce qu'ils contribuent à embellir nos cours et nos jardins. Tout comme le blé semi-nain de Norman Borlaug et de nouvelles variétés de maïs et de riz, les engrais synthétiques ont joué un rôle clé dans la révolution agricole qui a changé le monde dans les années 1960 et 1970. Des calculs ont montré que si nous ne fabriquions pas d'engrais synthétiques, la population mondiale serait de 40 à 50 % moins nombreuse.

Le monde utilise déjà beaucoup d'engrais, et les pays pauvres devraient en utiliser encore plus. L'Afrique, où un cultivateur moyen tire cinq fois moins de nourriture d'un demi-hectare que son équivalent américain, a pour l'essentiel été oubliée par la révolution agricole que j'ai mentionnée – on parle souvent de « révolution verte ». Cela s'explique par le fait que dans les pays pauvres, la plupart des agriculteurs n'obtiennent pas de prêts suffisants pour se procurer de l'engrais, qui y coûte plus que dans les pays riches parce qu'il doit être acheminé dans les régions rurales par des routes en mauvais état. Si nous aidons les agriculteurs pauvres à accroître le rendement de leurs récoltes, ils gagneront plus d'argent et auront davantage à manger, et dans certains des pays les plus pauvres de la planète, des millions de gens pourront mieux se nourrir et obtenir les nutriments nécessaires. (Nous reviendrons plus longuement sur ce sujet au chapitre 9.)

Pourquoi les engrais sont-ils si magiques ? Parce qu'ils apportent aux végétaux des nutriments cruciaux, dont du phosphore, du potassium, et cet élément qui compte particulièrement pour le réchauffement climatique : l'azote. L'azote a des avantages, mais il a aussi des inconvénients. Il est étroitement lié à la photosynthèse, le processus par lequel les plantes transforment la lumière du soleil en énergie, et il rend possible toute vie végétale – et donc tout ce que l'on mange. Mais l'azote aggrave également le changement climatique. Pour comprendre pourquoi, intéressons-nous à ce qu'il fait pour les plantes.

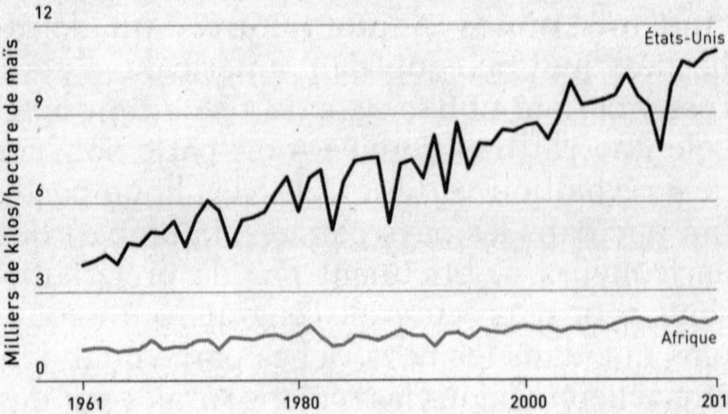

Un écart immense dans l'agriculture... Grâce aux engrais et à d'autres améliorations, les agriculteurs américains récoltent aujourd'hui plus de maïs par hectare que jamais, alors que le rendement des agriculteurs africains a à peine évolué. Si l'on réduit cet écart, on sauvera des vies et on aidera les gens à échapper à la misère, mais sans innovation, on aggravera du même coup le changement climatique[1]. (FAO)

Pour faire pousser des récoltes, il faut des tonnes d'azote – beaucoup plus que l'on en

1. Mesuré en milliers de kilogrammes de blé par hectare. FAOSTAT. OECD-FAO Agricultural Outlook 2020-2029. Dernière mise à jour : 30 novembre, 2020. Consulté en novembre 2020. https://stats.oecd.org/Index.aspx?datasetcode=HIGH_AGLINK_2020#.

trouverait en milieu naturel. C'est parce que l'on ajoute de l'azote que l'on obtient des plants de maïs de trois mètres de haut et que l'on produit d'énormes quantités de semences. Curieusement, la plupart des plantes sont incapables de produire leur propre azote. Elles le tirent de l'ammoniac dans le sol, où ce dernier est engendré par divers micro-organismes. Tant qu'elle peut trouver de l'azote, une plante pousse, mais sa croissance cesse dès qu'il n'y en a plus. En en rajoutant, on renforce sa croissance.

Pendant des millénaires, l'homme a fourni à ses cultures de l'azote supplémentaire à l'aide d'engrais naturels comme le fumier et le guano. C'est en 1908 que deux chimistes allemands, Fritz Haber et Carl Bosch, ont réalisé une grande découverte, quand ils ont compris comment faire de l'ammoniac en usine à partir d'azote et d'hydrogène. On ne soulignera jamais assez les fabuleuses conséquences de leur invention. Ce qui est désormais connu en tant que procédé Haber-Bosch a permis la création d'engrais synthétiques, augmentant considérablement la quantité de nourriture qu'il était possible de faire pousser ; cela a aussi permis d'étendre leur culture à d'autres zones géographiques. C'est encore, de nos jours, la méthode la plus courante pour produire de l'ammoniac. Tout comme Norman Borlaug est un des grands héros méconnus de l'Histoire, Haber-Bosch est peut-être l'invention la plus importante dont la plupart des gens n'ont jamais entendu parler[1].

Mais il y a un problème : les micro-organismes qui produisent de l'azote dépensent énormément d'énergie en cours de route. Tellement d'énergie, en fait, qu'ils ont évolué pour ne le faire qu'en cas d'absolue nécessité – quand il n'y a pas d'azote dans le sol autour d'eux. S'ils détectent assez d'azote, ils cessent d'en produire pour pouvoir consacrer leur énergie à autre chose. Par conséquent, quand on ajoute de l'engrais synthétique, les organismes naturels qui se trouvent dans le sol le sentent et cessent d'en produire par eux-mêmes.

Les engrais synthétiques ont d'autres inconvénients. Pour les fabriquer, il faut produire de l'ammoniac, ce qui requiert de la chaleur, que nous obtenons en brûlant du gaz naturel, ce qui engendre des gaz à effet de serre. Pour les acheminer du site où ils sont fabriqués jusqu'aux entrepôts où on les stocke (comme celui que j'ai visité en Tanzanie), puis jusqu'à l'exploitation agricole où on les utilisera, il faut les charger sur des camions qui roulent à l'essence. En fait, une fois les engrais épandus sur le sol, une grande partie de l'azote qu'ils contiennent n'est jamais absorbée par les plantes. Dans le monde entier, les cultures consomment moins de la moitié de l'azote

---

1. Fritz Haber est un personnage complexe. Si ses recherches sur l'ammoniac ont sauvé des vies, il est également un des précurseurs de l'emploi du chlore et d'autres gaz toxiques comme armes chimiques pendant la Première Guerre mondiale.

utilisé dans les champs. Le reste se dilue dans le sol ou les eaux de surface, qu'il pollue, ou se diffuse dans l'air sous forme de protoxyde d'azote – qui, souvenez-vous, est 265 fois plus susceptible de contribuer au réchauffement que le dioxyde de carbone.

En tout, les engrais ont émis environ 1,3 milliard de tonnes de gaz à effet de serre en 2010, un chiffre qui va probablement passer à 1,7 milliard d'ici le milieu du siècle. Ce que Haber-Bosch donne, Haber-Bosch le reprend.

Malheureusement, il n'existe pas pour l'instant de solution zéro carbone pour remplacer les engrais. Nous pourrions, c'est vrai, nous débarrasser des émissions dues à la fabrication en utilisant de l'électricité propre au lieu de combustibles fossiles pour synthétiser l'ammoniac, mais c'est un processus coûteux qui augmenterait considérablement le prix des engrais. Aux États-Unis, par exemple, le recours à ce processus pour fabriquer l'urée, un engrais à base d'azote, en augmenterait le coût de plus de 20 %.

Or cela ne concerne que les émissions liées à la *fabrication* des engrais. Nous n'avons aucun moyen de capter les gaz à effet de serre émis par leur épandage. Il n'y a pas d'équivalent du captage pour le protoxyde d'azote. Ce qui signifie que je ne peux pas calculer une Green Premium exhaustive pour un engrais zéro carbone – information utile en soi car elle prouve que nous avons vraiment besoin d'innover dans ce domaine.

Il est techniquement possible que les plantes absorbent l'azote plus efficacement, si les agriculteurs disposent de la technologie suffisante pour surveiller de très près leurs niveaux d'azote et répandre la quantité adéquate d'engrais au fil de la période de pousse. Mais c'est un processus aussi gourmand en temps qu'en argent, et les engrais sont bon marché (du moins dans les pays riches). Il est plus économique d'en épandre plus que nécessaire, sachant qu'au moins, on en utilise assez pour maximiser la croissance des récoltes.

Des entreprises ont développé des additifs censés aider les plantes à pomper plus d'azote afin qu'il y en ait moins qui se répande dans les nappes phréatiques ou qui s'évapore dans l'atmosphère. Mais ces additifs ne sont utilisés que pour 2 % des engrais dans le monde, parce que leur fonctionnement n'est pas toujours garanti, et que les fabricants investissent peu dans leur amélioration.

D'autres spécialistes travaillent sur des façons différentes de résoudre le problème. Par exemple, des généticiens s'intéressent à de nouvelles variétés de plantes capables de se servir de bactéries pour fixer l'azote. Une société a aussi développé des microbes génétiquement modifiés qui fixent l'azote. Dans la pratique, au lieu d'ajouter de l'azote par le biais des engrais, cela revient à injecter dans le sol des bactéries qui produisent de l'azote même quand il y en a déjà. Si ces approches se concrétisent, elles réduiront considérablement le recours aux engrais et toutes les émissions dont ils sont responsables.

Tout ce que vous venez de lire – que j'ai grossièrement décrit comme étant l'agriculture – représente environ 70 % des émissions provenant des activités agricoles, de la foresterie et d'autres utilisations de la terre. Si je devais résumer les 30 % restants en un mot, ce serait « déforestation ».

Selon la Banque mondiale, le monde a perdu presque 1,3 million de kilomètres carrés de forêts depuis 1990[1]. (Ce qui représente une région plus vaste que l'Afrique du Sud ou le Pérou, et une réduction de la surface totale de près de 3 %.) La déforestation a un impact immédiat et évident – si les arbres sont détruits par le feu, par exemple, ils libèrent rapidement tout le dioxyde de carbone qu'ils contenaient –, mais elle cause également des dégâts plus difficiles à percevoir. Quand on arrache un arbre, on perturbe le sol, or ce dernier contient de grandes quantités de carbone (à vrai dire, il y a plus de carbone dans le sol que dans l'atmosphère et toute la vie végétale additionnées). Quand on commence à abattre des arbres, ce carbone est libéré dans l'atmosphère sous forme de dioxyde de carbone.

Il serait facile de mettre fin à la déforestation si elle avait lieu partout pour les mêmes

1. Source : World Bank Development Indicators, databank. worldbank.org

raisons, mais hélas, ce n'est pas le cas. Au Brésil, par exemple, une grande partie des destructions qu'a subies la forêt pluviale d'Amazonie au cours des dernières décennies s'explique par la nécessité d'aménager des pâturages pour le bétail. (Les forêts brésiliennes ont reculé de 10 % depuis 1990.) Et la production de nourriture étant un phénomène planétaire, ce qui est consommé dans un pays peut provoquer des changements dans l'aménagement du sol d'un autre. Plus le monde mange de viande, plus il accélère la déforestation en Amérique latine. Plus il y a de burgers sur la planète, moins il y a d'arbres là-bas.

Et toutes ces émissions s'accumulent rapidement. Une étude menée par le World Resources Institute a découvert que si l'on prend en compte les changements dans l'aménagement du sol, le régime alimentaire de type américain est responsable de presque autant d'émissions que toute l'énergie consommée par les Américains pour l'électricité, l'industrie, les transports et le bâtiment[1].

Mais dans d'autres régions du monde, la déforestation n'a pas pour objectif de produire plus de burgers et de steaks. En Afrique, par exemple, il s'agit de dégager des terres cultivables et de récupérer du combustible pour la population qui augmente sur le continent.

---

1. Janet Ranganathan *et al.*, « Shifting Diets for a Sustainable Food Future », World Resources Institute, www.wri.org

Le Nigeria, qui présente un des taux de déforestation les plus élevés de la planète, a perdu plus de 60 % de ses forêts depuis 1990, et est un des plus grands exportateurs de charbon de bois au monde.

En Indonésie, en revanche, on abat les forêts pour planter des palmiers qui fournissent l'huile de palme que vous trouverez partout, du pop-corn que vous consommez au cinéma à votre shampoing. C'est notamment pour cette raison que ce pays est le quatrième émetteur de gaz à effet de serre[1].

J'aimerais tant vous dire qu'une invention va nous aider à protéger nos forêts. Il y a bien certaines choses qui vont y aider, comme des satellites de surveillance qui permettent de repérer plus facilement la déforestation et les incendies de forêt, et de mesurer l'étendue des dommages consécutifs. Je m'intéresse également à des entreprises qui développent des solutions synthétiques à l'huile de palme afin que nous ne soyons pas obligés d'abattre autant de forêts pour faire de la place aux plantations de palmiers.

Mais fondamentalement, le problème n'est pas technologique, il est politique et économique. Si les gens abattent les arbres, ce n'est pas par méchanceté. Ils le font parce que leurs motivations sont plus fortes que ce qui pourrait les pousser à laisser les forêts tranquilles. Ce qu'il nous faut, ce sont donc des

1. World Resources Institute, « Forests and Landscapes in Indonesia », www.wri.org

solutions politiques et économiques, comme le versement de subventions aux pays pour qu'ils préservent leurs forêts, l'imposition de réglementations sur la protection de certaines régions, et la garantie que les communautés rurales se voient offrir d'autres possibilités économiques, de sorte qu'elles ne soient plus contraintes d'extraire des ressources naturelles pour seulement survivre.

Peut-être avez-vous entendu parler d'une solution au réchauffement climatique qui serait liée à la forêt : elle consisterait à planter des arbres pour capter le dioxyde de carbone dans l'atmosphère. Si elle a l'air simple – le système de captage de carbone le moins cher et le moins sophistiqué que l'on puisse imaginer –, et si elle a évidemment de quoi séduire tous ceux d'entre nous qui aiment les arbres, en réalité elle pose des questions d'une grande complexité. Il faudrait bien sûr l'étudier plus en détail, mais pour l'heure, il semble que l'on ait exagéré son impact sur le changement climatique.

Comme c'est souvent le cas avec le réchauffement, il est nécessaire de prendre plusieurs facteurs en considération…

Combien de dioxyde de carbone un arbre peut-il absorber durant sa vie ? Ce chiffre est variable, mais en règle générale, on l'évalue à 4 tonnes en quarante ans.

Combien de temps l'arbre survivra-t-il ? S'il brûle, tout le dioxyde de carbone qu'il stockait sera libéré dans l'atmosphère.

Que se serait-il passé si cet arbre n'avait pas été planté ? Si cet arbre avait pu pousser là naturellement, notre décision n'a pas augmenté l'absorption de carbone.

Dans quelle région du monde va-t-on planter l'arbre ? Tout compte fait, les arbres dans les régions enneigées sont à l'origine de plus de réchauffement que de refroidissement, parce qu'ils sont plus sombres que la neige et la glace en dessous d'eux, et que les objets sombres ont tendance à absorber davantage de chaleur que les choses claires. Dans le même temps, les arbres des régions tropicales sont la source de davantage de refroidissement que de réchauffement, car ils libèrent beaucoup d'humidité, qui se transforme en nuages, lesquels réfléchissent la lumière du soleil. Quant aux arbres situés à des latitudes moyennes – entre les tropiques et les cercles polaires –, ils n'ont pour ainsi dire aucun effet.

Quelque chose d'autre poussait-il à cet endroit ? Si, par exemple, vous supprimez une exploitation de soja pour la remplacer par une forêt, vous allez réduire la quantité totale de soja disponible, ce qui va en augmenter le prix, et par conséquent, il est possible que quelqu'un, ailleurs, abatte des arbres pour cultiver du soja. Ce qui va contrebalancer le bien que vous aurez fait en plantant vos arbres.

En tenant compte de tous ces facteurs, on calcule généralement qu'il faudrait planter l'équivalent d'environ 25 hectares d'arbres dans les régions tropicales, pour absorber les émissions produites par un Américain moyen au cours de sa vie. Multipliez cela par la population des États-Unis, et vous obtenez 8 milliards d'hectares, soit 80 millions de kilomètres carrés, à peu près la moitié de la masse terrestre du monde. Et il faudrait que ces arbres subsistent pour toujours. Or cela ne concerne que les États-Unis. Nous n'avons pris en considération les émissions d'aucun autre pays.

Ne vous méprenez pas : les arbres ont toutes sortes de qualités, tant esthétiques qu'environnementales, et il faut que nous en plantions davantage. Le plus souvent, on ne peut faire pousser des arbres que là où il y en a déjà eu, ce qui permet au moins de réparer les dégâts de la déforestation. Mais il n'existe aucun moyen pratique d'en planter assez pour qu'ils puissent résoudre le problème de la consommation de combustibles fossiles. La stratégie la plus efficace, pour qui veut utiliser les arbres dans la lutte contre le changement climatique, c'est de cesser d'abattre en grand nombre ceux qui sont déjà là.

Le résultat de tout cela, c'est que nous allons bientôt devoir produire 70 % de nourriture en plus tout en réduisant les émissions et en nous efforçant à terme de les faire disparaître. Il va nous falloir beaucoup de nouvelles idées, y compris des moyens de fertiliser les plantes, d'élever le bétail et de gaspiller moins de nourriture. Et dans les pays riches, les gens vont devoir changer leurs habitudes, en mangeant moins de viande, par exemple. Même si les burgers sont une tradition familiale.

CHAPITRE 7

COMMENT NOUS NOUS DÉPLAÇONS

16 % des 52 milliards de tonnes par an

Commençons par un petit quizz – deux questions, et c'est tout.

1. Lequel de ces objets contient le plus d'énergie ?

A. Un bidon d'un litre d'essence
B. Un bâton de dynamite
C. Une grenade à main

2. Qu'est-ce qui coûte le moins cher aux États-Unis ?

A. Un litre de lait
B. Un litre de jus d'orange
C. Un litre d'essence

Les bonnes réponses sont A et C. L'essence contient une quantité d'énergie époustouflante – il faudrait attacher ensemble trente-quatre bâtons de dynamite pour obtenir autant d'énergie qu'en recèle un seul litre d'essence. Bien sûr, la dynamite libère toute son énergie en une seule fois, alors que l'essence brûle plus lentement – et c'est notamment pour cette raison que nous remplissons nos voitures d'essence plutôt que de bâtons de dynamite.

Aux États-Unis, l'essence est remarquablement bon marché, même si les conducteurs ne s'en aperçoivent pas toujours quand il est temps de s'arrêter à la pompe. Outre le lait et le jus d'orange, voici quelques autres produits qui coûtent plus cher que l'essence au litre : l'eau en bouteille Dasani, le yaourt, le miel, la lessive, le sirop d'érable, le gel hydroalcoolique, un *latte* de chez Starbucks, du Red Bull, l'huile d'olive et le vin Charles Shaw, qui coûte si peu et que l'on peut acheter dans les magasins Trader Joe's. Oui, vous avez bien lu – au litre près, *l'essence est meilleur marché que du Charles à deux dollars*.

Au fil de la lecture de ce chapitre, gardez à l'esprit ces deux caractéristiques de l'essence : elle est bourrée d'énergie et elle ne coûte presque rien[1]. Deux moyens efficaces

---

1. Il va sans dire que pour les gens qui dépendent de leur voiture, l'essence est un produit plus indispensable que les autres mentionnés. Si vous faites attention à vos dépenses, vous serez plus touché par une hausse des prix à la pompe que par une augmentation, disons, de l'huile d'olive, que vous pouvez toujours choisir de ne pas acheter. Mais il n'en reste pas moins que parmi les choses que nous consommons régulièrement, l'essence est relativement peu coûteuse.

de se rappeler que pour savoir quelle énergie nous obtenons pour chaque dollar dépensé, l'essence est une sorte d'étalon-or. En dehors de produits similaires comme le diesel et le kérosène, rien, dans notre vie quotidienne, ne nous fournit autant d'énergie au litre à si peu de frais.

Ce concept de l'énergie fournie par unité de carburant et par dollar joue un rôle essentiel dans notre recherche de moyens pour décarboner nos transports. Comme vous le savez sans doute, les carburants que nous brûlons dans nos voitures, nos bateaux et nos avions émettent du dioxyde de carbone qui contribue au réchauffement planétaire. Pour atteindre le zéro, il va nous falloir remplacer ces carburants par quelque chose qui sera aussi dense en énergie et tout aussi bon marché.

Peut-être êtes-vous surpris que je n'aborde cette question que maintenant, et que les transports ne représentent que 16 % des émissions mondiales, placés en quatrième position après l'industrie, l'électricité et l'agriculture. J'ai moi-même été stupéfait de l'apprendre, et je pense que c'est le cas de la plupart des gens. Si vous arrêtez un inconnu sur le trottoir pour lui demander quelles activités contribuent le plus au changement climatique, il répondra probablement l'utilisation du charbon pour l'électricité, les voitures et les avions.

Cette confusion peut se comprendre : si les transports ne sont pas la principale cause d'émissions dans le monde, ils le sont bel et bien aux États-Unis, et depuis déjà quelques années maintenant, juste devant la production d'électricité. Nous autres Américains, nous roulons et prenons beaucoup l'avion.

Quoi qu'il en soit, si nous voulons arriver à zéro émission, nous allons devoir nous débarrasser de tous les gaz à effet de serre causés par les transports, aux États-Unis et dans le monde entier.

Cela risque-t-il d'être difficile ? Très. Mais pas impossible.

Pendant 99,9 % de l'histoire de l'humanité, nous nous sommes débrouillés pour nous déplacer sans avoir recours aux carburants fossiles. Nous marchions, montions des animaux et naviguions à la voile. Puis, au début des années 1800, nous avons découvert comment propulser des locomotives et des bateaux à vapeur à l'aide du charbon, et nous n'avons plus jamais fait machine arrière. En l'espace d'un siècle, des trains se sont mis à sillonner des continents entiers, et des navires à transporter des gens et des marchandises sur les océans. L'automobile propulsée à l'essence est apparue à la fin du XIXe siècle, suivie au début du XXe par les voyages aériens commerciaux qui allaient occuper une place cruciale dans l'économie mondiale contemporaine.

Deux cents ans à peine se sont écoulés depuis que nous avons commencé à brûler des carburants fossiles pour nos transports, mais nous dépendons désormais d'eux de façon fondamentale. Nous ne renoncerons jamais à eux, à moins de trouver un substitut au moins aussi peu coûteux, et qui soit tout aussi capable d'alimenter nos déplacements sur de longues distances.

Il y a un autre défi : nous n'allons pas seulement devoir éliminer les 8,3 milliards de tonnes de carbone que nos transports produisent aujourd'hui. Nous allons devoir nous débarrasser de bien plus. L'Organisation pour la coopération et le développement économiques (OCDE) prédit que la demande en transports va continuer d'augmenter au moins jusqu'en 2050, et même après, compte tenu du fait que la Covid-19 a limité le commerce et les déplacements[1]. C'est le fret, par avion, camion et bateau – et non les véhicules privés – qui est responsable de la hausse des émissions dans ce secteur. En volume, le transport maritime se charge de nos jours de neuf dixièmes des marchandises qui s'échangent dans le monde, et il est à l'origine de près de 3 % des émissions de la planète.

Une grande partie des émissions dues aux transports proviennent des pays riches, mais la plupart d'entre eux ont atteint leur pic au cours de la dernière décennie et ont même un peu diminué leurs émissions depuis. Ces temps-ci, l'augmentation du carbone vient surtout des pays en développement, dont les populations croissent, s'enrichissent et achètent plus de voitures. Comme d'habitude, la Chine est l'exemple le plus parlant.

1. Source : OCDE, www.oecd-ilibrary.org/

Ses émissions dues aux transports ont doublé au cours des dix dernières années, et décuplé depuis 1990.

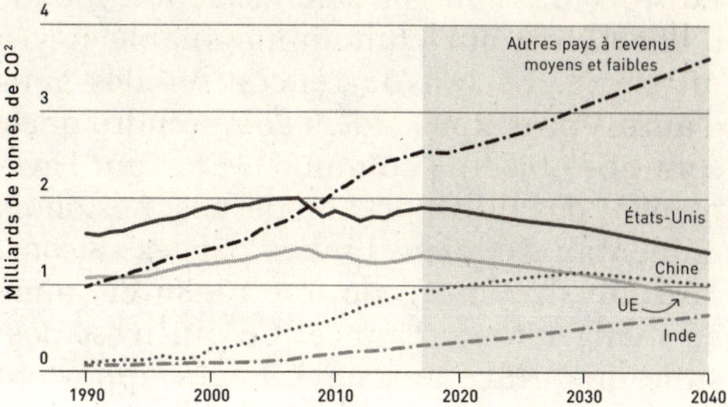

La Covid-19 ralentit la progression des émissions dues aux transports, sans toutefois la stopper complètement. Même si les émissions vont diminuer dans de nombreux pays, elles augmenteront tellement dans les pays à bas et moyens revenus que l'effet global sera une augmentation des gaz à effet de serre[1]. (World Energy Outlook 2019 de l'AIE ; Rhodium Group)

Au risque de me répéter, je vais dire à propos des transports la même chose que sur l'électricité, l'industrie et l'agriculture : *nous devrions nous réjouir que de plus en plus de gens et de marchandises circulent*. La capacité à voyager entre les zones rurales et les villes est une forme de liberté individuelle,

1. Données historiques fournies par Rhodium Group. Hypothèses pour les émissions futures fondées sur les données de l'IEA, d'après IEA (2020), World Energy Outlook, IEA 2020, www.iea.org/statistics. Tous droits réservés ; adapté par Gates Ventures, LLC.

et même une question de survie pour les cultivateurs des pays pauvres qui ont besoin d'apporter leurs produits sur les marchés. Les vols internationaux connectent le monde d'une façon qui était inimaginable il y a un siècle. Le fait de rencontrer des gens d'autres pays nous aide à comprendre quels sont nos objectifs communs. Et avant l'avènement des transports modernes, nos choix alimentaires étaient limités par les saisons. Personnellement, j'adore le raisin et j'aime en manger toute l'année. Ce qui n'est possible que grâce aux navires qui apportent des fruits d'Amérique du Sud, et qui, actuellement, sont propulsés par des carburants fossiles.

Alors, comment bénéficier de tous les avantages des voyages et des transports sans rendre le climat invivable ? Disposons-nous de toutes les technologies nécessaires, ou avons-nous besoin d'innovations ?

Pour répondre à ces questions, il va nous falloir évaluer les Green Premiums pour les transports. Ce que nous allons faire en commençant par nous intéresser plus en détail à la provenance de ces émissions.

Le graphique ci-après vous montre le pourcentage des émissions qui proviennent des voitures, des camions, des avions, des bateaux, et ainsi de suite. Notre objectif est de toutes les ramener au zéro absolu.

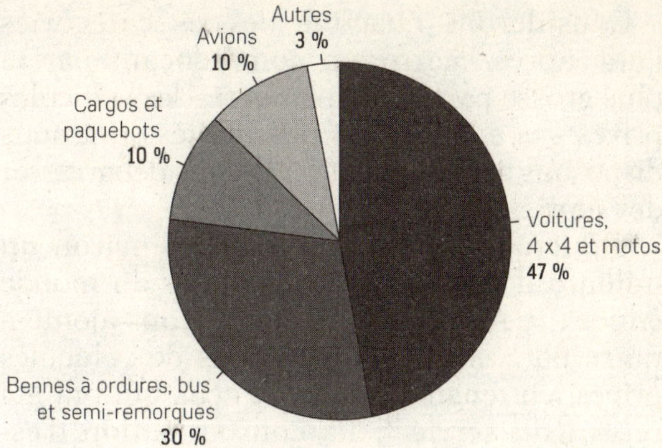

Les voitures ne sont pas les seules responsables. Les véhicules privés sont à l'origine de près de la moitié des émissions dues aux transports[1]. (International Council on Clean Transportation)

Remarquez que les véhicules privés (voitures, 4 × 4, motos et autres) sont responsables de près de la moitié des émissions. Les véhicules moyens et lourds – des bennes à ordures aux semi-remorques – représentent 30 % de plus. Les avions ajoutent un dixième de toutes les émissions, tout comme les porte-conteneurs et autres bateaux, les trains correspondant à ce qui reste[2].

---

1. Ce graphique s'appuie sur des données tirées de « Beyond road vehicles : Survey of zero-emission technology options across the transport sector », par Hall, Pavlenko et Lutsey (licence CC BY-SA 3.0 ; https://www.creativecommons.org/licenses/by-sa/3.0/) disponible en ligne : https://theicct.org/sites/default/files/publications/Beyond_Road_ZEV_Working_Paper_20180718.pdf).
2. Pour mémoire, je ne prends en compte que les émissions du carburant utilisé par divers véhicules. Les

Considérons chacune de ces catégories l'une après l'autre, en commençant par la plus grosse part du camembert – les véhicules privés – et étudions les possibilités dont nous disposons actuellement pour nous débarrasser des émissions.

Véhicules privés. On recense environ un milliard de voitures sur les routes du monde entier[1]. Rien qu'en 2018, nous avons ajouté à notre parc environ 24 millions de véhicules privés, en tenant compte de ceux qui ont été retirés du service[2]. La consommation d'essence libérant inévitablement des gaz à effet de serre, il nous faut une autre solution – soit en utilisant le carbone qui se trouve déjà dans l'air plutôt que celui des carburants fossiles, soit en employant une forme d'énergie complètement différente.

Commençons par la seconde option. Heureusement, nous disposons d'un autre type d'énergie qui – bien qu'il soit loin d'être parfait – a déjà fait ses preuves. En fait, il est probable qu'un concessionnaire près de chez vous vende des voitures qui fonctionnent grâce à lui en ce moment même.

émissions dues à leur construction – la production de l'acier et du plastique, le fonctionnement des usines, etc. – sont abordées au chapitre 5, « Comment nous fabriquons les choses ».

1. Source : International Organization of Motor Vehicle Manufacturers (OICA), www.oica.net

2. Soit en 2018, selon l'OICA, l'ajout total de 69 millions de voitures, et le retrait d'environ 45 millions, pour une durée de vie des véhicules de treize ans

Aujourd'hui, plus de la moitié des grandes marques proposent des modèles 100 % électriques : Audi, BMW, Chevrolet, Citroën, Fiat, Ford, Honda, Hyundai, Jaguar, Kia, Mercedes-Benz, Nissan, Peugeot, Porsche, Renault, Smart, Tesla, Volkswagen et bien d'autres, trop nombreuses pour les citer toutes, y compris des constructeurs en Chine et en Inde. Je possède une voiture électrique et j'en suis ravi.

Jusqu'à présent, les véhicules électriques ont toujours été beaucoup plus chers que leurs équivalents conventionnels, et c'est d'ailleurs encore le cas, mais la différence s'est considérablement réduite ces dernières années. Cela s'explique surtout par la baisse importante du prix des batteries – une dégringolade de 87 % par rapport à 2010 –, ainsi que par divers avantages fiscaux et la volonté des gouvernements de mettre davantage de voitures zéro émission en circulation. Malgré tout, les véhicules électriques s'accompagnent encore d'une modeste Green Premium.

Prenons par exemple ces deux modèles de Chevrolet : la Malibu à essence et la Bolt EV 100 % électrique.

Pour ce qui est de la puissance du moteur, de l'espace pour les passagers et autres caractéristiques, tout est à peu près comparable. La Bolt coûte 8 100 dollars de plus (hors déduction des avantages fiscaux qui pourraient la rendre moins chère), mais le prix d'achat d'une voiture ne suffit pas à calculer

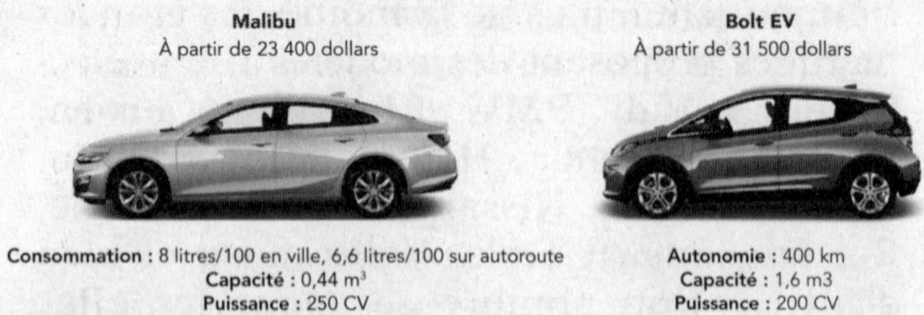

Duel de Chevrolet. La Malibu à essence et la Bolt EV 100 % électrique[1]. (Chevrolet)

la Green Premium. Ce qui importe, ce n'est pas seulement le coût de la voiture à l'achat, mais le coût total que représentent son achat et son *utilisation*. Il faut prendre en compte le fait que les véhicules électriques nécessitent moins d'entretien, par exemple, et qu'ils fonctionnent à l'électricité plutôt qu'à l'essence. Dans le même temps, les véhicules électriques étant plus chers, ils vous coûteront également plus en assurance.

Quand on prend toutes ces différences en considération et que l'on étudie le coût total pour le propriétaire, la Bolt reviendra à 6,25 centimes de plus par kilomètre parcouru que la Malibu[2]. Que représente ce chiffre ? Si vous parcourez 7 500 kilomètres par an,

1. Les modèles sont de 2022. Source : www.chevrolet.com.
2. Le calcul de ce prix au litre part du principe que l'acheteur dépense une somme moyenne pour sa voiture, qu'il en reste propriétaire pendant sept ans et qu'il roule en moyenne 19 200 kilomètres par an. Source : Rhodium Group

c'est un surcoût de 1 200 dollars – ce n'est pas négligeable, mais cela reste suffisamment raisonnable pour que de nombreux clients envisagent sérieusement de se procurer un véhicule électrique.

On ne parle là que d'une moyenne nationale aux États-Unis. La Green Premium sera différente dans d'autres pays – le facteur essentiel étant l'écart entre le coût de l'électricité et celui de l'essence. (Une électricité meilleur marché ou une essence plus chère feront baisser la Green Premium.) Dans certaines régions d'Europe, le prix de l'essence est si élevé que la Green Premium pour les véhicules électriques a déjà atteint zéro. Même aux États-Unis, le prix des batteries ne cessant de baisser, je prédis que la Green Premium sera de zéro pour la plupart des voitures d'ici 2030.

Ce sont d'excellentes nouvelles, et plus les voitures électriques deviendront abordables, plus nous en verrons sur les routes. (Je reviendrai sur les moyens que nous avons d'y parvenir à la fin de ce chapitre.) Mais même en 2030, les véhicules électriques présenteront des inconvénients par rapport aux voitures à essence.

Pour commencer, le prix de l'essence est extrêmement variable, et les véhicules électriques ne sont moins coûteux que si le prix de l'essence se situe au-dessus d'un certain niveau. En mai 2020, le prix moyen de l'essence aux États-Unis avait chuté à 0,46 dollar le litre. Quand l'essence est aussi bon marché, les voitures électriques ne peuvent pas concurrencer les autres – les batteries sont tout simplement trop chères. Compte tenu du prix des batteries actuelles, les propriétaires de voitures électriques n'économisent de l'argent que si l'essence coûte plus de 0,79 dollar le litre.

Ensuite, il faut au moins une heure pour recharger complètement un véhicule électrique, alors que faire un plein d'essence vous prend moins de cinq minutes. Les véhicules électriques se heurtent en outre à un autre obstacle. Ils ne permettent d'éviter les émissions que si nous produisons de l'électricité à partir de sources zéro carbone. Les découvertes que j'ai mentionnées au chapitre 4 sont donc importantes : si notre électricité provient du charbon, et que nous nous en servons pour charger nos voitures électriques, nous ne faisons qu'échanger un carburant fossile contre un autre.

De plus, il va falloir du temps avant que nos voitures à essence aient toutes disparu des routes. En moyenne, une fois sortie de la chaîne de montage, une voiture a une durée de vie de treize ans avant de finir à la casse. Ce long cycle de vie signifie que si nous voulons que toutes les voitures privées en Amérique fonctionnent à l'électricité d'ici 2050, les véhicules électriques devront représenter près de 100 % des ventes du secteur automobile au cours des quinze prochaines années. Aujourd'hui, elles n'en représentent qu'environ 3 %.

Comme je l'ai dit, une autre façon d'atteindre le zéro est de passer à des carburants liquides alternatifs qui utilisent le carbone déjà présent dans l'atmosphère. Quand vous consommez ces carburants, vous n'injectez pas davantage de carbone dans l'air, vous ne faites que remettre le carbone où il était quand le carburant a été fabriqué.

Les mots « carburants alternatifs » vous font peut-être penser à l'éthanol, un biocarburant généralement fait à base de maïs, de canne à sucre ou de sucre de betterave. Si vous vivez aux États-Unis, il est fort possible que votre voiture fonctionne déjà en partie grâce à ce biocarburant. Une grande quantité de l'essence vendue en Amérique contient 10 % d'éthanol, pour l'essentiel tiré du maïs. Au Brésil, des voitures fonctionnent à 100 % à l'éthanol, tiré de la canne à sucre. Rares sont les autres pays qui en utilisent.

L'ennui étant que l'éthanol à base de maïs n'est pas zéro carbone, et selon le procédé de fabrication, il peut même en produire une grande quantité. Les récoltes nécessitent de l'engrais. Le processus de raffinerie, durant lequel les plantes sont transformées en carburant, produit également des émissions. Et la culture des végétaux destinés à cet usage occupe des terres qui serviraient sinon à l'alimentation – ce qui peut contraindre des agriculteurs à abattre des forêts pour les récoltes alimentaires.

Les carburants alternatifs ne sont pas pour autant une cause perdue. Ce sont des biocarburants avancés, de deuxième génération, qui ne présentent pas les problèmes des biocarburants conventionnels. On peut les fabriquer à partir de plantes autres qu'alimentaires – à moins que vous ne soyez un grand amateur de salade de panic érigé – ou à partir de déchets agricoles (comme les tiges de maïs), de sous-produits liés à la fabrication du papier, et même à partir de déchets alimentaires et de résidus de jardin. Comme il ne s'agit pas de récoltes alimentaires, peu d'engrais sont nécessaires, voire aucun, et il n'est pas nécessaire de les faire pousser sur des terres cultivables que l'on pourrait autrement consacrer à des cultures alimentaires pour les populations et les animaux.

Certains biocarburants avancés pourront servir de carburants « drop-in », comme les nomment les spécialistes – des carburants que l'on peut « injecter » [de *drop in*, littéralement, « jeter à l'intérieur »] dans un moteur conventionnel sans avoir à le modifier. Autre avantage : nous pouvons les transporter à l'aide de pétroliers, d'oléoducs et d'autres infrastructures dont la construction et l'entretien nous ont déjà coûté des milliards.

Je suis optimiste sur cette question, mais il reste beaucoup à faire. J'ai personnellement vécu une expérience qui montre à quel point il est difficile de réaliser des percées dans ce domaine. Il y a quelques années, j'ai entendu parler d'une entreprise américaine qui avait déposé le brevet d'un procédé de conversion de biomasse (par exemple les arbres) en carburant. Je suis allé visiter leur usine et j'ai été impressionné par ce que j'y ai vu. Puis, à l'issue d'un audit préalable, j'ai investi 50 millions de dollars dans l'entreprise. Mais la technologie ne fonctionnait tout simplement pas assez bien – pour diverses raisons d'ordre technique, l'usine n'était pas capable de produire le volume nécessaire pour être à l'équilibre –, et l'installation que j'avais visitée a fini par fermer. Une impasse à 50 millions de dollars, mais je ne le regrette pas. Il faut explorer toutes sortes d'idées, même en sachant que beaucoup d'entre elles sont vouées à l'échec.

Malheureusement, la recherche sur les biocarburants continue d'être insuffisamment financée, et ils ne sont pas encore prêts à être distribués à l'échelle nécessaire pour décarboner nos transports. Par conséquent, il serait extrêmement coûteux de nous en servir pour remplacer l'essence. Les spécialistes débattent de leur coût exact, ainsi que de celui d'autres carburants propres, et les évaluations disponibles varient considérablement, aussi vais-je citer des coûts moyens provenant de plusieurs études différentes.

Type de carburant	Prix de vente au litre	Option zéro carbone au litre	Green Premium
Essence	0,64 dollar	1,32 dollar (biocarburants avancés)	**106 %**

Note : les prix de vente dans ce tableau et les suivants correspondent à la moyenne aux États-Unis de 2015 à 2018. Le prix des options zéro carbone correspond aux estimations actuelles.

Green Premium pour le remplacement de l'essence par des biocarburants avancés[1]

1. Source : Rhodium Group, Evolved Energy Research, IRENA, et Angora Energiewende. Le prix de vente au

Les biocarburants tirent leur énergie des végétaux, mais ce n'est pas la seule façon de produire des carburants alternatifs. Nous pouvons également utiliser de l'électricité zéro carbone pour combiner l'hydrogène de l'eau et le carbone du dioxyde de carbone, ce qui donne des hydrocarbures. Puisque le procédé requiert de l'électricité, on parle aussi parfois d'e-carburants, et ils présentent nombre d'avantages.

Mais les e-carburants ont un défaut : ils coûtent très cher. Il faut de l'hydrogène pour les fabriquer, et comme je l'ai expliqué au chapitre 4, la production d'hydrogène sans émission de carbone est extrêmement onéreuse. De plus, il faut les fabriquer en utilisant de l'électricité propre – sinon, à quoi bon ? – et notre réseau ne dispose pas encore d'assez d'électricité propre et bon marché pour que nous puissions nous en servir à cette fin. D'où une Green Premium élevée pour les e-carburants.

Type de carburant	Prix de vente au litre	Option zéro carbone au litre	Green Premium
Essence	2,43 dollars	5,00 dollars (biocarburants avancés)	106 %
Essence	2,43 dollars	8,20 dollars (e-carburants)	237 %

Green Premium pour le remplacement de l'essence par des solutions zéro carbone[1]

litre correspond à la moyenne aux États-Unis de 2015 à 2018. Le prix de l'option zéro carbone correspond aux estimations actuelles.

1. *Idem*

Quelles seraient les conséquences de ce remplacement pour une famille moyenne ? Aux États-Unis, un foyer moyen consacre environ 2 000 dollars par an à l'essence[1]. Par conséquent, si le prix double, cela représente une hausse de 2 000 dollars, et s'il triple, de 4 000 dollars pour chaque voiture qui circule en Amérique.

Bennes à ordures, bus et semi-remorques. Malheureusement, quand il est question de bus et de semi-remorques qui roulent sur de longues distances, les batteries sont une solution moins pratique. Plus le véhicule est grand, plus vous avez besoin de le conduire sans le recharger, et plus il sera difficile d'avoir recours à l'électricité pour faire fonctionner votre moteur. Cela s'explique par le fait que les batteries sont lourdes, qu'elles ne peuvent stocker qu'une quantité limitée d'énergie et qu'elles ne peuvent fournir qu'un certain volume d'énergie au moteur en une fois. (Il faut un moteur plus puissant – et doté de plus de batteries – pour un poids lourd que pour une camionnette.)

Les utilitaires de taille moyenne, comme les bennes à ordures et les bus urbains, sont en général assez légers pour qu'il soit rentable de les équiper de moteurs électriques. Ils ont également l'avantage de parcourir des trajets relativement courts et de se garer chaque soir au même endroit, aussi est-il facile de mettre

1. Source : U.S. Energy Information Administration, www.eia gov

en place des bornes de recharge pour eux. En Chine, la ville de Shenzhen, qui compte douze millions d'habitants, a électrifié l'intégralité de son parc de plus de 16 000 bus et près des deux tiers de ses taxis[1]. Compte tenu de la quantité de bus électriques vendus en Chine, je pense que leur Green Premium atteindra le zéro d'ici une dizaine d'années, ce qui veut dire que la plupart des villes du monde seront capables de modifier leurs parcs.

Mais si vous souhaitez accroître les distances et la puissance – par exemple, si vous voulez transporter du fret à travers le pays à bord d'un semi-remorque, plutôt que des élèves dans un bus qui circule dans le quartier –, il va vous falloir plus de batteries. Et plus vous ajouterez de batteries, plus vous augmenterez le poids. Et de *beaucoup*.

Au kilo près, la meilleure batterie ion-lithium disponible actuellement fournit neuf fois moins d'énergie que l'essence. Autrement dit, pour obtenir la même quantité d'énergie qu'un litre d'essence, vous aurez besoin de batteries qui pèsent neuf fois plus que l'essence.

En termes pratiques, voilà ce que cela signifie. Selon une étude réalisée en 2017 par deux ingénieurs mécaniciens de la Carnegie Mellon University, un poids lourd électrique capable de parcourir 960 kilomètres sur une seule charge nécessiterait tant de batteries qu'il devrait transporter 25 % de cargaison

1. Michael J. Coren, « Buses with Batteries », *Quartz*, 2 janvier 2018, www.qz.com

en moins[1]. Et il est hors de question d'envisager un camion ayant une autonomie de 1 440 kilomètres. Il lui faudrait tant de batteries que c'est à peine s'il pourrait embarquer une cargaison.

En Chine, la ville de Shenzhen a électrifié son parc de 16 000 bus.

Gardez à l'esprit qu'un camion classique qui roule au diesel peut couvrir plus de 1 600 kilomètres sans faire le plein. Par conséquent, pour électrifier le parc de camions aux États-Unis, les sociétés de fret devraient passer à des véhicules qui transporteraient moins de cargaison, impliqueraient de s'arrêter plus souvent pour les recharger, ce qui prendrait des

1. Shashank Sripad et Venkatasubramanian Viswanathan, « Performance Metrics Required of Next-Generation Batteries to Make a Practical Electric Semi Truck », *ACS Energy Letters*, 27 juin 2017, pubs.acs.org

heures, et de parcourir de longues distances sur des autoroutes dépourvues de bornes de recharge. Ce n'est pas pour demain. Si l'électricité est une bonne solution quand il s'agit de couvrir des distances modestes, elle est inadaptée aux poids lourds qui effectuent de longs trajets.

Puisque nous ne sommes pas en mesure d'électrifier nos poids lourds, la seule solution accessible de nos jours, ce sont les e-carburants et les biocarburants avancés. Malheureusement, eux aussi s'accompagnent de Green Premiums considérables. Intégrons-les à notre tableau :

Type de carburant	Prix de vente au litre	Option zéro carbone au litre	Green Premium
Diesel	2,71 dollars	5,50 dollars (biocarburants avancés)	103 %
Diesel	2,71 dollars	9,05 dollars (e-carburants)	234 %

Green Premium pour le remplacement du diesel par des solutions zéro carbone[1]

Bateaux et avions. J'ai récemment eu une conversation avec mon ami Warren Buffett sur les moyens de décarboner les avions. « Pourquoi ne pourrait-on pas faire voler un jumbo-jet avec des batteries ? » m'a demandé

1. Source : Rhodium Group, Evolved Energy Research, IRENA, et Angora Energiewende. Le prix de vente au litre correspond à la moyenne aux États-Unis de 2015 à 2018. Le prix de l'option zéro carbone correspond aux estimations actuelles.

Warren. Il savait déjà qu'au décollage, le carburant qu'emporte un avion à réaction représente entre 20 et 40 % de son poids. Aussi a-t-il aussitôt compris quand je lui ai fait part de cette réalité étonnante, à savoir qu'il faut des batteries qui pèsent neuf fois plus que la quantité de kérosène nécessaire pour obtenir la même énergie. Plus vous aurez besoin d'énergie, plus votre avion pèsera lourd. Au point qu'il finira par être si lourd qu'il ne pourra même plus décoller. Warren s'est contenté de sourire en hochant la tête.

Quand on essaie de propulser quelque chose d'aussi lourd qu'un porte-conteneurs ou un avion de ligne, la règle empirique que j'ai évoquée plus tôt devient une loi : *plus le véhicule que vous souhaitez propulser est grand, plus vous voulez le conduire sans le recharger, et plus il sera difficile d'avoir recours à l'électricité pour faire fonctionner votre moteur*. À moins d'une découverte qui paraît peu probable, jamais les batteries ne seront assez légères ni assez puissantes pour déplacer des avions et des bateaux autrement que sur de courtes distances.

Considérons le dernier cri de la technologie actuelle. Le meilleur avion 100 % électrique sur le marché peut emporter deux passagers, à une vitesse de pointe de 336 kilomètres à l'heure, et il a une autonomie de trois heures[1].

---

1. La vitesse en vol s'exprime d'ordinaire en nœuds, mais la plupart des gens (dont je fais partie) ne savent pas vraiment ce qu'est un nœud. Du reste, le nœud

Dans le même temps, un avion de ligne moyen comme le Boeing 787 peut transporter 296 passagers, atteindre les 1 040 kilomètres à l'heure et voler pendant près de vingt heures avant de devoir se poser pour faire le plein[1]. Autrement dit, un avion de ligne propulsé au carburant fossile peut voler plus de 3 fois plus vite, 6 fois plus longtemps tout en emportant près de 150 fois plus de gens que le meilleur avion électrique sur le marché.

Les batteries se perfectionnent, mais on voit mal comment elles pourront jamais combler ce fossé. Avec de la chance, peut-être deviendront-elles trois fois plus denses en énergie qu'aujourd'hui, ce qui serait toujours douze fois moins que l'essence ou le kérosène. Le mieux serait encore de remplacer le kérosène par des e-carburants et des biocarburants avancés, mais voyez la Green Premium que cela implique :

Type de carburant	Prix de vente au litre	Option zéro carbone au litre	Green Premium
Kérosène	2,22 dollars	5,35 dollars (biocarburants avancés)	141 %
Kérosène	2,22 dollars	8,80 dollars (e-carburants)	296 %

Green Premium pour le remplacement du kérosène par des solutions zéro carbone[2]

(1,85 kilomètre à l'heure) est assez proche du mile (1,6 kilomètre) par heure.

1. Source : Boeing, www.boeing.com

2. Source : Rhodium Group, Evolved Energy Research, IRENA, et Angora Energiewende. Le prix de vente au litre correspond à la moyenne aux États-Unis de 2015

Il en va de même des navires de transport. Les meilleurs porte-conteneurs conventionnels peuvent emporter 200 fois plus de cargaison que les deux bâtiments électriques actuellement en opération, et ils peuvent parcourir des distances 400 fois plus longues[1]. Ce sont d'immenses avantages pour des navires appelés à traverser les océans.

Sachant à quel point les cargos sont devenus importants pour l'économie, je ne pense pas qu'il soit un jour financièrement viable de les propulser à l'aide de carburants autres que liquides. Si nous adoptions d'autres solutions, cela aurait un impact extrêmement positif. Les transports maritimes représentant à eux seuls 3 % de toutes les émissions, le recours à des carburants propres entraînerait une réduction nette de la production de carbone. Malheureusement, le carburant qu'utilisent les porte-conteneurs – que l'on appelle le « fioul soute » – est terriblement bon marché, car il est fabriqué à partir des déchets du processus de raffinage du pétrole. Puisque le carburant actuel est si peu cher, la Green Premium est excessivement élevée pour les bateaux :

à 2018. Le prix de l'option zéro carbone correspond aux estimations actuelles.

1. Kyree Leary, « China Has Launched the World's First All-Electric Cargo Ship », *Futurism*, 5 décembre 2017, futurism.com ; « MSC Receives World's Largest Container Ship MSC Gulsun from SHI », *Ship Technology*, 9 juillet 2019, www.ship-technology.com.

Type de carburant	Prix de vente au litre	Option zéro carbone au litre	Green Premium
Fioul soute	1,29 dollar	5,50 dollars (biocarburants avancés)	326 %
Fioul soute	1,29 dollar	9,05 dollars (e-carburants)	601 %

Green Premium pour le remplacement du fioul soute par des solutions zéro carbone[1]

En résumé, voici ci-après toutes les Green Premiums de ce chapitre :

Type de carburant	Prix de vente au litre	Option zéro carbone au litre	Green Premium
Essence	2,43 dollars	5,00 dollars (biocarburants avancés)	106 %
Essence	2,43 dollars	8,20 dollars (e-carburants)	237 %
Diesel	2,71 dollars	5,50 dollars (biocarburants avancés)	103 %
Diesel	2,71 dollars	9,05 dollars (e-carburants)	234 %
Kérosène	2,22 dollars	5,35 dollars (biocarburants avancés)	141 %
Kérosène	2,22 dollars	8,80 dollars (e-carburants)	296 %
Fioul soute	1,29 dollar	5,50 dollars (biocarburants avancés)	326 %
Fioul soute	1,29 dollar	9,05 dollars (e-carburants)	601 %

Green Premium pour le remplacement des carburants actuels par des solutions zéro carbone[2]

1. Source : Rhodium Group, Evolved Energy Research, IRENA et Angora Energiewende. Le prix de vente au litre correspond à la moyenne aux États-Unis de 2015 à 2018. Le prix de l'option zéro carbone correspond aux estimations actuelles.
2. *Idem*

La plupart des gens seraient-ils prêts à accepter ces prix ? Rien n'est moins sûr. Rappelons que la dernière fois que le gouvernement des États-Unis a augmenté la taxe fédérale sur l'essence – ou imposé une hausse quelle qu'elle soit – remonte à plus d'un quart de siècle, en 1993. Je ne pense pas que les Américains se réjouissent à l'idée de payer leur essence plus cher.

Il y a quatre façons de réduire les émissions liées aux transports. La première consiste à moins se déplacer – sur les routes, dans les airs, sur les mers. Nous devrions encourager d'autres solutions alternatives, comme la marche, le vélo, le covoiturage, et il est merveilleux que dans certaines villes, l'urbanisme soit désormais conçu précisément dans cette optique.

Une autre façon de réduire les émissions serait, pour commencer, d'utiliser moins de matériaux qui sont sources de carbone dans la construction automobile – même si cela n'aurait aucun impact sur les émissions dues au carburant que nous avons abordées ici. Comme je l'ai mentionné au chapitre 5, toutes les voitures se composent de matériaux comme l'acier et le plastique, impossibles à produire sans émissions de gaz à effet de serre. Moins nous en aurons besoin pour nos voitures, plus l'empreinte carbone de ces dernières sera limitée.

La troisième façon de réduire les émissions est d'utiliser plus efficacement nos carburants. C'est un sujet qui suscite un grand intérêt de la part des législateurs et de la presse, ne serait-ce que parce qu'il touche les véhicules privés et les camions. La plupart des grandes économies imposent des normes d'efficacité énergétique à ces véhicules, qui ont joué un rôle non négligeable en contraignant les constructeurs à financer le développement de moteurs plus efficaces.

Mais ces normes ne vont pas assez loin. Par exemple, on évoque la possibilité de normes comparables pour la navigation internationale et l'aviation, mais elles sont pour ainsi dire inapplicables. De quelle juridiction nationale dépendraient les émissions de carbone d'un porte-conteneurs en plein milieu de l'océan Atlantique ?

De plus, si la construction et l'utilisation de véhicules plus efficaces constituent des étapes majeures, elles ne peuvent pas nous mener au zéro carbone. Vous consommerez peut-être moins d'essence, mais vous en consommerez quand même.

Ce qui m'amène à la quatrième façon dont nous pourrions avancer sur la voie de zéro émission dans les transports – et la plus efficace : le passage aux véhicules électriques et aux carburants alternatifs. Comme je l'ai démontré dans ce chapitre, ces deux options s'accompagnent d'une Green Premium de forme variable. Voyons comment la réduire.

Comment faire baisser la Green Premium

Pour les voitures privées, la Green Premium est en phase de diminution, et elle finira par être inexistante. Certes, avec le remplacement des véhicules actuels par des voitures électriques à plus grande autonomie, le revenu des taxes sur le carburant chutera, ce qui pourrait entraîner une baisse du financement de la construction et de l'entretien des routes. Les États peuvent compenser cette perte de revenus en imposant aux propriétaires de véhicules électriques une redevance supplémentaire au moment de renouveler leurs plaques d'immatriculation – au moment où j'écris ces lignes, c'est déjà le cas dans dix-neuf États –, mais cela signifie qu'il faudra un ou deux ans de plus avant que les véhicules électriques ne soient aussi bon marché que les voitures à essence.

Un autre obstacle se dresse sur la route des véhicules électriques : la passion de l'Amérique pour les gros pick-up gourmands en essence. En 2021, nous avons acheté plus de 3 millions de voitures et 12 millions de pick-up et de 4 × 4. Seulement 3 % de ces engins ne roulent pas à l'essence.

Pour inverser la tendance, nous aurons besoin que les politiques gouvernementales fassent preuve d'inventivité. Nous pouvons accélérer la transition en adoptant des politiques qui encourageront les gens à acheter des véhicules électriques et en rendant leur usage plus commode par la mise en place d'un réseau de bornes de recharge. Un engagement en ce sens à l'échelle de tout le pays pourra faciliter le rechargement des véhicules tout en réduisant leur coût. La Chine, l'Inde et plusieurs pays d'Europe se sont fixé des objectifs qui visent à supprimer les véhicules à carburant fossile – principalement les voitures privées – dans les prochaines décennies. La Californie s'est engagée à n'acheter que des bus électriques à compter de 2029 et à interdire la vente de voitures à essence d'ici 2035.

Ensuite, pour propulser tous ces véhicules électriques que nous espérons voir sur nos routes, il nous faudra beaucoup d'électricité propre – raison supplémentaire pour mettre en place des sources renouvelables et approfondir les découvertes réalisées dans le domaine de la production et du stockage mentionnées au chapitre 4.

Nous devrions également explorer la possibilité de construire des porte-conteneurs nucléaires. Ce qui comporte incontestablement des risques (par exemple, il faut être sûr que le combustible nucléaire ne fuira pas si le navire sombre), mais une grande partie des défis techniques ont déjà été surmontés. Après tout, il existe des sous-marins et des porte-avions à propulsion nucléaire.

Enfin, nous devons faire tout notre possible pour étudier les moyens de produire des biocarburants avancés et des e-carburants bon marché. Entreprises et chercheurs s'intéressent à diverses solutions – entre autres, de nouvelles façons de fabriquer de l'hydrogène à l'aide d'électricité ou d'énergie solaire, ou en faisant appel à des microbes qui le produisent naturellement. Plus nous poursuivrons nos recherches, plus nos chances de réussir augmenteront.

Il est rare qu'un sujet aussi complexe ait une solution qui puisse se résumer en une seule phrase. Mais en ce qui concerne les transports, l'avenir zéro carbone passe fondamentalement par ce qui suit : nous devons utiliser l'électricité pour propulser autant de véhicules que possible, et approvisionner le reste en carburants alternatifs bon marché.

Dans le premier groupe se trouvent les véhicules privés, les pick-up, les utilitaires de taille moyenne et les bus. Le second englobe les poids lourds, les trains, les avions et les porte-conteneurs. Pour ce qui est du coût, une voiture électrique ne reviendra bientôt pas plus cher qu'une voiture à essence, et c'est formidable. Mais les carburants alternatifs sont encore très onéreux, ce qui n'est pas une bonne nouvelle. Nous avons besoin d'innover pour en faire baisser les prix.

Ce chapitre a traité du transport des personnes et des marchandises. Parlons maintenant des lieux où nous évoluons – nos maisons, nos bureaux, nos écoles – et de ce qu'il faut faire pour qu'ils restent vivables dans un monde plus chaud.

CHAPITRE 8

LE CHAUFFAGE ET LA CLIMATISATION

7 % des 52 milliards de tonnes par an

Jamais je n'aurais cru en venir un jour à apprécier la malaria. Elle tue 400 000 personnes par an, des enfants pour la plupart, et la Fondation Gates contribue aux efforts entrepris partout dans le monde pour l'éradiquer. J'ai donc été surpris d'apprendre, il y a quelque temps, que la malaria avait quand même un aspect positif : c'est en partie grâce à elle que l'on a développé la climatisation.

Depuis des millénaires, l'homme lutte contre la chaleur. Dans l'Antiquité, en Perse, les édifices étaient équipés de *bâdgir*, littéralement des « attrape-vent », qui permettaient à l'air de circuler et de rafraîchir les lieux[1]. Mais

1. A. A'zami, « Badgir in Traditional Iranian Architecture », Passive and Low Energy Cooling for the Built Environment conference, Santorin, Grèce, mai 2005

la première machine capable de produire de l'air froid a été conçue dans les années 1840 par John Gorrie, un médecin de Floride qui pensait que des températures plus fraîches aideraient ses patients à guérir de la malaria[1].

À l'époque, on considérait généralement que la malaria n'était pas causée par un parasite, comme nous le savons aujourd'hui, mais par de l'air toxique (d'où son nom, *mal'aria*, « mauvais air » [en italien]). Gorrie mit au point un dispositif qui rafraîchissait son infirmerie en faisant passer de l'air sur un gros bloc de glace suspendu au plafond. Mais la machine consommait rapidement la glace, laquelle était une denrée onéreuse car il fallait la faire venir du Nord, aussi Gorrie inventa-t-il un système pour en fabriquer lui-même. Il finit par faire breveter sa machine à réfrigérer et abandonna la médecine pour tenter de commercialiser son invention. Malheureusement, ses projets échouèrent. Après avoir essuyé revers sur revers, Gorrie mourut dans la misère en 1855.

Son idée, elle, a continué sa route. C'est en 1902 qu'une nouvelle percée a été réalisée dans le domaine de la climatisation. Un ingénieur du nom de Willis Carrier avait été envoyé par son employeur chez un imprimeur pour trouver un moyen d'empêcher que les pages des revues ne sortent plissées des

1. U.S. Department of Energy, « History of Air Conditioning », www.energy.gov. Voir également « The Invention of Air Conditioning », *Panama City Living*, 13 mars 2014, www.panamacityliving.com.

presses. Carrier comprit que ces plis étaient causés par une forte humidité. Il conçut alors une machine qui réduisait le taux d'hygrométrie tout en faisant baisser la température de la pièce. Il ne le savait pas encore, mais il venait de donner naissance à l'industrie de la climatisation.

À peine plus d'un siècle après l'installation du premier climatiseur dans une résidence privée, 90 % des foyers américains en sont aujourd'hui équipés[1]. Si jamais vous avez eu le plaisir d'assister à un match ou un concert dans un stade couvert, vous pouvez remercier la climatisation. Et sans elle, on voit mal comment des États comme la Floride et l'Arizona pourraient attirer les retraités de nos jours.

La climatisation n'est plus seulement un luxe qui rend supportables les jours d'été ; l'économie contemporaine dépend d'elle. Pour ne citer qu'un exemple, les salles de serveurs où sont stockés des milliers d'ordinateurs grâce auxquels l'informatique moderne progresse (y compris ceux des services de cloud où vous conservez de la musique et des photos) produisent d'énormes quantités de chaleur. S'ils ne restaient pas au frais, les serveurs fondraient.

Si vous habitez dans un foyer américain typique, votre climatiseur est le plus gros consommateur d'électricité en votre possession

1. Source : Agence internationale de l'énergie, « The Future of Cooling », www.iea.org

– il consomme plus que votre éclairage, votre réfrigérateur et votre ordinateur réunis[1]. J'ai calculé les émissions dues à l'électricité au chapitre 4, mais je les mentionne de nouveau ici, parce que la climatisation des locaux est une source importante d'émissions et qu'elle continuera de l'être. Par ailleurs, si les climatiseurs utilisent le plus d'*électricité* dans les entreprises et les foyers américains, ils n'en sont pas les plus gros consommateurs d'*énergie*. Cet honneur revient à nos chaudières et nos chauffe-eau. (C'est également le cas en Europe et dans d'autres régions du monde.) J'aborderai le chauffage de l'air et de l'eau dans la partie suivante.

Les Américains ne sont pas les seuls à aimer l'air frais – et à en avoir besoin. Sur toute la planète, on recense 1,6 milliard de climatiseurs, mais ils ne sont pas répartis équitablement. Dans les pays riches comme les États-Unis, plus de 90 % des foyers en sont dotés, contre 10 % dans les pays les plus chauds du monde[2].

---

1. L'électricité représente 99 % de l'énergie utilisée pour climatiser des locaux dans le monde entier. L'essentiel des 1 % restants provient de refroidisseurs au gaz naturel pour la climatisation. Les systèmes de climatisation alimentés au gaz naturel sont disponibles pour des foyers individuels, mais ils constituent un pourcentage si infime du marché que l'Agence américaine d'information sur l'énergie ne la prend même pas en compte.
2. Source : données de IEA (2018), *The Future of Cooling*, IEA (2018), www.iea.org/statistics. Tous droits réservés ; adapté par Gates Ventures, LLC.

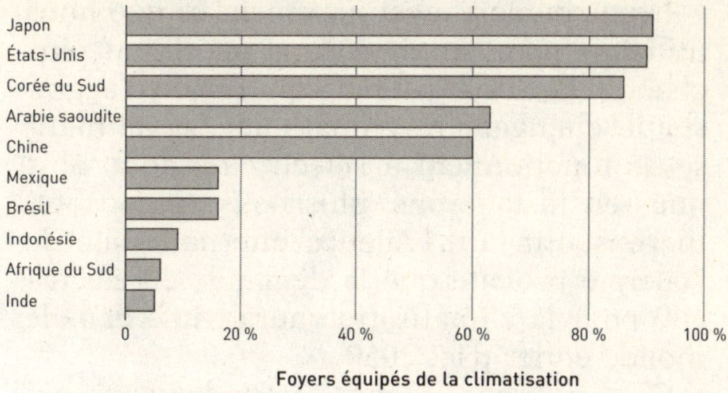

La climatisation est en marche. Dans certains pays, la plupart des foyers ont la climatisation, alors qu'elle est beaucoup moins courante dans d'autres. Dans les décennies à venir, les pays en bas de ce graphique vont à la fois se réchauffer et devenir plus riches, ce qui signifie qu'ils vont acheter et utiliser davantage de climatiseurs. (AIE)

Par conséquent, plus la population mondiale va augmenter et s'enrichir, plus les vagues de chaleur vont se répéter et se durcir, et plus le nombre de climatiseurs ira croissant. Entre 2007 et 2017, la Chine en a installé 350 millions de plus. Elle est aujourd'hui le plus grand marché pour la climatisation. Partout dans le monde, durant la seule année 2018, les ventes ont augmenté de 15 %, cette croissance ayant surtout eu lieu dans quatre pays où les températures peuvent être particulièrement élevées : le Brésil, l'Inde, l'Indonésie et le Mexique[1]. D'ici 2050, on comptera plus de 5 milliards de climatiseurs.

1. *Idem*

Ironie du sort, c'est justement ce que nous utilisons pour survivre dans un climat plus chaud – la climatisation – qui risque d'aggraver le changement climatique. Les climatiseurs fonctionnent à l'électricité, donc plus nous en installerons, plus nous en consommerons. En fait, l'Agence internationale de l'énergie projette que la demande en électricité pour la climatisation aura triplé dans le monde entier d'ici 2050.

C'est une bonne chose pour les gens qui subissent des vagues de chaleur, mais c'est néfaste pour le climat, parce que dans la plupart des régions du monde, la production d'électricité reste une activité qui émet de grandes quantités de carbone. C'est pourquoi l'électricité utilisée dans les bâtiments – pour la climatisation ainsi que pour l'éclairage, les ordinateurs et autres – est responsable de près de 14 % de tous les gaz à effet de serre.

La climatisation dépend tellement de l'électricité qu'il est facile de calculer la Green Premium de l'air frais. Pour décarboner nos climatiseurs, nous devrons décarboner nos réseaux électriques. Encore une raison de plus pour trouver de nouveaux moyens de produire et stocker l'électricité, comme ceux décrits au chapitre 4. Les émissions ne cesseront sinon pas d'augmenter, et nous nous retrouverons pris au piège d'un cercle vicieux, rafraîchissant nos maisons et nos bureaux tout en réchauffant progressivement le climat.

Heureusement, nous ne sommes pas obligés d'attendre ces découvertes. Nous pouvons agir dès à présent pour réduire la quantité d'électricité nécessaire à la climatisation, et par conséquent diminuer les émissions qu'elle engendre. Et ce, sans avoir à surmonter d'obstacle technologique. La plupart des gens n'achètent pas les climatiseurs les plus économes disponibles sur le marché. D'après l'AIE, les climatiseurs les plus courants aujourd'hui sont moitié moins efficaces que d'autres, pourtant tout aussi accessibles, et les meilleurs modèles sont même trois fois plus efficaces.

Cela s'explique avant tout par le fait que les consommateurs n'ont pas les informations nécessaires quand ils choisissent un climatiseur. Par exemple, un appareil moins efficace sera peut-être moins onéreux à l'achat, mais à terme, il reviendra plus cher, car il utilisera davantage d'électricité. Mais si les caractéristiques des climatiseurs ne sont pas indiquées clairement, il n'y a sans doute aucun moyen de le savoir au moment de l'achat. (Ces indications sont obligatoires aux États-Unis, mais pas dans le reste du monde.) De plus, tous les pays n'imposent pas de normes d'efficacité aux systèmes de climatisation. L'AIE estime qu'il suffirait de mettre en place des politiques allant en ce sens pour que l'efficacité moyenne des climatiseurs soit multipliée par deux dans le monde, ce qui diminuerait de 45 % la hausse de la demande en énergie requise par la climatisation d'ici 2050.

Hélas, la consommation d'électricité n'est qu'une partie du problème que posent les climatiseurs. Ils contiennent également des réfrigérants – que l'on appelle des « gaz-F » parce qu'ils recèlent de la fluorine – qui fuient petit à petit au fil du temps, alors que l'appareil vieillit et tombe en panne, ce que vous avez sans doute remarqué si jamais vous avez été amené à remplacer le réfrigérant du climatiseur de votre voiture. Les gaz-F contribuent énormément au changement climatique : en un siècle, ils causent des milliers de fois plus de réchauffement que la quantité équivalente de dioxyde de carbone. Si l'on entend rarement parler d'eux, c'est parce qu'ils ne représentent pas un pourcentage important des gaz à effet de serre. Aux États-Unis, leur part se monte à environ 3 % des émissions[1].

Le rôle des gaz-F n'en a pas moins attiré l'attention. En 2016, les délégués de 197 pays se sont engagés à réduire la production et l'utilisation de certains gaz-F de plus de 80 % d'ici 2045 – une promesse rendue possible par le fait que plusieurs entreprises travaillent au développement de nouvelles approches de la climatisation qui remplacent les gaz-F par des réfrigérants moins nocifs. Ces idées en sont encore au stade embryonnaire et il est beaucoup trop tôt pour en évaluer le coût, mais c'est bien de ce genre d'innovations que nous aurons besoin pour nous rafraîchir sans pour autant réchauffer la planète.

---

1. Source : U.S. Environmental Protection Administration, www.epa.gov

Il peut paraître curieux de parler du chauffage dans un livre qui traite du réchauffement. Pourquoi monter le thermostat s'il fait déjà chaud dehors ? D'une part, quand nous parlons de chaleur, il ne s'agit pas seulement du réchauffement de l'air. Nous devons aussi chauffer de l'eau pour tout, des douches que nous prenons aux lave-vaisselle que nous utilisons, sans parler des procédés industriels. D'autre part, et c'est plus important, l'hiver ne va pas disparaître. Même si la température globale augmente, il y aura encore bien des régions dans le monde qui connaîtront le gel et la neige. Et les hivers sont particulièrement durs pour quiconque dépend des énergies renouvelables. En Allemagne, par exemple, la quantité d'énergie solaire disponible en hiver peut diminuer près de neuf fois, et il y a des périodes sans vent. Il nous faudra donc quand même toujours de l'électricité ; sans elle, les gens mourront de froid chez eux.

Au total, les chaudières et les chauffe-eau représentent un tiers de toutes les émissions qui proviennent des bâtiments. Et contrairement à l'éclairage et à la climatisation, la plupart fonctionnent avec des combustibles fossiles plutôt qu'à l'électricité. (Le fait que l'on utilise du gaz naturel, du fioul ou du propane est principalement fonction de l'endroit où l'on vit.) Cela veut dire que l'on ne peut pas se contenter de rendre notre réseau électrique propre pour décarboner notre eau et notre air chauds. Nous avons besoin de tirer notre chaleur d'autre chose que le pétrole et le gaz.

La voie qui mène au chauffage zéro carbone n'est pas sans rappeler le domaine des véhicules privés : (1) électrifions ce que nous pouvons, pour nous débarrasser des chauffe-eau et des chaudières au gaz naturel, et (2) développons des combustibles propres pour tout le reste.

La bonne nouvelle, c'est que la première étape peut s'accompagner d'une Green Premium négative. Contrairement aux voitures électriques, dont l'utilisation coûte plus cher que celle de leurs équivalents à essence, le chauffage et la climatisation 100 % électriques vous permettent d'économiser de l'argent. Et cela se vérifie, que vous construisiez un nouveau bâtiment ou que vous en rééquipiez un ancien. Presque partout, le coût total baissera si vous vous débarrassez d'un climatiseur électrique et d'une chaudière au gaz (ou au fioul) pour les remplacer par une pompe à chaleur électrique.

À première vue, l'idée d'une pompe à chaleur peut sembler curieuse. On peut facilement imaginer que l'on puisse pomper de l'eau ou de l'air, mais comment diable pompe-t-on de la chaleur ?

Les pompes à chaleur tirent parti du fait que les gaz et les liquides changent de température quand ils se dilatent ou se contractent. Elles fonctionnent en faisant passer un réfrigérant par un circuit fermé de canalisations, un compresseur et des soupapes spéciales permettant de modifier la pression, si bien que le réfrigérant va absorber de la chaleur à un endroit et l'évacuer ailleurs. En hiver, on transfère la chaleur de l'extérieur vers l'intérieur (ce qui est possible partout sauf sous les latitudes les plus froides). En été, on fait le contraire, on pompe de la chaleur de l'intérieur vers l'extérieur.

Ce n'est pas aussi mystérieux qu'il y paraît. Vous avez déjà une pompe à chaleur chez vous, et il est probable qu'elle fonctionne en ce moment même. C'est l'air chaud soufflant au fond de votre réfrigérateur qui évacue la chaleur de vos aliments et les garde au frais.

Quelle somme une pompe à chaleur peut-elle vous permettre d'économiser ? Cela varie d'une ville à l'autre, selon la dureté de l'hiver, le coût de l'électricité et du gaz naturel, et d'autres facteurs. Voici quelques exemples des économies réalisées sur de nouvelles constructions dans des villes américaines, qui incluent les frais d'installation et de fonctionnement d'une pompe à chaleur sur quinze ans :

Ville	Coût d'une chaudière au gaz et d'un climatiseur électrique	Coût d'une pompe à chaleur aérothermique	Green Premuim
Providence (Rhode Island)	12 667 dollars	9 912 dollars	– 22 %
Chicago (Illinois)	12 583 dollars	10 527 dollars	– 16 %
Houston (Texas)	11 075 dollars	8 074 dollars	– 27 %
Oakland (Californie)	10 660 dollars	8 240 dollars	– 23 %

Green Premium pour l'installation d'une pompe à chaleur aérothermique dans certaines villes des États-Unis[1]

1. Source : Rhodium Group. Ce tableau montre la valeur nette actuelle d'une pompe à chaleur aérothermique par

Les économies sont moins substantielles quand on rééquipe un bâtiment ancien, mais l'installation d'une pompe à chaleur coûte malgré tout moins cher dans la plupart des villes. À Houston, par exemple, cela vous permettra de réaliser 17 % d'économie. À Chicago, vos dépenses vont au contraire augmenter de 6 %, mais le gaz naturel y est anormalement bon marché. Et dans certaines maisons plus anciennes, il est tout simplement difficile de trouver de la place pour de nouveaux équipements, ce qui fait que vous ne pourrez peut-être pas les moderniser.

Reste que ces Green Premiums négatives soulèvent une question évidente : si les pompes à chaleur valent à ce point la peine, pourquoi n'équipent-elles que 11 % des foyers américains[1] ?

Entre autres parce que nous ne remplaçons nos chaudières qu'à peu près une fois tous les dix ans, et que la plupart des gens n'ont pas assez d'argent de côté pour remplacer une chaudière qui fonctionne parfaitement par une pompe à chaleur.

Mais il y a une autre explication : l'obsolescence des politiques gouvernementales. Depuis la crise énergétique des années 1970,

---

rapport à une chaudière au gaz naturel et à un climatiseur électrique dans un logement neuf. Les coûts sont calculés à partir d'un rabais de 7 % des tarifs actuels de l'électricité et du gaz naturel à l'été 2019, avec une durée de vie de quinze ans pour la pompe à chaleur.

1. Source : U.S. Energy Information Agency, www.eia.gov

nous nous sommes efforcés de réduire notre consommation d'énergie, et les gouvernements ont donc offert des avantages pour favoriser l'installation de chaudières et de chauffe-eau au gaz naturel plutôt que leurs équivalents électriques moins efficaces. Certains ont modifié leurs réglementations afin de compliquer le remplacement d'une installation au gaz par des solutions alternatives électriques. Pour la plupart, ces politiques qui mettent l'accent sur l'efficacité au détriment des émissions sont toujours en place, et elles freinent notre capacité à réduire nos émissions en troquant une chaudière au gaz contre une pompe à chaleur électrique – alors même que cela nous permettrait de réaliser des économies.

Les réglementations sont parfois absurdes, on le sait, et cela a quelque chose d'exaspérant. Mais si on considère le problème sous un autre angle, c'est une bonne nouvelle. Cela veut dire que nous n'avons pas besoin d'une nouvelle découverte technologique pour réduire nos émissions dans ce domaine, en dehors de la décarbonation de notre réseau électrique. L'option électrique existe déjà, elle est aisément accessible, et elle n'est pas seulement concurrentielle, elle est vraiment moins chère. Il nous faut juste veiller à ce que notre gouvernement vive avec son temps.

Malheureusement, s'il est *possible*, sur le plan technique, de réduire à zéro les émissions dues au chauffage en passant à l'électricité, cela ne va pas se faire rapidement. Même si nous améliorions les réglementations contre-productives que j'ai mentionnées, il n'est pas réaliste de croire que nous allons simplement démonter toutes nos chaudières et nos chauffe-eau au gaz pour les remplacer par des systèmes électriques du jour au lendemain, pas plus que l'ensemble du parc automobile mondial ne va soudain rouler à l'électricité. Sachant que les chaudières modernes ont une longue durée de vie, si nous voulions nous débarrasser de toutes celles qui fonctionnent au gaz avant le milieu du siècle, il nous faudrait cesser de les commercialiser d'ici 2035. Aujourd'hui, près de la moitié de toutes les chaudières vendues aux États-Unis est au gaz. Dans le monde, les combustibles fossiles fournissent six fois plus d'énergie pour le chauffage que l'électricité.

De mon point de vue, c'est un argument supplémentaire en faveur des biocarburants et des e-carburants comme ceux dont j'ai parlé au chapitre 7 – des carburants capables de faire fonctionner sans modification les chaudières et les chauffe-eau dont nous disposons déjà, et qui n'ajoutent pas de carbone dans l'atmosphère. Mais pour l'instant, ces deux options s'accompagnent d'une Green Premium élevée :

Type de combustible	Prix de vente actuel	Option zéro carbone	Green Premium
Fioul (au litre)	0,71 dollar	1,45 dollar (biocarburants avancés)	103 %
Fioul (au litre)	0,71 dollar	2,39 dollars (e-carburants)	234 %
Gaz naturel (au litre)	1,01 dollar	2,45 dollars (biocarburants avancés)	142 %
Gaz naturel (au litre)	1,01 dollar	5,30 dollars (e-carburants)	425 %

Green Premiums pour le remplacement des combustibles de chauffage actuels par des solutions zéro carbone[1]

Intéressons-nous à l'impact qu'auraient ces Green Premiums sur une famille américaine moyenne. Si elle se chauffe au fioul, il va lui en coûter 1 300 dollars de passer à des biocarburants avancés, et plus de 3 200 si elle choisit les e-carburants. Si elle se chauffe au gaz naturel, le passage aux biocarburants ajoutera 840 dollars à sa facture chaque hiver, et près de 2 600 si elle opte pour les e-carburants[1].

Il est clair que nous devons réduire le prix de ces carburants alternatifs, comme je l'ai souligné au chapitre 7. Et nous pouvons prendre d'autres mesures pour décarboner nos chauffages :

Électrifier autant que possible : nous débarrasser des chaudières et des chauffe-eau au

1. *Idem*
2. Source : Rhodium Group, Evolved Energy Research, IRENA et Angora Energiewende. Le prix de vente au litre correspond à la moyenne aux États-Unis de 2015 à 2018. Le prix de l'option zéro carbone correspond aux estimations actuelles.

gaz naturel, et les remplacer par des pompes à chaleur électriques. Dans certaines régions du monde, les gouvernements devront moderniser leurs politiques pour permettre – et encourager – ces améliorations.

Décarboner le réseau électrique en mettant en œuvre les sources d'énergie propre dont nous disposons là où elles peuvent être utiles, et en investissant dans de nouvelles découvertes pour produire, stocker et distribuer l'électricité.

Utiliser l'énergie plus efficacement. Ce qui peut sembler contradictoire, puisque, quelques paragraphes plus haut, je me suis plaint de ces politiques qui favorisent l'efficacité au détriment de la réduction des émissions. Pour tout dire, nous avons besoin des deux.

Le monde connaît aujourd'hui un formidable boom dans le domaine de la construction. Pour loger une population urbaine croissante, nous allons ajouter l'équivalent de 232 milliards de mètres carrés de bâtiments – soit, comme je l'ai dit au chapitre 2, une nouvelle ville de la taille de New York par mois pendant quarante ans. Il est logique de supposer qu'une grande partie de ces édifices ne seront pas conçus pour conserver l'énergie, et qu'ils existeront et gaspilleront ainsi de l'énergie pendant des décennies.

La bonne nouvelle, c'est que nous savons comment construire des bâtiments verts – tant que nous sommes prêts à payer une Green Premium. Le Bullitt Center de Seattle en est un exemple extrême, puisqu'il peut prétendre au statut d'immeuble commercial le plus vert du monde[1]. Le Bullitt Center a été conçu pour rester naturellement chaud en hiver et frais en été, et est doté d'autres technologies à basse consommation énergétique, comme un ascenseur super efficace. Parfois, il peut produire 60 % d'énergie de plus qu'il n'en consomme, grâce aux panneaux solaires installés sur son toit, bien qu'il soit encore raccordé au réseau électrique de la ville et qu'il pompe du courant la nuit et durant les périodes particulièrement nuageuses. Ce qui ne manque pas à Seattle.

Si beaucoup des technologies du Bullitt Center sont aujourd'hui trop onéreuses pour être utilisées partout (et c'est pour cette raison que sept ans après son inauguration, il est toujours l'un des bâtiments les plus verts de la planète), nous pouvons quand même rendre nos foyers et nos bureaux plus efficaces à bas prix. Ils peuvent être conçus avec ce que les développeurs appellent une « enveloppe complètement étanche » (qui laisse passer très peu d'air vers l'extérieur ou l'intérieur), une bonne isolation, des fenêtres à triple vitrage et des portes efficaces. Je suis également très intéressé par le concept de fenêtres équipées de verre dit « intelligent », qui s'assombrit automatiquement quand la pièce a besoin de davantage de fraîcheur et s'éclaircit quand il lui faut plus de chaleur. Les nouvelles réglementations dans le domaine de la construction peuvent aider à promouvoir ces solutions

1. Source : Bullitt Center, www.bullittcenter.org

favorables aux économies d'énergie, entraînant du même coup une expansion du marché qui, à son tour, induira une baisse des coûts. Nous pouvons rendre de nombreux bâtiments plus efficaces en termes énergétiques, même si tous ne peuvent pas l'être autant que le Bullitt Center.

Le Bullitt Center de Seattle est un des immeubles commerciaux les plus verts du monde.

Nous avons abordé chacune des cinq sources principales des émissions de gaz à effet de serre : l'électricité, la fabrication, la culture et l'élevage, les transports, la climatisation et le chauffage. J'espère qu'à ce stade, trois choses sont claires :

1. Le problème est extrêmement complexe et concerne presque toutes les sphères de l'activité humaine.

2. Nous disposons de certains outils que nous devrions utiliser pour réduire les émissions.

3. Mais nous n'avons pas encore tous les outils qu'il nous faut. Il faut réduire les Green Premiums dans tous les secteurs, ce qui signifie qu'il nous reste encore beaucoup à inventer.

Les chapitres qui suivent décrivent les étapes qui, selon moi, nous donneront les meilleures chances de développer et de mettre en œuvre les outils nécessaires. Mais tout d'abord, je souhaite m'attaquer à une question qui m'empêche de dormir la nuit. Jusqu'à présent, ce livre ne s'est intéressé qu'aux moyens de réduire les émissions et d'éviter que la température ne devienne insupportable. Mais que peut-on faire au sujet des changements climatiques qui sont déjà en cours ? Et surtout, comment pouvons-nous aider les habitants les plus pauvres du monde, eux qui ont le plus à perdre alors qu'ils sont les moins responsables du problème ?

CHAPITRE 9

S'ADAPTER À UN MONDE PLUS CHAUD

Je me suis rendu compte que si l'on voulait atteindre zéro émission, on aurait besoin de nombreuses innovations pour y arriver. Mais innover, ça ne se fait pas en une nuit, et il va falloir des décennies pour que les produits verts, dont je vous ai parlé, soient distribués à grande échelle et fassent une véritable différence.

En attendant, les gens, partout dans le monde, toutes classes confondues, sont déjà affectés d'une manière ou d'une autre par le changement climatique. Toute personne vivant sur Terre devra s'adapter à un monde plus chaud. Le niveau de la mer et les zones inondables sont en train d'évoluer, nous devrons donc envisager de nouveaux emplacements pour nos maisons et nos entreprises. Il faudra consolider nos réseaux énergétiques, nos ports et nos ponts. Nous devrons planter encore plus de mangroves (si vous ne savez pas ce qu'est la mangrove, attendez un peu) et améliorer nos systèmes d'alerte aux ouragans.

Je reviendrai sur ces projets plus tard dans ce chapitre. Mais d'abord, j'aimerais vous parler de ceux à qui je pense dès qu'on me demande qui souffrirait le plus d'un désastre climatique et mériterait le plus d'être aidé pour pouvoir s'y adapter. Ils n'ont guère de réseaux électriques, de ports, ou de ponts. Ce sont les pauvres que je croise dans le cadre de mon travail sur la santé mondiale et le développement ; et pour eux, le changement climatique pourrait avoir les pires conséquences. Leurs histoires personnelles montrent à quel point il est difficile de lutter à la fois contre la pauvreté et contre le changement climatique.

Par exemple, en 2009, j'ai rencontré la famille Talam – Laban, Miriam et leurs trois enfants – alors que je me trouvais au Kenya pour en savoir plus sur la vie des agriculteurs qui possèdent moins de deux hectares de terre (ou, comme on les appelle dans le jargon du développement, les « petits exploitants agricoles »). J'ai visité leur ferme, à quelques kilomètres sur une route de terre battue, hors d'Eldoret, une des villes qui se développent le plus rapidement au Kenya. Les Talam n'avaient pas grand-chose, à peine quelques huttes rondes en adobe, avec des toits de chaume et un enclos. Leur propriété couvrait près d'un hectare, soit moins qu'un terrain de base-ball. Mais ce qui se passait sur ce petit lopin de terre attirait des centaines de cultivateurs à des kilomètres à la ronde, venus découvrir ce que les propriétaires faisaient et comment ils pourraient agir de même.

J'ai rendu visite à Miriam et Laban Talam dans leur ferme à Kabiyet, au Kenya, en 2009. Leur histoire est celle d'un fabuleux succès, mais le changement climatique risque de compromettre tous les progrès qu'ils ont réalisés.

Laban et Miriam m'ont accueilli devant chez eux et ont commencé à me raconter leur histoire. Deux ans plus tôt, ils étaient de petits exploitants agricoles qui pratiquaient une agriculture de subsistance. Comme beaucoup de leurs voisins, ils étaient désespérément pauvres. Ils faisaient pousser du maïs et des légumes, certains destinés à leur propre consommation, d'autres à la vente sur le marché. Laban faisait des petits boulots pour joindre les deux bouts. Et pour gagner plus d'argent, il avait acheté une vache que le couple trayait deux fois par jour. Ils vendaient le lait du matin à un négociant local pour obtenir des espèces et gardaient le lait du soir pour eux. La vache produisait trois litres de lait par jour, à partager entre les ventes et leur propre consommation dans une famille de cinq personnes.

Quand je les ai rencontrés, la vie des Talam s'était incroyablement améliorée. Ils étaient désormais propriétaires de quatre vaches qui produisaient vingt-six litres de lait par jour. Ils en vendaient vingt et en gardaient six pour eux. Leurs vaches leur rapportaient presque 4 dollars quotidiennement, ce qui, dans cette région du Kenya, leur a suffi pour reconstruire leur maison, faire pousser des ananas pour l'exportation et envoyer leurs enfants à l'école.

Le tournant a été selon eux l'ouverture d'une usine de refroidissement du lait non loin. Les Talam et d'autres agriculteurs de la région apportent leur lait cru à l'usine, où il est conservé au frais pour être ensuite distribué dans tout le pays, ce qui leur permet d'obtenir des bénéfices bien plus élevés que ce qu'ils auraient pu espérer au simple niveau local. L'usine fonctionne aussi comme une sorte de centre de formation. Les producteurs de lait locaux peuvent venir y apprendre à élever un bétail plus sain et plus productif, obtenir des vaccins pour leurs vaches, voire faire tester leur lait à la recherche de polluants, afin d'être sûrs de pouvoir en tirer le meilleur prix. Lorsque le test est négatif, on leur explique comment améliorer la qualité de leur lait.

Au Kenya, où vivent les Talam, près d'un tiers de la population vit de l'agriculture. À l'échelle mondiale, on recense 500 millions de petits exploitants ; environ deux tiers des gens dans la misère travaillent dans ce secteur[1]. Toutefois, en dépit de leur si grand nombre, ils ne produisent que très peu de gaz à effet de serre, parce qu'ils ne peuvent pas se permettre d'employer autant de ces produits et services qui utilisent des combustibles fossiles. Le Kényan moyen produit cinquante-cinq fois moins de dioxyde de carbone qu'un Américain, et les agriculteurs comme les Talam en produisent encore moins[2].

Mais si vous vous souvenez des problèmes liés au bétail que j'ai mentionnés au chapitre 6, vous comprendrez tout de suite quel est le dilemme : les Talam ont acheté d'autres bovins, et le bœuf contribue plus au changement climatique que n'importe quel autre animal d'élevage.

De ce point de vue, les Talam ne sont pas différents des autres. Pour beaucoup d'agriculteurs pauvres, le fait de gagner plus est

1. Source : Max Roser, Our World in Data, ourworldindata.org
2. Source : Banque mondiale, www.data.worldbank.org

l'occasion d'investir, d'acheter des poulets, des chèvres et des vaches. Des animaux qui fournissent de bonnes sources de protéines et qui permettent d'obtenir de l'argent supplémentaire grâce à la vente de lait et d'œufs. C'est une décision logique, et tous ceux qui se soucient de réduire la pauvreté ne peuvent qu'y réfléchir à deux fois avant de leur dire de ne pas le faire. C'est un véritable casse-tête : plus les gens progressent dans l'échelle sociale, plus ils produisent d'émissions. C'est pourquoi nous avons besoin d'innovations. Pour que les pauvres puissent améliorer leurs conditions de vie sans aggraver le changement climatique.

La situation est cruellement injuste, car même si les pauvres ne font presque rien pour provoquer le changement climatique, ce sont eux qui vont en souffrir le plus. Ce sera bien sûr problématique pour les agriculteurs relativement riches d'Amérique et d'Europe, mais potentiellement mortel pour ceux d'Afrique et d'Asie, qui ont de faibles revenus.

Plus le climat se réchauffera, plus les sécheresses et les inondations se multiplieront, détruisant les récoltes beaucoup plus souvent qu'auparavant. Le bétail mangera moins, donc il produira moins de viande et de lait. L'air et le sol perdront de leur humidité, laissant moins d'eau disponible pour les plantes ; en Asie du Sud et en Afrique subsaharienne, ce sont près de 5 millions d'hectares de terres cultivables qui s'assécheront considérablement. Les nuisibles en infestent déjà une plus grande superficie, parce que cet environnement leur est devenu plus favorable. La période de pousse va par ailleurs raccourcir ; avec un réchauffement de 4 degrés, elle diminuerait même de 20 % ou plus dans presque toute l'Afrique subsaharienne.

Quand on tire déjà le diable par la queue, n'importe lequel de ces changements peut être fatal. Si vous n'avez pas d'argent de côté et que vos récoltes dépérissent, vous ne pouvez pas acheter plus de semis ; vous n'avez plus rien, tout simplement. Qui plus est, tous ces problèmes rendront la nourriture encore plus chère pour ceux qui sont déjà en difficulté. À cause du changement climatique, les prix vont crever le plafond pour des centaines de millions de personnes qui consacrent déjà plus de la moitié de leurs revenus à leur alimentation.

Plus la nourriture deviendra difficile d'accès, plus l'inégalité déjà monstrueuse qui sépare riches et pauvres empirera. Aujourd'hui, un enfant né au Tchad a cinquante fois plus de risques de mourir avant son cinquième anniversaire qu'un enfant né en Finlande. Face à la pénurie alimentaire grandissante, de plus en plus d'enfants manqueront des nutriments nécessaires, ce qui affaiblira les défenses naturelles de leur organisme et augmentera le risque qu'ils meurent de diarrhée, de malaria ou de pneumonie. Une étude a prouvé que le nombre de décès supplémentaire dû au réchauffement pourrait avoisiner les 10 millions par an d'ici la fin du siècle (soit à peu près autant que les décès dus à toutes les maladies infectieuses de nos jours), la grande majorité dans les pays pauvres. Et les enfants qui ne mourront pas seront plus susceptibles de souffrir de retards de croissance – ce qui veut dire qu'ils ne vont pas pleinement se développer sur le plan physique ou mental.

En fin de compte, la pire conséquence du changement climatique dans les pays pauvres sera la dégradation de la santé – l'augmentation du taux de malnutrition et de mortalité. Nous devons donc aider les plus pauvres à améliorer leur santé. Je vois deux façons d'y parvenir.

Tout d'abord, nous devons augmenter les chances de survie des enfants mal nourris. Ce qui veut dire améliorer les systèmes de santé de base, redoubler d'efforts dans la prévention de la malaria et continuer à fournir des vaccins pour des maladies comme la diarrhée ou la pneumonie. Le monde a beaucoup appris dans ces domaines-là ; le programme de vaccination connu sous le nom de GAVI, qui a évité la mort de 13 millions de personnes depuis 2000, est vu comme l'un des plus grands accomplissements de l'humanité[1]. (La participation de la Fondation Gates à ce projet mondial est une des réussites dont nous sommes les plus fiers.) Nous ne pouvons pas laisser le changement climatique anéantir ce progrès. En fait, nous devons même l'accélérer, en développant des vaccins pour d'autres maladies, comme le VIH, la malaria,

1. Source : GAVI, www.gavi.org

la tuberculose, et en les fournissant à tous ceux qui en ont besoin.

Ensuite – en plus de sauver les vies des enfants souffrant de malnutrition –, il faut faire en sorte qu'il y ait moins d'enfants malades. Avec l'accroissement de la population, la demande en nourriture va probablement doubler ou tripler dans les régions du monde où vivent la plupart des pauvres. Par conséquent, nous devons aider les agriculteurs pauvres à récolter plus, malgré les sécheresses et les inondations. Je reviendrai plus en détail sur ce sujet dans la partie suivante.

Je passe beaucoup de temps avec les gens qui supervisent les budgets des aides étrangères dans les pays riches. Même les mieux intentionnés m'ont dit : « Nous avions pour habitude de financer des vaccins. Maintenant, nous devons veiller à ce que nos subventions tiennent compte du climat. » Autrement dit, ils veulent aider l'Afrique à réduire ses gaz à effet de serre.

Je leur réponds : « Ne retirez pas l'argent des vaccins pour l'investir dans des voitures électriques. L'Afrique n'est responsable que de 2 % des émissions dans le monde. Ce que vous devriez vraiment financer, c'est son *adaptation*. Le meilleur moyen d'aider les pauvres à s'adapter au changement climatique, c'est de s'assurer qu'ils soient en assez bonne santé pour y survivre. Et qu'ils puissent prospérer malgré lui. »

Vous n'avez probablement jamais entendu parler du CGIAR[1]. Moi non plus, je ne le connaissais pas jusqu'à il y a une dizaine d'années, avant de commencer à étudier les problèmes rencontrés par les agriculteurs dans les pays pauvres. De ce que j'ai vu, aucune organisation n'a fait plus que le CGIAR pour veiller à ce que les familles, surtout les plus démunies, aient de quoi s'alimenter. Et aucune autre organisation n'est mieux à même de créer les innovations qui pourraient aider les cultivateurs pauvres à s'adapter au changement climatique dans les années à venir.

Le CGIAR est le plus grand groupe de recherche agricole au monde : en bref, il aide à développer la recherche génétique sur les végétaux et les animaux. C'est dans un laboratoire mexicain du CGIAR que Norman Borlaug – si vous vous souvenez du chapitre 6 – a mené ses travaux révolutionnaires sur le blé, déclenchant la révolution verte. D'autres chercheurs du CGIAR, inspirés par l'exemple de Borlaug, ont mis au point un riz de même type, qui présente un fort rendement et résiste aux maladies. Les années suivantes, les travaux du groupe sur le bétail, les pommes de terre et le maïs ont aidé à réduire la pauvreté et à améliorer la nutrition.

On ne peut que regretter que peu de gens connaissent le CGIAR, mais ce n'est pas

1. Le CGIAR, ou Groupe consultatif pour la recherche agricole internationale, est un partenariat mondial basé à Montpellier. On comprend aisément pourquoi on le connaît surtout par son sigle.

vraiment surprenant. Tout d'abord, son nom est souvent confondu avec le mot « cigare », suggérant un lien avec l'industrie du tabac. (Il n'y en a pas.) Et le fait que le CGIAR ne soit pas une seule organisation, mais un réseau de quinze centres de recherche indépendants, dont la plupart ont des acronymes tout aussi confus, n'aide en rien. La liste inclut le CIFOR, l'ICARDA, le CIAT, l'ICRISAT, l'IFPRI, l'IITA, l'ILRI, le CIMMYT, le CIP, l'IRRI, l'IWMI et l'ICRAF.

Quel que soit son penchant pour les sigles confus, le CGIAR jouera un rôle essentiel dans la création de nouvelles récoltes et de bétail adaptés au climat pour les agriculteurs pauvres du monde entier. Ses travaux sur le maïs résistant à la sécheresse sont un de mes exemples préférés.

Bien que le rendement du maïs en Afrique subsaharienne soit plus faible que partout ailleurs dans le monde, plus de 200 millions de foyers dépendent toujours de ces récoltes pour gagner leur vie. Et comme les variations météorologiques deviennent de plus en plus instables, les agriculteurs risquent de se retrouver avec des récoltes de maïs plus modestes, voire nulles.

Par conséquent, les spécialistes du CGIAR ont développé des dizaines de nouvelles variétés de maïs capables de résister à la sécheresse et susceptibles de pousser dans des régions spécifiques d'Afrique. Au départ, de nombreux petits exploitants agricoles ont eu peur d'essayer de nouvelles variétés. À bon droit : si vous gagnez à peine de quoi vivre, vous ne tenez pas à prendre des risques avec des semences inconnues, car vous n'aurez pas de quoi vous retourner si elles périssent. Mais comme les spécialistes ont travaillé avec les négociants en semences et les agriculteurs locaux afin de leur expliquer les bénéfices de ces nouvelles variétés, de plus en plus de gens ont fini par les adopter.

Les résultats ont bouleversé l'existence de bien des familles. Au Zimbabwe, par exemple, les agriculteurs de régions frappées par plusieurs sécheresses ont utilisé le maïs résistant. Ils ont pu récolter près de 600 kilogrammes de plus par hectare que ceux qui utilisaient les variétés habituelles. (Ce surplus donne assez de nourriture pour une famille de six personnes pour neuf mois.) Pour les familles d'agriculteurs qui ont choisi de vendre leurs récoltes, cela représente assez d'argent supplémentaire pour envoyer leurs enfants à l'école et subvenir aux autres besoins du foyer. Les spécialistes affiliés au CGIAR ont continué à développer d'autres variétés de maïs qui poussent bien dans des sols pauvres, résistants aux maladies, aux nuisibles et aux mauvaises herbes, et qui augmentent le rendement des récoltes de 30 % et aident à lutter contre la malnutrition.

Et il n'y a pas que le maïs. Grâce aux efforts du CGIAR, de nouveaux types de riz capables de supporter les sécheresses se diffusent rapidement en Inde, où le changement climatique cause plus d'intervalles secs pendant la saison des pluies. Ils ont aussi développé un type de riz – intelligemment surnommé le riz « scuba », ou « plongeur » – qui peut survivre sous l'eau pendant deux semaines. Généralement, les plants de riz réagissent aux inondations en étirant leurs feuilles ; s'ils sont sous l'eau trop longtemps, ils épuisent toute leur énergie en tentant de s'échapper et finissent par en mourir. Le riz plongeur n'a pas ce problème : il comporte un gène baptisé SUB1 qui agit pendant les inondations en mettant la plante en sommeil – elle ne s'étire donc plus – jusqu'à ce que l'eau disparaisse.

Le CGIAR ne se concentre pas uniquement sur les nouvelles semences. Ses chercheurs ont également créé une application pour smartphone qui permet aux cultivateurs d'utiliser la caméra de leur téléphone pour identifier certaines infections et maladies spécifiques attaquant le manioc, une culture marchande importante en Afrique. Ils développent aussi des programmes qui prévoient le recours à des drones et capteurs terrestres pour aider les agriculteurs à déterminer les quantités d'eau et d'engrais nécessaires à leurs cultures.

Il faudrait davantage de progrès de ce genre pour les cultivateurs pauvres, mais pour pouvoir les réaliser, le CGIAR et d'autres spécialistes de la recherche agronomique ont besoin de plus d'argent. La recherche en agronomie souffre d'un manque de fonds chronique.

Voici une rizière de riz plongeur, capable de résister aux inondations pendant deux semaines, une caractéristique vitale puisqu'elles seront de plus en plus fréquentes.

En fait, l'une des principales recommandations de la Commission mondiale sur l'adaptation, que je dirige aux côtés de l'ancien secrétaire général de l'ONU Ban Ki-moon et l'ancienne directrice générale de la Banque mondiale Kristalina Gueorguieva[1], a été de doubler le financement du CGIAR afin qu'il puisse bénéficier à plus d'agriculteurs. Je ne doute pas un seul instant que cet argent soit bien dépensé : chaque dollar investi dans la recherche du CGIAR génère près de 6 dollars de bénéfices[2]. Warren Buffett donnerait son bras droit pour un investissement d'un rapport de six pour un, et qui, au passage, sauverait des vies.

En plus d'aider les petits exploitants agricoles à cultiver leurs récoltes, notre commission sur l'adaptation propose trois autres recommandations liées à l'agriculture :

Aider les agriculteurs à gérer les risques d'un climat plus chaotique. Par exemple, les gouvernements peuvent les aider à cultiver et élever une plus grande variété de récoltes et de bétail

1. La Commission est constituée de trente-quatre commissaires, dont des responsables issus du monde politique, des affaires, des associations et des sciences, et de dix-neuf pays, représentant toutes les régions du monde. Un réseau mondial de partenaires et de conseillers dans le domaine de la recherche soutient la Commission. Elle est cogérée par le Centre mondial d'adaptation et le World Resources Institute.

2. Commission mondiale sur l'adaptation, « Adapt Now. A Global Call for Leadership on Climate Resilience », World Resources Institute, septembre 2019, gca.org

afin qu'il ne suffise pas d'un simple imprévu pour anéantir tous leurs efforts. Les gouvernements devraient aussi explorer la possibilité de renforcer les systèmes de sécurité sociale et prévoir des assurances agricoles fondées sur le climat qui aiderait les cultivateurs à compenser leurs pertes.

Se concentrer sur les personnes les plus vulnérables. Les femmes ne sont pas le seul groupe de personnes vulnérables, mais elles sont le plus important. Pour toutes sortes de raisons culturelles, politiques et économiques, les agricultrices ont la vie plus dure que les hommes. Elles peuvent avoir des difficultés à garantir leurs droits à la propriété, par exemple, à avoir un accès équitable à l'eau, à percevoir des fonds pour acheter de l'engrais, voire à simplement obtenir des prévisions météorologiques. Nous devons veiller à promouvoir les droits des femmes à la propriété et à leur offrir des conseils techniques conçus spécifiquement pour elles. Le retour sur investissement serait fabuleux : une étude réalisée par une agence de l'ONU a constaté que si les femmes disposaient du même accès aux ressources que les hommes, elles augmenteraient leurs récoltes de 20 à 30 % et cela réduirait de 12 à 17 % le nombre de personnes souffrant de la faim dans le monde[1].

1. Source : Food and Agriculture Organization of the United Nations, « State of Food and Agriculture. Women in Agriculture, 2010-2011 », www.fao.org.

Prendre le changement climatique en compte dans les décisions politiques. Les sommes versées afin d'aider les agriculteurs à s'adapter sont extrêmement modestes ; seule une infime partie des 500 milliards alloués par les gouvernements à l'agriculture entre 2014 et 2016 a été affectée aux activités visant à atténuer l'impact du changement climatique sur les pauvres. Les gouvernements devraient mettre en place des politiques et proposer des avantages destinés à aider les cultivateurs à la fois à réduire leurs émissions et à produire plus de nourriture.

En résumé, les gens riches et ceux qui ont des revenus moyens sont les principaux coupables du réchauffement climatique. Les plus pauvres en sont les moins responsables, mais ce sont eux qui en souffriront le plus. Ils méritent le soutien du monde entier et ils ont besoin de bien plus que ce qu'on leur accorde.

Au cours de ces vingt dernières années, dans le cadre de mon travail sur la misère dans le monde, j'ai beaucoup appris sur la situation désespérée des agriculteurs pauvres – ainsi que sur l'impact que le changement climatique aura sur eux. C'est aussi une de mes passions, car cela me donne l'occasion d'approfondir mes connaissances sur les mystères scientifiques de la culture sélective des plantes.

Jusqu'à peu, cependant, certaines pièces du puzzle de l'adaptation avaient échappé à mes réflexions, par exemple ce que les villes devaient faire pour se préparer au changement climatique, ou à quel point les écosystèmes sont affectés. Mais dernièrement, j'ai eu la possibilité d'en savoir plus en tant que membre de la commission sur l'adaptation que j'ai déjà mentionnée. Voici quelques informations que j'ai glanées – des informations confirmées par des dizaines de spécialistes des sciences, de la politique publique, de l'industrie et d'autres domaines –, et qui vous donneront une idée de tout ce qu'il va nous falloir entreprendre pour nous adapter à un climat plus chaud.

Dans l'ensemble, on peut envisager l'adaptation en trois étapes. Tout d'abord, il est nécessaire de réduire les risques induits par le réchauffement climatique, en construisant des bâtiments et des infrastructures résistant au climat, en protégeant les zones humides dans le but de constituer un rempart contre les inondations, et, au besoin, en encourageant les gens à quitter définitivement les régions qui ne seront plus viables.

Ensuite, il s'agit de se préparer aux urgences et d'y répondre. Nous devons continuer à améliorer les prévisions météorologiques et les systèmes d'alerte avancée pour obtenir davantage d'informations sur les ouragans. Et quand survient la catastrophe, nous devons disposer d'unités de premier secours bien équipées et bien entraînées, ainsi qu'instaurer un système à même de gérer les évacuations temporaires.

Enfin, après un désastre vient une période de récupération. Nous devons mettre en place des services pour les personnes déplacées – entre autres dans les domaines de la santé et de l'éducation –, des assurances pour aider les gens de tous les niveaux de revenus à reconstruire, et des normes qui permettront de certifier que tout ce qui sera reconstruit sera plus résistant au climat qu'auparavant.

Voici les quatre grands axes à retenir au sujet de l'adaptation :

Les villes ont besoin de changer leur façon de se développer. Les zones urbaines abritent plus de la moitié de la population sur terre, une proportion qui augmentera dans les années à venir, et elles représentent plus des trois quarts de l'économie mondiale. Alors qu'elles ne cessent de s'étendre, beaucoup de villes finissent par construire sur des zones inondables, des forêts et des zones humides qui pourraient absorber la montée des eaux pendant un ouragan ou servir de réservoir d'eau lors d'une sécheresse.

Toutes les villes seront affectées par le changement climatique, mais ce sont les villes côtières qui connaîtront les pires difficultés. Des centaines de millions de gens pourraient être contraints de quitter leurs foyers quand le niveau des eaux montera et que les tempêtes empireront. D'ici le milieu du siècle, le coût du changement climatique pour toutes les villes côtières pourrait dépasser 1 000 milliards de dollars… par an. Ce serait un euphémisme de dire que cela va aggraver les problèmes que la plupart des villes rencontrent déjà – la pauvreté, le manque de logement, l'éducation.

Comment rendre une ville résistante au climat, et quelle forme cela peut-il prendre ? Tout d'abord, les urbanistes ont besoin des données les plus récentes sur les risques climatologiques et les projections des modèles informatiques qui prédisent l'impact du changement climatique. (Aujourd'hui, beaucoup de responsables municipaux dans le monde développé ne disposent même pas de simples cartes indiquant les zones les plus menacées par les inondations dans leur ville.) Armés de ces dernières informations, ils pourront prendre de meilleures décisions au sujet de l'implantation des quartiers et des centres industriels, de la construction ou l'expansion des digues, de la protection face aux ouragans de plus en plus violents, du renforcement des systèmes de drainage des eaux des tempêtes et du rehaussement des quais afin qu'ils ne soient pas submergés par les vagues.

Pour être plus précis, si vous construisez un pont au-dessus de votre rivière locale, doit-il être d'une hauteur de 3,5 mètres ou 5,5 mètres ? Le plus haut coûtera plus cher à court terme, mais si vous savez que vous risquez de subir une inondation catastrophique dans les dix prochaines années, cela pourrait être le choix le plus judicieux. Il vaut mieux construire un pont plus cher une fois, que deux fois un pont moins cher.

Il n'est pas seulement question de rénover l'infrastructure existante ; le changement climatique va aussi nous obliger à prendre en considération des besoins absolument inédits. Par exemple, les villes exposées à des jours de forte chaleur et dont beaucoup d'habitants ne peuvent s'offrir des climatiseurs devront créer des centres climatisés – des structures où l'on pourra se rendre pour échapper à la chaleur. Malheureusement, la multiplication des climatiseurs signifie également que nous émettrons davantage de gaz à effet de serre. Ce qui est une autre raison pour laquelle les avancées dans le domaine de la climatisation dont j'ai parlé au chapitre 8 sont si importantes.

Nous devrions consolider nos défenses naturelles. Les forêts retiennent et régulent l'eau ; les zones humides empêchent les inondations et fournissent de l'eau aux agriculteurs et aux villes. Les récifs de corail abritent de nombreux poissons qui constituent la source principale d'alimentation des communautés côtières. Mais comme d'autres défenses naturelles contre le réchauffement climatique, ils disparaissent rapidement. Près de 4,5 millions d'hectares de forêt vierge ont été détruits rien qu'en 2018, et quand – ce qui est probable – nous atteindrons 2 degrés de réchauffement, la majorité des barrières de corail dans le monde mourront.

Or il serait extrêmement rentable de restaurer les écosystèmes. Les services de distribution d'eau des plus grandes villes du monde pourraient économiser 890 millions de dollars par an en restaurant les forêts et les nappes phréatiques. Beaucoup de pays ont déjà pris des mesures dans ce domaine : au Niger, un projet local de reforestation lancé par des agriculteurs a abouti à une augmentation des récoltes, étendu les zones boisées et réduit le temps que les femmes passent à ramasser du bois de trois heures par jour à trente minutes. La Chine a décrété que près d'un quart de sa masse continentale constituait un actif naturel crucial où la préservation de l'écosystème sera prioritaire. Le Mexique protège un tiers de ses bassins de rivière afin de garantir l'approvisionnement en eau de 45 millions de personnes.

La plantation de mangroves représente un bon investissement. Elles contribuent à lutter contre les inondations, et permettent ainsi de réaliser des économies de 80 milliards de dollars par an.

Si nous sommes capables de capitaliser sur ces exemples, en diffusant le message que les écosystèmes sont extrêmement importants et en aidant plus de pays à s'adapter, nous tirerons parti des avantages des défenses naturelles contre le changement climatique.

La solution la plus simple est sans doute celle des mangroves. Les mangroves sont des écosystèmes composés de petits arbres qui poussent le long des côtes et s'adaptent à la vie en eau salée ; elles freinent la montée des eaux due aux tempêtes, préviennent l'inondation du littoral et protègent les habitats des poissons. En facilitant la lutte contre les inondations, les mangroves permettent de réaliser près de 80 milliards de dollars d'économies par an, sans parler de bien d'autres économies. Il revient moins cher de planter des mangroves que de construire des brise-lames et elles contribuent également à améliorer la qualité de l'eau. C'est un excellent investissement.

Nous aurons besoin de plus d'eau potable que nous ne pouvons en fournir. Comme les lacs et les nappes aquifères diminuent ou sont pollués, il devient de plus en plus difficile de fournir de l'eau potable à tous ceux qui en ont besoin. La plupart des mégapoles dans le monde sont déjà confrontées à de graves pénuries, et si rien ne change, d'ici le milieu du siècle, plus de 5 milliards de personnes ne seront plus en mesure de se procurer assez d'eau potable au moins une fois par mois.

La technologie semble prometteuse. Nous savons déjà comment extraire le sel de l'eau de mer et la rendre potable, mais ce procédé est gourmand en énergie, tout comme le transfert de l'eau de l'océan vers l'usine de désalinisation, puis de cette dernière jusqu'aux consommateurs. (Cela veut dire que, comme tant d'autres choses, le problème de l'eau est en fin de compte un problème énergétique : avec assez d'énergie propre et bon marché, nous pourrons produire autant d'eau potable que nécessaire.)

Je suis de près un projet astucieux qui prévoit de prélever de l'eau dans l'air. En gros, il s'agit d'un déshumidificateur approvisionné en énergie solaire équipé d'un filtre sophistiqué pour empêcher la pollution de l'air de contaminer l'eau recueillie. Ce système est actuellement disponible, mais il coûte des milliers de dollars, soit beaucoup trop pour les pauvres dans le monde, qui souffriront le plus des pénuries d'eau.

En attendant que les projets de ce genre deviennent plus abordables, nous devons prendre des mesures réalistes – il nous faut à la fois trouver des solutions pour limiter notre demande en eau et nous efforcer d'accroître l'approvisionnement. Cela va de la récupération des eaux usées à la pratique de l'irrigation en flux tendu, un système qui réduit considérablement l'utilisation de l'eau et augmente le rendement des récoltes.

Pour finir, afin de financer des projets d'adaptation, nous devons débloquer de l'argent. Je ne parle pas de l'aide étrangère aux pays en voie de développement – bien que nous en ayons également besoin –, mais de l'argent public, et en particulier comment il peut amener des investisseurs privés à soutenir des projets d'adaptation.

Voici le problème que nous devons résoudre : l'adaptation a un coût immédiat, alors que ses avantages économiques risquent de ne pas être perceptibles avant bien des années. Par exemple, vous pouvez protéger votre entreprise contre les inondations dès aujourd'hui, mais elle ne subira peut-être pas de déluge avant dix ou vingt ans. Et vos travaux de protection ne vous seront pas profitables en termes financiers ; les clients ne vont pas payer plus pour vos produits parce que vous vous êtes assurés que les eaux usées ne noieront pas votre cave lors d'une inondation. Donc, les banques hésiteront à vous prêter de l'argent pour votre projet, ou elles vous imposeront un taux d'intérêt plus élevé. D'une manière ou d'une autre, vous devrez absorber par vous-même une partie des frais, ce qui pourrait tout simplement être dissuasif.

Prenez cet exemple, multipliez-le à l'échelle d'une ville entière, d'un État ou d'un pays, et vous comprendrez pourquoi le public doit jouer un rôle à la fois pour financer des projets d'adaptation, mais aussi pour attirer le secteur privé. Nous devons faire de l'adaptation un secteur attractif pour les investissements.

Pour cela, il faut tout d'abord trouver comment amener les marchés financiers publics et privés à prendre en compte les risques du changement climatique et à les évaluer en conséquence. Certains gouvernements et certaines entreprises analysent déjà les risques que représente le climat pour leurs projets ; tout le monde devrait faire de même. Les gouvernements peuvent aussi consacrer davantage de ressources à l'adaptation, se fixer des objectifs en matière d'investissements et adopter des politiques qui élimineront une partie des risques pour les investisseurs privés. S'il devient évident que les projets d'adaptation sont synonymes de retours, les investissements privés devraient augmenter.

On peut se demander combien tout cela va coûter. Il n'y a aucun moyen de chiffrer ce dont le monde a besoin pour s'adapter au changement climatique. Mais la commission dont je suis membre a estimé les dépenses dans cinq domaines clés (la création de systèmes d'alerte avancée, la construction d'infrastructures résistantes au climat, l'augmentation du rendement des récoltes, la gestion de l'eau et la protection des mangroves) et a constaté qu'un investissement de 1 800 milliards de dollars entre 2020 et 2030 rapporterait plus de 7 000 milliards de bénéfices. Pour mettre cela en perspective, ventilé sur une dizaine d'années, cela correspond à 0,2 % du PIB mondial, avec un retour sur investissement presque quadruple.

Il est possible de quantifier ces bénéfices en prenant en compte tous les événements négatifs qui n'auront pas lieu : des guerres civiles n'éclateront pas pour le droit d'accéder à l'eau, des cultivateurs ne seront pas anéantis par une sécheresse ou une inondation, des villes ne seront pas ravagées par des ouragans, il n'y aura pas de vagues de réfugiés climatiques. Ou on peut les mesurer en termes d'évolutions positives : des enfants pourront grandir avec les nutriments nécessaires, des familles échapperont à la pauvreté et rejoindront la classe moyenne mondiale, des entreprises, des villes et des pays prospéreront malgré le réchauffement climatique.

Peu importe la façon que l'on a d'aborder le sujet, les arguments économiques et moraux sont incontestables. La pauvreté extrême a chuté au cours des vingt-cinq dernières années, passant de 36 % de la population mondiale en 1990 à 10 % en 2015 même si la Covid-19 a constitué un immense revers, annulant bon nombre de ces progrès[1]. Le changement climatique pourrait en annuler encore davantage, et le nombre de personnes vivant dans une pauvreté extrême pourrait atteindre les 13 %.

Ceux qui sont le plus responsables du changement climatique devraient aider le reste du monde à y survivre. Nous leur devons bien ça.

---

1. Source : Banque mondiale, « Decline of Global Extreme Poverty Continues but Has Slowed », www.worldbank.org

Un aspect de l'adaptation mérite beaucoup plus d'attention qu'il n'en a actuellement : nous devons nous préparer au scénario du pire.

Les climatologues ont identifié plusieurs points critiques qui pourraient entraîner une accélération dramatique du rythme du changement climatique. Par exemple, si les structures cristallines semblables à de la glace qui contiennent de grandes quantités de méthane dans l'océan devenaient instables et se disloquaient. En un temps relativement court, des catastrophes pourraient frapper partout dans le monde, réduisant à néant nos efforts pour anticiper et lutter contre le changement climatique. Et plus la température augmente, plus nous risquons d'atteindre l'un de ces points.

Si jamais nous approchons d'un de ces points critiques, vous entendrez beaucoup plus parler de ces idées audacieuses – que certains qualifieraient de « folles » – regroupées sous l'appellation de « géo-ingénierie ». Ces idées n'en sont encore qu'au stade de la théorie et elles soulèvent des questions éthiques épineuses. Mais elles méritent d'être étudiées et débattues tant que nous avons encore le luxe de pouvoir le faire.

La géo-ingénierie est un instrument ultramoderne, du genre « En cas d'urgence, brisez la glace ». Globalement, il s'agit de provoquer des changements temporaires dans les océans ou l'atmosphère afin de diminuer la température de la planète. Ces changements n'auraient pas pour but de nous dispenser de la nécessité de réduire les émissions ; ils nous donneraient simplement le temps de nous ressaisir.

Depuis quelques années, je finance des études en géo-ingénierie (un financement modeste comparé aux travaux que je soutiens dans les domaines de l'atténuation et de l'adaptation). La plupart des approches reposent sur l'idée que pour compenser le réchauffement causé par les gaz à effet de serre que nous avons émis dans l'atmosphère, nous devrions réduire d'environ 1 % la quantité de lumière du soleil qui touche la Terre[1].

On peut y parvenir de plusieurs façons. L'une consiste à diffuser des particules extrêmement fines – chacune ne mesurant que quelques millionièmes de centimètres de diamètre – dans les couches supérieures de l'atmosphère. Les scientifiques savent que ces particules pourraient disperser la lumière du soleil et causer un refroidissement, car c'est

1. Si vous voulez connaître le calcul : la lumière du soleil est absorbée par la Terre au taux d'environ 240 watts par mètre carré. Il y a actuellement assez de carbone dans l'atmosphère pour absorber la chaleur à un taux moyen d'environ 2 watts par mètre carré. Nous devons donc atténuer la lumière du soleil de 2/240, ou 0,83 %. Toutefois, les nuages s'adaptant à la géo-ingénierie solaire, il nous faudrait en fait l'atténuer un peu plus, de 1 %. Si la quantité du carbone double, il absorbera la chaleur au taux de 4 watts par mètre carré, et nous devrons doubler l'atténuation de la lumière du soleil à près de 2 %.

un phénomène qu'ils ont déjà observé : quand un volcan particulièrement puissant entre en éruption, il rejette des particules de ce type, ce qui provoque une baisse mesurable de la température mondiale.

Une autre approche de la géo-ingénierie consiste à éclaircir les nuages. La lumière du soleil étant dispersée par le sommet des nuages, on pourrait accentuer cette dispersion et rafraîchir la Terre en éclaircissant les nuages, en répandant du sel afin que les nuages dispersent plus de lumière. Et cette augmentation de la dispersion n'a pas besoin d'être énorme ; pour obtenir 1 % de réduction, il suffirait d'éclaircir de 10 % les nuages qui couvrent 10 % de la Terre.

D'autres approches de la géo-ingénierie sont envisageables ; elles ont toutes trois choses en commun. Premièrement, elles sont relativement bon marché par rapport à l'envergure du problème, impliquant un engagement de fonds immédiat de moins de 10 milliards de dollars et des coûts d'entretien limités. Deuxièmement, leur effet sur les nuages dure à peu près une semaine. Par conséquent, on pourrait y avoir recours tant que l'on en aurait besoin, puis cesser sans que cela ait un impact à long terme. Et troisièmement, les problèmes techniques que ces idées pourraient rencontrer ne sont rien comparé aux obstacles politiques auxquels elles se heurteront inévitablement.

Certains détracteurs dénoncent la géo-ingénierie comme étant une gigantesque expérience sur notre planète, alors que, comme le soulignent les partisans de la géo-ingénierie, nous la soumettons déjà à une expérience massive avec toutes nos émissions de gaz à effet de serre.

Certes, nous devons mieux comprendre l'impact potentiel de la géo-ingénierie au niveau local. C'est une inquiétude légitime qui mérite d'être mieux étudiée avant que l'on puisse seulement envisager de tester la géo-ingénierie à grande échelle dans le monde réel. Aussi, puisque l'atmosphère est littéralement un enjeu mondial, aucune nation ne devrait pouvoir décider seule d'appliquer des méthodes de géo-ingénierie. Nous aurons besoin de nous entendre sur cette question.

Pour l'heure, on voit mal comment amener les pays du globe à se mettre d'accord sur une régulation artificielle de la température de la planète. Mais la géo-ingénierie reste le seul moyen connu que l'on pourrait espérer déployer afin de réduire la température terrestre en quelques années, voire quelques décennies, sans paralyser l'économie. Un jour peut-être, nous n'aurons plus le choix. Mieux vaut nous y préparer dès maintenant.

CHAPITRE 10

L'IMPORTANCE DES POLITIQUES GOUVERNEMENTALES

En 1943, en pleine Seconde Guerre mondiale, un épais nuage de fumée s'est abattu sur Los Angeles. Il était si nocif que les gens avaient les yeux qui piquaient et le nez qui coulait. Les automobilistes ne voyaient pas au-delà de trois pâtés de maisons. Les habitants se mirent à craindre que l'armée japonaise ait lancé des armes chimiques sur la ville.

Or Los Angeles n'avait pas été attaquée – du moins, pas par une armée étrangère. Le véritable coupable était le smog, un brouillard engendré par la combinaison malencontreuse de la pollution de l'air et des conditions météorologiques.

Presque dix ans plus tard, durant cinq jours en décembre 1952, Londres s'est retrouvée elle aussi paralysée par le smog. Les bus et les ambulances ne pouvaient plus circuler. La visibilité était si faible, même à l'intérieur des bâtiments, qu'il fallut fermer les cinémas. Les pillages se sont multipliés, car la police ne voyait pas au-delà d'un mètre. (Si vous êtes fans de la série Netflix *The Crown*, comme moi, vous vous souvenez sans doute d'un épisode captivant qui se déroule pendant cet horrible incident.) Ce que l'on appelle aujourd'hui le « Grand Smog de Londres » a entraîné la mort d'au moins 4 000 personnes.

Ce sont des drames de ce genre qui, dans les années 1950 et 1960, sont à l'origine de la prise de conscience de l'existence de la pollution dans l'air. Elle est dès lors devenue une inquiétude majeure de l'opinion publique aux États-Unis et en Europe, et les décideurs ont été prompts à y répondre. Le Congrès américain a commencé à financer la recherche sur ce problème et les moyens possibles d'y remédier à partir de 1955. L'année suivante, le gouvernement britannique a promulgué le Clean Air Act, une loi sur la pureté de l'air qui met en place des zones de contrôle de la fumée dans tout le pays, où seuls des carburants plus propres peuvent être utilisés. Sept ans plus tard, le Clean Air Act américain établit le système moderne de réglementation du contrôle de la pollution de l'air aux États-Unis ; cette loi fondatrice est encore aujourd'hui la plus exhaustive en vigueur quant à l'impact nocif de la pollution de l'air sur la santé publique. En 1970, pour aider à la mettre en œuvre, le président Nixon a fondé l'Agence de protection de l'environnement.

Le Clean Air Act américain a fait ce pour quoi il avait été conçu – à savoir, éliminer les gaz toxiques dans l'air –, et depuis 1990, le niveau des émissions de dioxyde d'azote aux États-Unis a chuté de 56 %, le monoxyde de carbone de 77 %, et le dioxyde de soufre de 88 %. Le plomb, quant à lui, a presque disparu. Bien qu'il reste encore beaucoup à faire, nous avons accompli tout cela alors que notre économie et notre population croissaient.

Cet agent de police est contraint d'utiliser une fusée éclairante pour guider la circulation durant le Grand Smog de Londres en 1952.

Mais il n'est pas nécessaire d'étudier l'Histoire pour trouver des exemples qui montrent comment des politiques intelligentes peuvent résoudre des problèmes comme la pollution de l'air. Nous en sommes témoins en ce moment même. En 2014, la Chine a lancé plusieurs programmes en réponse à l'aggravation du smog dans les centres urbains et à la hausse catastrophique du niveau des polluants dangereux dans l'air. Les autorités ont fixé de nouveaux objectifs afin de réduire la pollution, elles ont interdit la construction de nouvelles centrales à charbon près des agglomérations les plus affectées, et ont instauré des limites à la circulation de voitures non électriques dans les grandes villes. En quelques années, Pékin a signalé une baisse de 35 % de certains types de pollution, et de 38 % à Baoding, une ville de 11 millions d'habitants.

Si la pollution de l'air est toujours une cause grave de maladies et de décès – elle fait probablement plus de 7 millions de morts par an –, les politiques que nous avons adoptées ont indubitablement empêché ce chiffre d'être plus élevé. (Elles ont également contribué à légèrement réduire les gaz à effet de serre, même si ce n'était pas leur but initial.) Aujourd'hui, elles démontrent parfaitement le rôle majeur des politiques gouvernementales dans la lutte contre une catastrophe climatique.

Je reconnais que le mot « politique » est flou et qu'il n'a pas grand-chose d'enthousiasmant. Une percée telle que le lancement d'un nouveau type de batterie sera toujours plus galvanisante que la décision politique qui aura permis à un chimiste de l'inventer. Or cette innovation n'existerait pas sans un gouvernement pour investir l'argent des contribuables dans la recherche, sans les politiques prévues pour transformer en applications pratiques les recherches en laboratoire, et sans les réglementations qui ont créé les marchés et facilité l'accès de cette technologie au grand public.

Dans ce livre, j'ai insisté sur les inventions dont nous avons besoin pour arriver à zéro émission : les nouveaux moyens de stocker l'électricité, de produire de l'acier, et ainsi de suite – mais l'innovation ne concerne pas seulement le développement de nouveaux appareils. Elle passe aussi par la conception de nouvelles politiques, afin que nous puissions tester et diffuser ces inventions sur le marché aussi vite que possible.

Heureusement, nous ne partons pas de rien dans ce domaine. Nous avons une grande expérience de la réglementation de l'énergie. En fait, c'est un des secteurs les plus sévèrement réglementés de l'économie aux États-Unis et dans le monde entier. Outre un air plus pur, des politiques énergétiques avisées nous ont donné ce qui suit :

L'électrification. En 1910, 12 % des Américains avaient l'électricité. En 1950, ils étaient plus de 90 %, grâce à des mesures comme le financement fédéral de la construction de barrages, la création d'agences fédérales de réglementation de l'énergie, et un gigantesque projet gouvernemental de travaux visant à alimenter les zones rurales en électricité.

La sécurité énergétique. En réponse aux chocs pétroliers des années 1970, les États-Unis ont décidé d'augmenter la production de plusieurs sources d'énergie à domicile. Le gouvernement fédéral a lancé ses premiers grands projets de recherche et de développement en 1974. L'année suivante, des lois cruciales ont été votées en matière de préservation de l'énergie, y compris les normes d'efficacité énergétique des voitures. Deux ans plus tard, le ministère de l'Énergie était créé. Puis, dans les années 1980, les prix du pétrole se sont effondrés, et nous avons renoncé à nombre de ces efforts. Jusqu'à ce que les prix augmentent de nouveau dans les années 2000, lançant une nouvelle vague d'investissements et de réglementations. Résultat de ces efforts et d'autres, l'Amérique a pour la première fois, en 1970, exporté plus d'énergie qu'elle n'en a importé[1].

La reprise économique. Après la Grande Récession de 2008, les gouvernements ont créé des emplois et favorisé les investissements en misant sur l'énergie renouvelable, l'efficacité énergétique, les infrastructures électriques et les chemins de fer. En 2008, la Chine a mis en place un plan de relance de 584 milliards de dollars consacrés en grande partie à des projets écologiques. En 2009, la loi sur la reprise et le réinvestissement en Amérique s'est servie des crédits d'impôt, des subventions de l'État, des garanties de prêts, et du financement de la recherche et du développement pour consolider l'économie et réduire les émissions. C'était le

1. Source : U.S. Energy Information Administration, www.eia.gov

plus grand investissement dans le secteur de l'énergie propre et de l'efficacité énergétique jamais entrepris dans l'histoire des États-Unis, mais il a revêtu un caractère exceptionnel : il ne s'agit pas d'un changement de politique durable.

Il est temps d'utiliser notre expérience dans le domaine de la législation pour relever le défi qui nous attend et ramener les gaz à effet de serre à zéro.

Les gouvernements du monde entier vont devoir formuler une vision commune de la transition de l'économie planétaire vers le zéro carbone. Cette idée pourrait, à son tour, servir de guide aux actions de la population et des entreprises. Les représentants des autorités peuvent rédiger des règlements sur le taux de carbone que les centrales électriques, les voitures et les usines ont le droit d'émettre. Ils peuvent adopter des réglementations qui influenceront les marchés financiers et mieux expliquer les risques du changement climatique aux secteurs privés et publics. Ils peuvent être les investisseurs principaux dans la recherche, ce qui est déjà le cas, et concevoir les réglementations qui déterminent le rythme de diffusion sur le marché de nouveaux produits. Et ils peuvent aider à résoudre certains problèmes que le marché n'est pas apte à gérer – comme les coûts cachés des produits émettant du carbone, imposés à l'environnement et à l'homme.

Bon nombre de ces décisions sont prises à un niveau national, mais les autorités municipales, et celles au niveau des États d'une fédération, jouent aussi des rôles importants. Dans de nombreux pays, ce sont les autorités locales qui réglementent les marchés de l'électricité et instaurent les normes d'utilisation de l'énergie dans les bâtiments. Elles planifient des projets de construction ambitieux – des barrages, des réseaux de transports en commun, des ponts et des routes –, et elles choisissent où ces projets seront construits et avec quels matériaux. Elles achètent des voitures de police, des camions de pompier, les repas des écoles ou des ampoules. À chaque étape, quelqu'un devra décider ou non d'opter pour des solutions vertes.

Il peut paraître curieux de ma part de réclamer davantage d'intervention de l'État. Tout au long du développement de Microsoft, je me suis tenu à l'écart des législateurs de Washington et du monde entier, me disant qu'ils nous empêcheraient de faire notre travail au mieux.

C'est en partie l'action en justice entreprise par le gouvernement américain contre Microsoft à la fin des années 1990 en invoquant la loi antitrust qui m'a fait réaliser que nous aurions dû engager le dialogue avec les décideurs dès le début. Je sais aussi que quand il est question de projets de grande envergure – qu'il s'agisse de la construction d'un réseau d'autoroutes nationales, de la vaccination des enfants dans le monde, ou de la décarbonation de l'économie mondiale –, nous avons besoin que le gouvernement intervienne massivement pour offrir les avantages appropriés et veiller à ce que l'ensemble du système profite à tout le monde.

Bien sûr, les entreprises et les gens devront aussi faire leur part. Dans les chapitres 11 et 12, je vais ébaucher un plan pour atteindre le zéro émission, avec les mesures spécifiques que peuvent prendre les gouvernements, les entreprises et les individus. Mais puisque le rôle des gouvernements est crucial, je tiens d'abord à proposer sept objectifs ambitieux qu'ils devraient s'efforcer d'atteindre.

1. Gare au déficit d'investissement

Le premier four à micro-ondes a débarqué sur le marché en 1955. En dollars actuels, son prix était de près de 12 000 dollars. De nos jours, vous pouvez vous en procurer un de bonne qualité pour 50 dollars.

Pourquoi les micro-ondes sont-ils devenus si bon marché ? Parce qu'il était évident qu'un équipement capable de réchauffer de la nourriture, en une fraction de seconde par rapport à un four traditionnel, ne pourrait que séduire. Les ventes de micro-ondes ont rapidement progressé, attisant la concurrence sur le marché, mais favorisant aussi la production d'appareils de moins en moins chers.

Si seulement le marché de l'énergie fonctionnait de la même manière. L'électricité n'est pas comme le marché des micro-ondes, où c'est le produit doté des meilleures caractéristiques qui l'emporte. Un électron sale fera marcher votre éclairage aussi bien qu'un électron propre. Par conséquent, sans intervention politique – sous la forme d'une taxe sur le carbone, ou de normes qui exigent un certain volume d'électrons zéro carbone sur le marché –, rien ne garantit que l'entreprise qui investit dans des électrons propres destinés à votre foyer gagnera vraiment de l'argent. L'énergie est un secteur soumis à des réglementations si draconiennes, et qui engloutit tant de capital, que le risque est considérable.

Vous comprenez donc pourquoi le secteur privé sous-investit systématiquement dans la recherche et le développement dans ce domaine. Les sociétés du secteur de l'énergie consacrent en moyenne 0,3 % de leurs revenus à la recherche et au développement. Le secteur de l'électronique et l'industrie pharmaceutique, en comparaison, y consacrent respectivement près de 10 et 13 %.

Pour combler ce fossé, nous aurons besoin de politiques gouvernementales et de financements qui se concentreront particulièrement sur les zones où nous devons inventer de nouvelles technologies zéro carbone. Quand une idée en est aux premiers stades – quand on ne sait pas encore si elle va fonctionner, et que sa concrétisation risque de prendre plus de temps que ce que les banques et les spécialistes du capital-risque sont disposés à attendre –, une politique et un financement judicieux peuvent garantir qu'elle sera étudiée en profondeur. Elle peut aussi bien déboucher sur une grande découverte que sur un fiasco, aussi devons-nous accepter la perspective de quelques échecs cuisants.

En général, le gouvernement a pour rôle d'investir dans la recherche et le développement quand le secteur privé s'en abstient parce qu'il n'identifie pas les bénéfices qu'il pourrait en retirer. Mais dès qu'une entreprise comprend clairement quels en sont les retours financiers potentiels, c'est au secteur privé de prendre le relais. En fait, c'est exactement ainsi que nous avons développé ces produits que vous utilisez probablement tous les jours, comme Internet, des médicaments qui sauvent des vies, ou encore le Global Positioning System (GPS) que votre smartphone utilise pour vous aider à vous orienter. Le secteur de l'ordinateur personnel – y compris Microsoft – n'aurait jamais connu un tel succès si le gouvernement américain n'avait pas engagé des fonds dans la recherche sur des microprocesseurs plus petits et plus rapides.

Dans certains domaines, comme la technologie numérique, la transition entre investissements publics et privés est assez rapide. En ce qui concerne l'énergie propre, il faut beaucoup plus de temps et encore plus d'engagement financier de la part du gouvernement, parce que le travail scientifique et d'ingénierie est aussi coûteux que de longue haleine.

Investir dans la recherche a un autre avantage : cela peut stimuler la création d'entreprises dans un pays, des entreprises qui, alors, exporteront leurs produits vers d'autres. Le Pays 1, par exemple, pourrait créer un e-carburant bon marché, le vendre à sa propre population, mais aussi l'exporter vers le Pays 2. Même si le Pays 2 ne fait pas beaucoup d'efforts pour diminuer ses émissions, il finira quand même par le faire, simplement parce que quelqu'un d'autre aura inventé un carburant moins cher et meilleur.

Enfin, si le domaine de la recherche et du développement rapporte directement des bénéfices, il est encore plus rentable quand on l'associe à des avantages destinés à attirer les investisseurs privés. Une revue scientifique peut certes annoncer une découverte, mais aucune société n'ira transformer cette nouvelle idée en produit, à moins d'être sûre de trouver des acquéreurs, surtout au début, quand le produit coûtera cher.

2. Donner les mêmes chances à tout le monde

Ainsi que je l'ai dit et répété (trop, peut-être), nous devons réduire les Green Premiums à zéro. On peut y arriver en partie grâce aux innovations que j'ai décrites dans les chapitres 4 à 8 – en baissant le coût de la production de l'acier zéro carbone, par exemple.

Mais nous pouvons aussi augmenter le coût des combustibles fossiles en intégrant les dégâts qu'ils provoquent dans leur tarification.

Aujourd'hui, quand les entreprises fabriquent des produits ou que les consommateurs achètent ces derniers, cela ne s'accompagne d'aucun frais supplémentaire pour le carbone, même si ce dernier impose un coût bien réel à la société. C'est ce que les économistes appellent une « externalité » : une dépense qui est supportée par la société plutôt que par l'individu ou l'entreprise qui en est responsable. Il existe plusieurs solutions, dont la taxe carbone ou un programme d'échanges de droits d'émissions, pour garantir qu'au moins une partie de ces coûts externes sera payée par celui qui en est responsable.

En bref, nous pouvons réduire les Green Premiums en diminuant le prix des produits sans carbone (ce qui nécessite des innovations techniques), et en augmentant celui des produits qui émettent du carbone (ce qui passe par la mise en place de nouvelles politiques), ou encore en faisant un peu des deux. L'idée n'est pas de punir les gens pour leurs gaz à effet de serre, mais d'inciter les inventeurs à développer des solutions sans carbone concurrentielles. En augmentant progressivement le prix du carbone pour refléter son coût réel, les gouvernements pourront amener les producteurs et les consommateurs à prendre des décisions plus efficaces, tout en encourageant les innovations qui réduiront les Green Premiums. Vous serez sans doute plus enclin à inventer un nouveau type d'e-carburant si vous savez qu'il ne sera pas concurrencé par une essence artificiellement maintenue à bas prix.

3. Surmonter les obstacles autres que commerciaux

Pourquoi les propriétaires répugnent-ils à abandonner les chaudières alimentées en combustibles fossiles en faveur d'options électriques qui produisent moins d'émissions ? Parce qu'ils ne sont pas au courant de l'existence d'autres possibilités, qu'il n'y a pas assez de prestataires et d'installateurs qualifiés pour les leur fournir et que, dans certaines régions, c'est même illégal.

Pourquoi les propriétaires ne dotent-ils pas leurs logements de plus d'appareils efficaces ? Parce qu'ils laissent les factures énergétiques à leurs locataires, qui souvent ne sont pas autorisés à entreprendre des améliorations et qui n'y résideront probablement pas assez longtemps pour en récolter les fruits.

Aucun de ces obstacles, vous le remarquerez, n'a de rapport avec le coût. Ils sont principalement dus à un manque d'information, de personnel qualifié, ou d'avantages – autant de domaines où une politique gouvernementale judicieuse pourrait vraiment faire la différence.

4. Rester informé

Parfois, le plus grand obstacle n'est pas la sensibilisation du consommateur ou le dérèglement des marchés. Il arrive que ce soient les politiques gouvernementales elles-mêmes qui compliquent la décarbonation.

Par exemple, si vous voulez utiliser du béton dans un bâtiment, le code immobilier va décrire minutieusement quelles doivent être les caractéristiques du béton en question – sa résistance, le poids qu'il peut supporter, et ainsi de suite. Le code peut également préciser la composition chimique exacte du béton que vous êtes en droit d'utiliser. Ces critères excluent souvent le ciment à basses émissions qui nous intéresse, même s'il respecte toutes les normes de rendement.

Personne ne veut voir des bâtiments et des ponts s'effondrer à cause d'un béton défectueux. Mais nous pouvons veiller à ce que les normes reflètent les dernières avancées technologiques et la volonté d'atteindre le zéro.

5. Planifier une transition juste

Avec une transition aussi ambitieuse vers une économie neutre en carbone, il y aura forcément des gagnants et des perdants. Aux États-Unis, les États dont les économies sont fortement liées à l'extraction des combustibles fossiles – le Texas et le Dakota du Nord par exemple – devront créer des emplois aussi rémunérateurs que ceux qu'ils auront perdus. Il faudra également remplacer les recettes fiscales qui financent les écoles, les routes et d'autres infrastructures essentielles. Il en ira de même des États qui vivent de l'élevage, comme le Nebraska, si la viande artificielle prend la place de la viande traditionnelle. Et les gens à faibles revenus, qui consacrent déjà une partie importante de leur budget à l'énergie, ressentiront plus que d'autres le poids des Green Premiums.

J'aimerais tant qu'il soit facile de résoudre ces problèmes. Dans certaines régions, les emplois bien rémunérés du pétrole et du gaz seront naturellement remplacés par des postes, disons, dans l'industrie solaire. Mais beaucoup d'autres salariés devront en passer par une transition difficile qui les obligera à gagner leur vie en travaillant dans un autre secteur que celui des combustibles fossiles. Les solutions vont varier d'un endroit à un autre, et devront donc être formulées par les autorités locales. Mais le gouvernement fédéral peut aider – dans le cadre d'un plan d'ensemble pour atteindre zéro –, en fournissant un financement et des conseils techniques, mais aussi en permettant aux municipalités qui connaissent des problèmes similaires dans tout le pays de partager les solutions qui fonctionnent.

Enfin, là où le charbon ou le gaz naturel représentent une grande partie de l'économie locale, on peut comprendre que les gens redoutent d'avoir du mal à joindre les deux bouts à cause de la transition. Le fait qu'ils expriment ces inquiétudes ne fait pas d'eux des climato-sceptiques. Il n'est pas nécessaire d'être politologue pour penser que les responsables nationaux qui prétendent arriver au zéro bénéficieront d'un meilleur soutien s'ils sont à l'écoute des appréhensions des familles et des villes dont l'existence sera bouleversée, et s'ils prennent ces angoisses au sérieux.

6. Ne pas reculer devant l'obstacle

Beaucoup de travaux sur le changement climatique se concentrent sur les moyens relativement simples de réduire les émissions – comme rouler avec des voitures électriques et produire plus d'énergie solaire et éolienne. Ce qui est logique, car c'est en faisant la démonstration du progrès, en présentant nos premiers succès que l'on pourra convaincre plus de gens. C'est essentiel. Car nous n'avons même pas encore pris les mesures les plus simples, à une échelle suffisamment ambitieuse pour qu'elles aient un impact suffisant. Nous ne pouvons donc que progresser.

Mais nous ne pouvons pas nous contenter d'opter pour la facilité. Maintenant que le mouvement contre le changement climatique prend de l'ampleur, nous allons devoir nous attaquer aux étapes plus complexes : le stockage de l'électricité, les carburants propres, le ciment, l'acier, les engrais, et ainsi de suite. Ce qui va exiger une approche différente en termes de législation. Outre la mise en œuvre des outils dont nous disposons déjà, nous devrons investir plus dans la recherche et le développement liés à ces étapes plus complexes – tout cela se trouvant en grande partie au cœur de nos infrastructures, comme les routes et les immeubles –, et nous devrons appliquer des politiques expressément conçues pour favoriser ces découvertes et les lancer sur le marché.

7. Technologie, politique et marchés : un effort simultané

En dehors de la technologie et de la politique, nous devrons prendre en considération un troisième élément : les entreprises qui développeront de nouvelles inventions et s'assureront qu'elles soient accessibles au grand public, de même que les investisseurs et les marchés financiers qui soutiendront ces entreprises. À défaut d'un terme plus juste, je parlerai, pour définir grossièrement ce groupe, des « marchés ».

Les marchés, la technologie et la politique sont semblables à trois leviers que nous devrons actionner ensemble si nous voulons nous sevrer des combustibles fossiles. Il faut que nous les tirions tous les trois en même temps et dans la même direction.

Il ne servira pas à grand-chose de se contenter d'adopter une politique – par exemple, une norme de zéro émission pour les voitures –, si nous ne disposons pas de la technologie capable d'éliminer les émissions ou si aucun constructeur automobile n'est prêt à produire et vendre des voitures qui respectent à ces normes. D'un autre côté, il ne sera pas d'une grande utilité de disposer d'une technologie à basses émissions – disons, un système qui capte le carbone provenant d'une centrale de charbon – si nous n'offrons pas des avantages financiers aux prestataires d'énergie afin qu'ils l'installent. Et rares sont les entreprises qui feront le pari d'inventer des technologies zéro émission si leurs concurrents sont à même de casser les prix avec des produits à base de carburants fossiles.

C'est pourquoi les marchés, la politique et la technologie doivent travailler de façon complémentaire. Les politiques, comme la décision de consacrer davantage de fonds à la recherche et au développement, peuvent aider à lancer de nouvelles technologies et à façonner les marchés qui garantiront leur diffusion auprès de millions de personnes. Mais l'inverse est tout aussi vrai : les politiques devraient également être fonction des technologies que nous développons. Si, par exemple, nous découvrions un carburant liquide révolutionnaire, alors nos politiques se concentreraient sur les investissements et les stratégies de financement nécessaires à son développement à grande échelle, et nous n'aurions pas à nous soucier autant, par exemple, de nouvelles solutions pour stocker de l'énergie.

Je vais vous donner quelques exemples de ce qu'il advient quand ces trois domaines fonctionnent ensemble et quand ils ne le font pas.

Pour comprendre l'effet des politiques qui ne tiennent pas compte de l'évolution de la technologie, considérons le secteur de l'énergie nucléaire. Le nucléaire est la seule source d'énergie sans carbone que nous pouvons utiliser presque partout, vingt-quatre heures sur vingt-quatre, sept jours sur sept. Une poignée d'entreprises, dont TerraPower, travaillent sur des réacteurs avancés qui résolvent les problèmes des réacteurs encore en service aujourd'hui, dont la conception remonte à une cinquantaine d'années. Plus sûrs, moins chers, ils produisent beaucoup moins de déchets. Mais sans les politiques adéquates et une approche judicieuse des marchés, le travail scientifique et d'ingénierie sur ces réacteurs avancés ne mènera à rien.

Aucune centrale nucléaire de nouvelle génération ne sera construite sans que sa conception puisse être validée, que les chaînes logistiques soient établies, et qu'un projet témoin soit construit pour faire la démonstration de cette nouvelle approche. Malheureusement, hormis de rares exceptions comme la Chine et la Russie – qui investissent directement dans des entreprises d'État dans ce domaine –, la plupart des pays n'ont pas les moyens concrets d'y parvenir. Il serait utile que des gouvernements investissent dans des projets témoins, comme cela a été le cas aux États-Unis récemment. Cela peut vous sembler intéressé, bien sûr, dans la mesure où je détiens une société dans ce secteur, mais c'est pourtant la seule solution si l'on veut que l'énergie nucléaire contribue à la lutte contre le changement climatique.

L'exemple des biocarburants constitue un défi différent : nous devons être sûrs du problème que nous tentons de résoudre, et adapter nos politiques en fonction.

En 2005, face à la hausse du prix du pétrole et pour limiter les importations, le Congrès a fait voter le Programme sur le carburant renouvelable, qui établit des objectifs en termes de quantité de biocarburant qui devra être utilisé aux États-Unis dans les prochaines années. Ce vote a adressé un signal clair au secteur des transports, qui a beaucoup investi dans le biocarburant disponible à l'époque – l'éthanol à base de maïs. L'éthanol de maïs concurrençait déjà l'essence, parce que le prix de cette dernière augmentait et que les producteurs d'éthanol bénéficiaient depuis des années d'allègements fiscaux.

Cette politique a porté ses fruits. La production d'éthanol a rapidement dépassé les objectifs que le Congrès avait établis ; aujourd'hui, le litre d'essence aux États-Unis peut contenir jusqu'à 10 % d'éthanol.

Puis, en 2007, le Congrès a entrepris d'utiliser les biocarburants pour résoudre un problème différent. Il ne s'agissait plus seulement de la hausse du prix du pétrole, mais aussi du changement climatique. Le gouvernement a fixé de nouveaux objectifs pour les biocarburants et a par ailleurs exigé que près de 60 % de tous les biocarburants vendus aux États-Unis ne soient pas produits à base de maïs, mais d'autres amidons. (Les biocarburants produits de cette façon réduisent les émissions trois fois plus que les biocarburants conventionnels.) Les raffineurs ont rapidement atteint l'objectif des biocarburants conventionnels à base de maïs, mais les solutions avancées sont toujours très loin de leur objectif.

Pourquoi ? Entre autres parce que la science des biocarburants avancés est complexe. Et que le prix du pétrole est resté relativement peu élevé, si bien qu'il est difficile de justifier des investissements majeurs dans une solution qui sera plus chère. Mais surtout, du point de vue des entreprises susceptibles de produire ces biocarburants et des investisseurs capables de les soutenir, le marché paraissait incertain.

Prévoyant des déficits dans l'approvisionnement en biocarburants avancés, l'exécutif ne cesse depuis de réviser ses objectifs à la baisse ; en 2017, l'objectif est passé de 20 milliards à 1,1 milliard de litres. Et parfois, les nouveaux objectifs sont annoncés si tard dans l'année que les producteurs ne savent pas quelle quantité ils peuvent espérer vendre. C'est un cercle vicieux : le gouvernement réduit les quotas parce qu'il s'attend à un déficit, et il y a effectivement toujours des déficits parce que le gouvernement continue de baisser les quotas.

La leçon qu'il faut en tirer est que les législateurs doivent exprimer clairement les objectifs qu'ils veulent atteindre, et qu'ils doivent connaître les technologies qu'ils essaient de promouvoir. La mise en place d'un quota pour les biocarburants était un bon moyen de réduire les importations de pétrole nécessaires aux États-Unis, car on disposait déjà d'une solution – l'éthanol de maïs – capable de répondre à cette demande. La politique a stimulé l'innovation, puis a développé le marché et l'a incité à commercialiser le produit à grande échelle. En revanche, l'établissement d'un quota de biocarburants n'a pas été particulièrement efficace en termes de réduction des émissions, parce que les législateurs n'ont pas pris en compte le fait que la technologie appropriée – les biocarburants avancés – en était encore à ses balbutiements. Ils n'ont pas su rassurer le marché quant à l'avenir de cette technologie, qui, en manque d'investissements, en est toujours au stade embryonnaire.

Maintenant, intéressons-nous à une belle réussite, née d'une bien meilleure coopération entre la politique, la technologie et les marchés. Dès les années 1970, le Japon, les États-Unis et l'Union européenne ont commencé à financer des recherches sur divers moyens de produire de l'électricité grâce à la lumière du soleil. Au début des années 1990, la technologie solaire avait suffisamment progressé pour que davantage de sociétés se lancent dans la fabrication de panneaux, mais le solaire n'était pas encore populaire.

L'Allemagne a galvanisé le marché en offrant des prêts à taux faibles pour l'installation de panneaux, et en rachetant à un tarif préférentiel l'électricité en surplus produite grâce à l'énergie solaire[1]. Puis, en 2011, les États-Unis ont eu recours à des garanties de prêts pour financer les cinq plus grandes installations solaires du pays[2]. La Chine a joué un rôle important dans le développement de moyens ingénieux afin de réduire le coût des panneaux solaires. Grâce à toutes ces innovations, le prix de l'électricité solaire a chuté de 90 % depuis 2009.

L'énergie éolienne est un autre bon exemple. Durant la dernière décennie, le parc d'éoliennes a progressé de 20 % par an en moyenne, et les éoliennes fournissent aujourd'hui près de 5 % de l'électricité mondiale. L'éolien se propage pour une simple et bonne raison : il coûte de moins en moins cher. La Chine, qui représente une part importante, et croissante, de ce type d'énergie dans le monde, a annoncé qu'elle ne subventionnerait bientôt plus les projets d'éoliennes sur les côtes, parce que l'électricité qu'ils produisent sera aussi bon marché que celle qui provient de sources conventionnelles.

1. Source : Agence internationale de l'énergie

2. Source : U.S. Energy Department, « Renewable Energy and Efficient Energy Loan Guarantees », www.energy.gov

Pour comprendre comment on en est arrivé là, prenons le cas du Danemark. À l'époque des chocs pétroliers des années 1970, le gouvernement danois a adopté un certain nombre de mesures en faveur de la promotion de l'énergie éolienne afin d'importer moins de pétrole. Entre autres, Copenhague a beaucoup investi dans la recherche et le développement des énergies renouvelables. Les Danois n'étaient pas les seuls à s'engager dans cette voie (à peu près au même moment, les États-Unis ont commencé à travailler sur une grande ferme d'éoliennes dans l'Ohio), mais ils ont entrepris quelque chose d'inhabituel. Ils ont associé leur soutien à la recherche et au développement à un système de rachat préférentiel, puis à une taxe carbone.

Quand des pays comme l'Espagne ont fait de même, l'industrie éolienne s'est répandue. Les entreprises étaient désormais incitées à développer des rotors plus grands et des machines à plus grande capacité afin que chaque éolienne puisse produire plus d'énergie, et elles ont commencé à vendre plus d'unités. Avec le temps, le coût des éoliennes a nettement baissé. Tout comme le prix de l'électricité qu'elles produisent : au Danemark, il a chuté de moitié entre 1987 et 2001. Aujourd'hui, le pays tire la moitié de son électricité d'éoliennes en mer et sur les côtes, et il en est le plus grand exportateur au monde.

Le Danemark a été un des premiers à rendre l'énergie éolienne plus abordable. Ces turbines sont situées sur l'île de Samsø.

Soyons clairs : ces exemples n'ont pas pour but d'affirmer que l'énergie solaire ou éolienne est la réponse à tous nos besoins. (Elle répond à certains de nos besoins en électricité. Voir le chapitre 4.) L'idée, c'est que quand nous nous concentrons sur trois choses en même temps – la technologie, la politique et les marchés – nous pouvons encourager les innovations, favoriser l'apparition de nouvelles entreprises et diffuser de nouveaux produits sur le marché plus rapidement.

Quiconque veut faire face au changement climatique doit comprendre comment ces trois éléments fonctionnent ensemble. Dans le prochain chapitre, je propose justement un plan qui les allie.

CHAPITRE 11

UN PLAN POUR ARRIVER À ZÉRO

Quand je me suis rendu à Paris en 2015 pour assister à la conférence sur le climat, je n'ai pas pu m'empêcher de me demander : peut-on vraiment y arriver ?

C'était enthousiasmant de voir des dirigeants du monde entier se rassembler pour approuver des objectifs communs dans la lutte contre le réchauffement, et presque toutes les nations se sont engagées à réduire leurs émissions. Mais de nombreux sondages montraient que le dérèglement climatique n'était encore qu'une question politique secondaire (au mieux), aussi redoutais-je que nous n'ayons jamais la volonté d'accomplir une mission si difficile.

Je suis heureux de constater que l'intérêt du public pour le changement climatique a évolué bien au-delà de ce que j'imaginais. Ces dernières années, le débat planétaire sur le réchauffement a connu une formidable évolution. La volonté politique va croissant, à tous les niveaux, puisque les électeurs, partout dans le monde, appellent à l'action. Des villes, des régions s'engagent à réduire considérablement leurs émissions pour soutenir leurs objectifs nationaux (ou, dans le cas des États-Unis, pour y suppléer).

Nous devons maintenant associer ces objectifs à des plans précis pour les mettre en œuvre, tout comme, dans les premiers jours de Microsoft, Paul Allen et moi avions un objectif (« un ordinateur sur chaque bureau et dans chaque foyer », disions-nous alors). Nous avons passé les dix années suivantes à élaborer un plan pour l'atteindre. Les gens pensaient que nous étions fous de poursuivre un rêve aussi démesuré, et pourtant ce défi n'était rien comparé à ce que le changement climatique va exiger de nous : un engagement massif impliquant à la fois la population et les institutions du monde entier.

Le chapitre 10 était consacré au rôle que les gouvernements doivent jouer dans la poursuite de cet objectif. Celui-ci se concentre sur les mesures précises que les chefs d'État et de gouvernement et les législateurs peuvent prendre pour éviter un désastre climatique. (Vous trouverez de plus amples détails sur breakthroughenergy.org.) Dans le chapitre suivant, j'exposerai ce que chacun d'entre nous peut faire à son échelle pour atteindre le zéro carbone.

De combien de temps disposons-nous pour réaliser ce plan ? D'après les scientifiques, il faudrait que les pays riches y parviennent d'ici 2050. Vous avez probablement entendu des gens affirmer que nous pourrions décarboner encore plus rapidement et à grande échelle d'ici 2030.

Malheureusement, pour toutes les raisons que j'ai présentées dans ce livre, cette date est irréaliste. Compte tenu de la place cruciale qu'occupent les combustibles fossiles dans nos vies, nous n'avons tout simplement aucun moyen de cesser de les utiliser aussi massivement en une seule décennie.

Ce que nous pouvons faire – ce que nous *devons* faire – dans les dix prochaines années, c'est adopter des politiques qui nous engageront sur la voie d'une décarbonation totale d'ici 2050.

C'est une distinction capitale, bien qu'elle ne soit pas évidente à première vue. En fait, on pourrait avoir l'impression que « réduire d'ici 2030 » et « arriver à zéro d'ici 2050 » sont complémentaires. L'année 2030 n'est-elle pas qu'une étape sur le chemin qui mène à 2050 ?

Pas nécessairement. Si nous procédons à des réductions d'ici 2030 de la mauvaise manière, cela pourrait nous *empêcher* en réalité d'arriver un jour au zéro.

Pourquoi ? Parce que les décisions que nous prendrions pour parvenir à de petites réductions d'ici 2030 sont radicalement différentes de ce qui doit être entrepris pour arriver au zéro en 2050. Ce sont vraiment deux voies distinctes, avec des chances de réussite diverses, et nous devons choisir l'une des deux. Se fixer des buts pour 2030 est essentiel, mais seulement s'il s'agit d'étapes clés en vue d'atteindre le zéro carbone d'ici 2050.

Si nous entreprenons de réduire les émissions aux alentours de 2030, nous concentrerons nos efforts uniquement sur cet objectif – même si, de ce fait, il sera ensuite plus ardu, voire impossible, d'atteindre le zéro, notre but ultime.

Et voici pourquoi. Par exemple, si « réduire d'ici 2030 » est le seul indicateur de notre succès, il serait alors tentant de remplacer les centrales alimentées au charbon par celles au gaz ; après tout, cela réduirait nos émissions de dioxyde de carbone. Mais toute centrale au gaz construite entre aujourd'hui et 2030 serait toujours opérationnelle en 2050 – elles doivent fonctionner pendant des dizaines d'années avant que ne soit couvert le coût de leur construction – et celles qui fonctionnent au gaz naturel produiraient toujours des gaz à effet de serre. Nous arriverions à notre objectif de « réduire d'ici 2030 », mais il y aurait peu d'espoir d'atteindre un jour zéro émission.

D'un autre côté, si nous pensons en termes d'étapes pour arriver à notre objectif « zéro en 2050 », il devient dès lors absurde de dépenser du temps ou de l'argent à remplacer le charbon par le gaz. À la place, nous ferions mieux de poursuivre deux stratégies en même temps : premièrement, tout faire pour produire une électricité zéro carbone abordable et fiable ; deuxièmement, électrifier autant que possible, depuis les véhicules aux procédés industriels et aux pompes à chaleur, même dans les endroits qui dépendent actuellement de carburants fossiles pour leur électricité.

Si tout ce qui nous importe est de réduire nos émissions d'ici 2030, cette approche serait un échec, puisque cela n'aboutirait qu'à des réductions marginales dans une dizaine d'années. Mais nous serions bien positionnés pour une réussite à long terme. À chaque découverte dans les domaines de la production, du stockage et de l'approvisionnement de l'électricité propre, nous nous rapprocherions un peu plus de zéro émission.

Par conséquent, si vous souhaitez disposer d'un étalon pour identifier les pays qui progressent dans la lutte contre le changement climatique et ceux qui n'avancent pas, ne vous intéressez pas seulement à ceux qui réduisent leurs émissions. Cherchez ceux qui se sont fixé comme but d'atteindre zéro. Peut-être leurs émissions évoluent-elles peu pour l'instant, mais ils méritent d'être salués parce qu'ils se sont engagés sur la bonne voie.

Je partage l'avis des partisans de 2030 sur un point : c'est une mission urgente.

Actuellement, nous en sommes au même stade au sujet du réchauffement que nous l'étions il y a des années à propos des pandémies. Les spécialistes de la santé nous prévenaient qu'une épidémie massive était pratiquement inévitable. Malgré leurs avertissements, le monde ne s'est pas assez préparé, et soudain, il a dû se bousculer pour tenter de rattraper le temps perdu. Nous ne devons pas commettre la même erreur avec le dérèglement climatique. Nous devrons réaliser des percées dans différents domaines avant 2050, et nous savons que le développement et la mise en œuvre de nouvelles sources énergétiques prennent beaucoup de temps, aussi devons-nous nous y atteler dès à présent. Si nous faisons dès aujourd'hui appel à la puissance de la science et de l'innovation, tout en veillant à ce que ces nouvelles solutions profitent aux plus pauvres, nous pourrons éviter de répéter les erreurs commises s'agissant des pandémies. Ce à quoi peut nous servir le plan qui suit.

L'innovation et la loi de l'offre et de la demande

Comme je l'ai expliqué dès le début de ce livre – et j'espère que mes arguments ont gagné en clarté au fil des chapitres –, tout plan exhaustif de lutte contre le réchauffement doit s'appuyer sur un grand nombre de disciplines différentes. La climatologie nous dit *pourquoi* nous devons gérer ce problème, mais pas *comment*. Pour cela, nous aurons besoin de la biologie, de la chimie, de la physique, de la politologie, de l'économie, de l'ingénierie et d'autres domaines. Non que tout le monde ait besoin de maîtriser chacun de ces sujets, pas plus que Paul et moi n'étions experts en marketing, en partenariat d'entreprises, ou en collaboration avec les gouvernements quand nous nous sommes lancés. Ce dont Microsoft avait besoin, et ce dont nous avons besoin maintenant pour faire face au réchauffement, c'est d'une approche qui permette à plusieurs secteurs de nous mettre sur la bonne voie.

Que ce soit dans celui de l'énergie, des logiciels, ou à peu près tous les autres domaines, c'est une erreur d'envisager l'innovation dans un sens strictement technologique. L'innovation ne se résume pas au fait d'inventer une nouvelle machine ou une nouvelle méthode ; innover, c'est aussi développer de nouvelles visions, des business models, des chaînes de logistique, des marchés et des politiques. Des visions qui contribueront à la naissance de nouvelles inventions et à leur diffusion à l'échelle mondiale. L'innovation concerne non seulement de nouveaux appareils, mais aussi de nouvelles façons de faire.

En gardant ces réserves à l'esprit, j'ai scindé mon plan à partir de deux catégories. Elles vous paraîtront familières si vous avez fait des études d'économie : l'une passe par l'augmentation de *l'offre* d'innovations – autrement dit, le nombre de nouvelles idées à tester –, tandis que l'autre consiste à accélérer la *demande* d'innovations. Les deux sont plus ou moins indissociables. Sans la demande d'innovations, les inventeurs et les décideurs ne seront pas incités à produire de nouvelles idées ; mais sans une offre régulière d'innovations, les acheteurs ne trouveront pas les produits verts dont le monde a besoin pour arriver à zéro émission.

Je me rends bien compte que ce plan a l'air sorti d'une école de commerce, mais il est pourtant plutôt réaliste. Toute la démarche de la Fondation Gates repose sur l'idée que nous devons offrir des innovations aux pauvres tout en accroissant la demande. Et chez Microsoft, nous avons créé un grand groupe qui ne se consacrait qu'à la recherche, ce dont je suis toujours aussi fier aujourd'hui. Sa mission consiste essentiellement à accroître l'offre en matière d'innovation. Nous avons aussi passé beaucoup de temps à écouter les clients, qui nous ont expliqué ce qu'ils attendaient de nos logiciels ; c'est cette analyse de la demande qui nous a fourni des informations cruciales afin de mieux orienter nos efforts en termes de recherche.

Accroître l'offre d'innovations

Cette première phase passe par des travaux de recherche et de développement classiques, durant lesquels des scientifiques et des ingénieurs géniaux rêvent des technologies dont nous avons besoin. Bien que nous disposions actuellement d'un certain nombre de solutions à faible niveau en carbone et à des coûts compétitifs, les technologies indispensables pour arriver à zéro émission au niveau mondial nous font encore défaut. J'ai mentionné les plus importantes dans les chapitres 4 à 9 ; en voici une nouvelle fois la liste, pour que vous puissiez vous y référer rapidement (vous pouvez ajouter les mots « assez bon marché pour que les pays à revenus moyens les achètent » à côté de chaque entrée) :

Technologies nécessaires

Hydrogène produit sans émission de carbone	Captage de carbone (à la fois Direct Air Capture et points de capture)
Réseau de stockage électrique qui peut durer toute une saison	Transfert d'électricité souterrain
E-carburants	Plastiques zéro carbone
Biocarburants avancés	Énergie géothermique
Ciment zéro carbone	Hydraulique pompée
Acier zéro carbone	Stockage thermique
Viande et laiterie végétales et cellulaires	Cultures alimentaires résistantes aux sécheresses et aux inondations
Engrais zéro carbone	Solutions zéro carbone à l'huile de palme
Fission nucléaire de nouvelle génération	Liquides de refroidissement sans gaz-F
Fusion nucléaire	

Afin que ces technologies soient assez rapidement opérationnelles pour faire la différence, les gouvernements doivent faire ce qui suit :

1. Quintupler l'énergie propre, ainsi que la recherche et le développement au cours des dix prochaines années. L'investissement public direct dans la recherche et le développement est une des mesures les plus importantes que nous puissions prendre pour lutter contre le changement climatique, mais les gouvernements n'y consacrent vraiment pas assez de fonds. En tout, le financement de la recherche et du développement par les États dans le domaine de l'énergie propre représente environ 22 milliards de dollars par an, soit 0,02 % de l'économie mondiale. Les États-Unis, de loin le plus grand investisseur dans la recherche sur l'énergie propre, ne dépensent que près de 7 milliards de dollars par an.

Quelle somme devrions-nous investir ? Je pense que les National Institutes of Health (NIH, Instituts américains de la santé chargés de la recherche médicale et biomédicale) sont un bon élément de comparaison. Dotés d'un budget de quelque 37 milliards de dollars par an, ils ont développé des médicaments et des traitements qui sauvent des vies et sur lesquels les Américains – ainsi que des gens partout ailleurs dans le monde – peuvent compter au quotidien. C'est un excellent modèle, dont nous devons nous inspirer pour le changement climatique. Même si le fait de quintupler le budget de la recherche et du développement peut paraître énorme sur le plan financier, ce n'est rien par rapport à l'importance du défi – et ce budget peut aussi prouver sans ambiguïté à quel point un gouvernement prend le problème au sérieux.

2. Parier davantage sur les projets de recherche et de développement à haut risque, mais extrêmement rentables. Il ne s'agit pas seulement du montant des dépenses des gouvernements ; ce qui importe, c'est aussi à quoi ils les affectent.

Il est déjà arrivé que des gouvernements regrettent amèrement d'avoir investi dans l'énergie propre (souvenez-vous de l'« affaire Solyndra », par exemple), et les responsables politiques, c'est compréhensible, ne tiennent pas à donner l'impression qu'ils gaspillent l'argent du contribuable. Mais cette peur de l'échec les prive de toute ambition dans le domaine de la recherche et du développement. Ils ont tendance à favoriser des investissements plus sûrs qui pourraient et devraient être financés par le secteur privé. Tout l'intérêt de l'intervention de l'État dans la recherche et le développement, c'est qu'elle permet de prendre des risques en pariant sur des idées osées qui peuvent échouer ou ne pas se révéler immédiatement rentables. Cela vaut en particulier pour les projets scientifiques si risqués que le secteur privé ne peut les soutenir pour les raisons que j'ai exposées dans le chapitre 10.

Pour comprendre ce qui se passe quand les gouvernements prennent des risques énormes, mais justifiés, considérons le Projet génome humain (Human Genome Project, HGP)[1]. Conçu pour cartographier l'ensemble des gènes humains et rendre les résultats accessibles au public, ce projet de recherche historique a été mené par le département américain de l'Énergie et les NIH, avec des partenaires au Royaume-Uni, en France, en Allemagne, nbau Japon et en Chine. Le projet a duré treize ans et a coûté des milliards de dollars, mais il a abouti à de nouveaux tests et traitements pour des dizaines de maladies génétiques, dont le cancer héréditaire du côlon, la maladie d'Alzheimer et le cancer du sein. Une étude indépendante sur le HGP a conclu que chaque dollar investi par le gouvernement fédéral dans le projet avait généré un retour de 141 dollars pour l'économie américaine[2].

Il faut que les gouvernements s'engagent de la même façon à financer des projets à grande échelle (de l'ordre de centaines de millions ou de milliards de dollars) qui peuvent faire avancer la science – particulièrement dans les domaines dont j'ai dressé la liste plus haut. Et ils doivent s'engager à les financer à long terme, pour que les chercheurs sachent qu'ils

1. Voir Human Genome Project Information Archive, « Potential Benefits of HGP Research », web.ornl.gov
2. Simon Tripp et Martin Grueber, « Economic Impact of the Human Genome Project », Battelle Memorial Institute, www.battelle.org

pourront compter sur un soutien stable pour les années à venir.

3. Adapter la recherche et le développement à nos besoins les plus urgents. Il est utile de faire la distinction entre la recherche créative sur des concepts scientifiques novateurs (ce que l'on appelle la « recherche fondamentale ») et les efforts qui visent à donner aux découvertes scientifiques des applications pratiques (la recherche appliquée). Bien que ce soient des choses différentes, c'est une erreur de croire – comme le font certains puristes –, que la recherche fondamentale ne devrait pas être souillée par des considérations pratiques et mercantiles. Quelques-unes des plus grandes découvertes se sont produites quand les scientifiques ont orienté leurs recherches en ayant un objectif pratique à l'esprit ; les travaux de Louis Pasteur en microbiologie, par exemple, ont débouché sur les vaccins et la pasteurisation. Nous avons besoin de davantage de programmes gouvernementaux qui intègrent la recherche fondamentale et appliquée dans les domaines où il est urgent d'innover.

L'Initiative SunShot du département américain de l'Énergie en est un bon exemple. En 2011, les responsables du programme se sont fixé pour objectif de baisser le coût de l'énergie solaire de 0,06 dollar par kilowattheure en dix ans. Ils se sont concentrés sur la recherche et le développement en amont, mais ont aussi encouragé les entreprises privées, les universités et les laboratoires nationaux à s'attaquer à des questions comme la baisse du prix des équipements solaires, la suppression des obstacles administratifs et la réduction du coût de financement de ces dispositifs. Grâce à cette approche intégrée, SunShot a atteint son objectif en 2017, trois ans avant la date prévue.

4. Travailler dès le début avec l'industrie. Je me suis trouvé confronté à une autre distinction artificielle qui veut que l'innovation en amont concerne les gouvernements, alors qu'au stade ultérieur, c'est l'industrie qui doit prendre le relais. Ce n'est tout simplement pas ainsi que ça fonctionne en réalité, en particulier quand on en vient aux défis techniques complexes du secteur de l'énergie, où une idée n'est un succès que si elle est capable d'atteindre le niveau national, voire international. Dès les premiers stades, les partenariats doivent impliquer ceux qui peuvent réaliser l'objectif. Les gouvernements et l'industrie devront collaborer pour surmonter les obstacles et accélérer le cycle de l'innovation. Les entreprises peuvent aider à développer les prototypes de nouvelles technologies, fournir des informations sur le marché, et participer à l'investissement sur des projets. Et, bien sûr, ce sont elles qui vont commercialiser ces technologies, il est donc logique de les impliquer plus tôt.

Accélérer la demande d'innovations

La demande est un peu plus complexe que l'offre. Elle passe en réalité par deux étapes : la phase de preuves et la phase d'expansion.

Une fois qu'une approche a été testée en laboratoire, elle doit faire ses preuves sur le marché. Dans le secteur de la technologie, cette phase de preuves est rapide et bon marché ; il ne faut pas longtemps pour démontrer si un nouveau modèle de smartphone fonctionne et attire les clients. Mais en matière d'énergie, c'est bien plus compliqué, et plus cher.

Il faut vérifier que l'idée qui a fonctionné en laboratoire fonctionne toujours dans les conditions du monde réel. (Il se peut que les déchets de l'agriculture que vous voulez transformer en biocarburant soient plus humides que ceux que vous avez utilisés durant l'expérience et ne produisent donc pas autant d'énergie que ce que vous espériez.) Il faut également réduire les coûts et les risques d'une adoption rapide, développer les chaînes de logistique, tester votre business model et aider les consommateurs à s'habituer à cette nouvelle technologie. Parmi les idées actuellement en phase de preuves, citons le ciment à faible niveau de carbone, la fission nucléaire nouvelle génération, la capture de carbone et sa séquestration, les éoliennes en mer, l'éthanol cellulosique (un biocarburant avancé) et les solutions de remplacement à la viande.

La phase de preuves, c'est la vallée de la mort, là où les bonnes idées trépassent. Souvent, les risques qui se font jour quand on teste de nouveaux produits et qu'on les introduit sur le marché sont tout simplement trop importants ; les investisseurs prennent peur. Cela vaut en particulier pour les technologies à faible niveau de carbone, dont le lancement peut nécessiter des capitaux considérables tout en exigeant un changement de comportement assez substantiel de la part des consommateurs.

Les gouvernements (tout comme les grandes entreprises) peuvent aider les start-up énergétiques à se sortir sans dommage de cette vallée parce qu'ils sont de gigantesques consommateurs. S'ils accordent la priorité à l'achat de produits verts, alors ils permettront la croissance de ces produits sur les marchés en rassurant ces derniers et en réduisant les coûts.

Se servir de son pouvoir d'achat. Les autorités à tous les niveaux, fédéral ou national, des États, des régions et des provinces, ainsi que des municipalités, achètent d'énormes quantités d'essence, de ciment et d'acier. Ils construisent et entretiennent des avions, des camions, des voitures, et consomment des gigawatts d'électricité. Ils sont donc tout à fait à même de lancer des technologies émergentes sur le marché à un coût relativement faible – surtout si l'on prend en compte les avantages sociétaux de la diffusion de ces technologies à grande échelle. Les ministères de la Défense peuvent s'engager à acheter des carburants liquides à faible niveau de carbone pour leurs avions et leurs navires. Les autorités régionales peuvent utiliser du ciment et de l'acier à faible niveau d'émissions sur des chantiers de construction. Les prestataires d'énergie peuvent investir dans le stockage de longue durée.

Tout fonctionnaire chargé de gérer des achats devrait être incité à considérer les produits verts, et devrait apprendre à intégrer le coût des externalités dont nous avons parlé dans le chapitre 10.

D'ailleurs, cette idée n'a rien de vraiment nouveau. C'est ainsi qu'Internet s'est lancé au tout début : la recherche et le développement étaient financés par des fonds publics, bien sûr, mais il y avait également un client potentiel qui en attendait la mise en œuvre – le gouvernement américain.

Favoriser la réduction des coûts et des risques. En plus d'acheter des choses eux-mêmes, les gouvernements peuvent offrir au secteur privé divers avantages pour effectuer la transition vers des produits verts. Les allègements fiscaux, les garanties de prêt et d'autres outils peuvent aider à réduire les Green Premiums et stimuler la demande de nouvelles technologies. Beaucoup de ces produits resteront chers pendant un certain temps, aussi les acheteurs potentiels doivent-ils bénéficier d'un accès à des financements à long terme, et ils doivent pouvoir s'appuyer sur des politiques gouvernementales logiques et prévisibles.

Les gouvernements peuvent jouer un grand rôle en adoptant des politiques zéro carbone et en influençant la façon qu'auront les marchés d'attirer de l'argent pour ces projets. Quelques principes : les politiques gouvernementales devraient être *technologiquement neutres* (elles devraient opter pour toutes les solutions qui réduisent les émissions, plutôt que quelques-unes), *prévisibles* (au lieu d'expirer régulièrement avant d'être prolongées, comme cela arrive souvent aujourd'hui) et *flexibles* (pour qu'un grand nombre d'entreprises et d'investisseurs différents puissent en profiter, et pas seulement ceux qui paient des impôts importants).

Mettre en place les infrastructures qui permettront aux nouvelles technologies d'arriver sur le marché. Même les technologies à faible niveau de carbone et dont les prix sont compétitifs ne pourront pas s'assurer une part du marché s'il n'existe pas d'infrastructures pour les y accueillir en premier lieu. Les gouvernements, à tous les niveaux, doivent contribuer au développement de ces infrastructures. Cela comprend les câbles électriques pour les éoliennes et le solaire, les bornes de recharge pour les véhicules électriques et les gazoducs pour le dioxyde de carbone et l'hydrogène captés.

Modifier les réglementations afin que les nouvelles technologies puissent être compétitives. Une fois les infrastructures en place, nous aurons besoin de nouvelles réglementations sur le marché pour permettre aux nouvelles technologies d'être compétitives. Les marchés de l'électricité conçus pour des technologies du XXe siècle désavantagent celles du XXIe siècle. Par exemple, dans la plupart des cas, les prestataires qui investissent dans le stockage de longue durée ne sont pas indemnisés convenablement pour la valeur qu'ils ajoutent au réseau. Les réglementations compliquent l'utilisation de biocarburants avancés pour les voitures et les camions. Et, comme on l'a vu dans le chapitre 10, certaines nouvelles formes de béton à faible niveau de carbone ne peuvent pas rivaliser à cause de réglementations gouvernementales dépassées.

J'ai traité jusqu'à présent de la phase de développement c'est-à-dire les politiques favorisant la création et l'adoption d'innovations dans le domaine de l'énergie. Intéressons-nous maintenant à la phase d'expansion – la diffusion rapide et à grande échelle d'un produit. On ne peut atteindre cette étape que si le coût est assez bas, que les chaînes de logistique et les business models sont assez développés et que les consommateurs ont montré qu'ils étaient prêts à acheter le nouveau produit. Les éoliennes terrestres, l'énergie solaire et les véhicules électriques en sont tous à la phase d'expansion.

Mais il ne sera pas simple de les développer à plus grande échelle. En quelques dizaines d'années à peine, nous devrons plus que tripler la quantité d'électricité que nous consommons, et la majorité des nouveaux électrons devra provenir de l'éolienne, du solaire et d'autres formes d'énergie propre. Il nous faut adopter les véhicules électriques aussi vite que nous avons acheté des sèche-linges et des téléviseurs couleur dès qu'ils ont été disponibles. Nous devons modifier nos procédés de fabrication, nos cultures et nos élevages, tout en continuant à construire des routes et des ponts, ainsi que la nourriture dont nous dépendons tous.

Heureusement, comme je l'ai mentionné dans le chapitre 10, nous savons accroître les technologies énergétiques. Nous avons électrifié les campagnes et augmenté la production nationale de combustibles fossiles en associant politique et innovation. Certaines de ces politiques – les divers avantages fiscaux accordés aux compagnies pétrolières, par exemple – pourraient être considérées comme des subventions aux combustibles fossiles, mais elles ne sont en réalité qu'un outil qui a permis de répandre une technologie que nous pensions précieuse. Rappelez-vous que, jusqu'à la fin des années 1970, quand le concept de changement climatique a été évoqué pour la première fois dans le débat national, il était communément admis que la meilleure façon d'améliorer le niveau de vie et d'accroître le développement économique était de développer l'utilisation des combustibles fossiles. Nous devrions maintenant appliquer à l'énergie propre les leçons que nous en avons tirées.

Qu'est-ce que cela signifie en pratique ?

Évaluer le coût du carbone. Qu'il s'agisse d'une taxe carbone ou d'un système de troc de droits d'émissions qui permet aux entreprises d'acheter et de vendre le droit d'émettre du carbone, l'évaluation du coût de ces émissions est une priorité si l'on veut éliminer les Green Premiums.

À court terme, l'intérêt d'une taxe carbone, c'est qu'en augmentant le coût des combustibles fossiles, elle fait savoir au marché qu'il y aura des coûts supplémentaires associés aux produits qui émettent des gaz à effet de serre. Peu importe où iront les revenus de cette taxe carbone, l'essentiel, c'est le signal adressé de cette façon au marché. Beaucoup d'économistes proposent que l'argent soit rendu aux consommateurs ou aux entreprises pour couvrir l'augmentation des prix de l'énergie en résultant, même s'il paraît tout aussi fondé d'allouer ces fonds à la recherche et au développement, ou à d'autres initiatives visant à lutter contre le changement climatique.

À plus long terme, alors que nous approcherons de zéro émission, la taxe carbone pourrait être fonction du coût du Direct Air Capture, et les revenus serviraient à financer l'élimination du carbone dans l'air.

Même s'il s'agit là d'un tournant fondamental dans notre façon de penser la tarification des produits, le concept d'une taxe carbone fait presque l'unanimité parmi les économistes de plusieurs écoles de pensée et dans la classe politique. Ce sera techniquement et politiquement difficile à accomplir, aux États-Unis comme ailleurs dans le monde. Les gens seront-ils prêts à accepter cette hausse des prix pour leur essence et pour tous les autres produits qui, dans leur vie, implique des gaz à effet de serre, autrement dit, pratiquement tous ? Ce n'est évidemment pas à moi de formuler une solution définitive, mais l'objectif principal est de s'assurer que tout le monde paie le coût réel de ses émissions.

Des normes pour une électricité propre. Vingt-neuf États américains et l'Union européenne ont adopté un type de normes de performance appelé les « normes obligatoires d'énergie renouvelable ». L'idée est d'exiger des prestataires qu'ils produisent un certain pourcentage de leur électricité à partir de sources renouvelables. Ce sont des mécanismes flexibles fondés sur le marché ; par exemple, les fournisseurs qui ont accès à plus de ressources renouvelables peuvent vendre des crédits à ceux qui en ont moins. Mais la façon dont cette solution est abordée aujourd'hui pose problème : elle permet aux fournisseurs de n'utiliser que certaines technologies à faible niveau de carbone (éolienne, solaire, géothermique, parfois hydraulique), mais exclut les options comme l'énergie nucléaire ou le captage de carbone. Ce qui augmente considérablement le coût total de la baisse des émissions.

Il vaut mieux adopter des normes d'électricité propre, ce qu'un nombre croissant d'États s'efforcent de faire aujourd'hui. Plutôt que d'insister sur des sources d'énergie renouvelable particulières, elles autorisent toutes les technologies en faveur de l'énergie propre – y compris le nucléaire et le captage de carbone – à jouer un rôle. C'est une approche flexible et efficace sur le plan financier.

Des normes pour du carburant propre. Les normes de performance flexibles de ce type peuvent aussi être appliquées à d'autres secteurs, pour réduire les émissions des voitures et des bâtiments ainsi que des centrales électriques. Par exemple, une norme de carburant propre appliquée au secteur des transports pourrait accélérer le déploiement des véhicules électriques, des biocarburants avancés, des e-carburants et d'autres solutions à faible niveau de carbone. Comme dans le cas d'une norme d'électricité propre, elle serait technologiquement neutre, et des entités réglementées pourraient être autorisées à échanger des crédits, deux solutions qui entraînent une baisse du coût pour les consommateurs. La Californie a créé un modèle qui va dans ce sens avec ses normes de carburant à faible niveau de carbone. Au niveau national, avec les normes du carburant renouvelable, les

États-Unis disposent d'une base pour une telle politique, les normes en question pouvant être réformées pour répondre aux limitations évoquées au chapitre 10, et étendues pour couvrir les autres solutions à faible niveau de carbone (y compris l'électricité et les e-carburants). Cela en ferait un formidable instrument dans la lutte contre le changement climatique. Les directives sur les énergies renouvelables de l'UE offrent des possibilités comparables en Europe.

Des normes pour des produits propres. Les normes de performance peuvent aussi aider à accélérer la mise en œuvre de solutions à faible niveau de carbone pour le ciment, l'acier, les plastiques et d'autres produits émetteurs. Les gouvernements pourraient commencer par imposer des normes dans leurs programmes d'achats et un étiquetage afin que tous les consommateurs disposent d'informations sur le niveau de « propreté » des différents fournisseurs. Puis nous pourrions appliquer ces normes à tous les produits émetteurs de carbone vendus sur le marché, et pas uniquement à ceux qu'achètent les gouvernements. Les produits importés devraient respecter ces conditions, un moyen de répondre aux inquiétudes des pays qui redoutent que la réduction des émissions dans leurs secteurs de fabrication rende leurs produits plus chers et ne les placent ainsi dans une position concurrentielle désavantageuse.

On se débarrasse de l'ancien. Non seulement les gouvernements devront lancer de nouvelles technologies aussi vite que possible, mais ils devront aussi retirer du service l'équipement inefficace alimenté en carburants fossiles – que ce soit les centrales électriques ou les automobiles – plus vite qu'ils ne le feraient autrement. Construire des centrales électriques coûte très cher, et l'énergie qu'elles produisent n'est bon marché que si vous pouvez ventiler le coût de leur construction tout au long de leur durée de vie utile. Par conséquent, les prestataires d'énergie et leurs agences de réglementation répugnent à fermer une centrale en parfait état de marche qui pourrait encore fonctionner pendant des décennies. Une politique qui offrirait des avantages, en termes de fiscalité ou de réglementation, pourrait accélérer ce processus.

Qui doit commencer ?

Aucun organisme gouvernemental ne pourrait à lui seul mettre pleinement en œuvre un plan comme celui que j'ai décrit ; l'autorité décisionnaire est tout simplement trop dispersée. Il faudra agir à tous les niveaux, depuis les gestionnaires des transports locaux aux législatures nationales et aux régulateurs environnementaux.

La combinaison exacte variera d'un pays à l'autre, mais je vais décrire quelques réalités qui se vérifient à peu près partout de nos jours.

Les administrations municipales jouent un rôle important dans la construction des bâtiments et dans l'énergie qu'ils utilisent, ce sont elles qui choisissent si les bus et les voitures de police fonctionnent à l'électricité, d'installer des infrastructures de recharge pour les véhicules électriques et comment les déchets doivent être gérés.

La plupart des autorités au niveau des États, dans une fédération ou au niveau régional, occupent une place centrale dans la réglementation de l'électricité, la planification d'infrastructures comme les routes et les ponts, et le choix des matériaux utilisés pour ces projets.

Les gouvernements nationaux ont généralement autorité sur les activités qui dépassent les frontières régionales, mais aussi internationales, ce sont eux qui rédigent les réglementations encadrant les marchés de l'électricité, adoptent les lois sur la pollution et imposent les normes pour les véhicules et les carburants. Ils disposent également d'un gigantesque pouvoir d'achat, sont la source principale des avantages fiscaux et accordent souvent un financement important à la recherche et au développement.

Pour simplifier, tout gouvernement national doit faire trois choses.

Premièrement, se fixer pour objectif d'arriver à zéro émission d'ici 2050 pour les pays riches, le plus tôt possible après 2050 pour les pays à revenus moyens.

Deuxièmement, développer des plans précis pour atteindre cet objectif. Pour arriver à zéro d'ici 2050, la politique et les structures de marché devront être en place dès 2030.

Et troisièmement, tout pays à même de financer la recherche doit s'engager dans la production d'une énergie propre tellement bon marché – afin de réduire les Green Premiums au minimum – que les pays à revenus moyens pourront eux aussi atteindre le zéro.

Pour vous montrer comment tout cela peut fonctionner, voici à quoi pourrait ressembler une approche pangouvernementale de l'innovation aux États-Unis.

Le gouvernement fédéral

Personne ne fait plus que le gouvernement américain pour stimuler l'innovation dans le domaine de l'énergie. Il est le principal bailleur de fonds et intervenant dans la recherche et le développement dans ce secteur, à l'aide de douze agences fédérales différentes (la plupart sous la tutelle du département de l'Énergie). Il dispose de toutes sortes d'instruments pour superviser et favoriser la recherche : des bourses, des programmes de prêts, des avantages fiscaux, des laboratoires, des projets pilotes, des partenariats entre le public et le privé et bien plus encore.

Le gouvernement fédéral est par ailleurs un acteur clé de la demande en ce qui concerne la politique environnementale et les produits verts. Il aide à financer les routes et les ponts construits par les autorités municipales et les États, il réglemente les infrastructures au niveau fédéral, comme les lignes à haute tension, les gazoducs et les oléoducs, les autoroutes, et il contribue aussi à établir les règles pour l'électricité et les marchés du carburant entre les États. Il collecte aussi la majorité des recettes fiscales, ce qui veut dire que les avantages financiers fédéraux seront un moteur efficace du changement.

Pour ce qui est de diffuser les nouvelles technologies, c'est encore le gouvernement fédéral qui joue le rôle le plus important. Il réglemente le commerce inter-États et a la haute main sur les échanges internationaux et la politique d'investissement. Autrement dit, nous aurons besoin de politiques fédérales pour réduire toutes les sources d'émissions qui traversent les frontières internationales ou celles qui séparent les États de la fédération. (Selon *The Economist* – une de mes revues préférées –, les émissions aux États-Unis seraient plus élevées d'environ 8 % si l'on incluait tous les produits fabriqués ailleurs que les Américains consomment. En Grande-Bretagne, elles seraient supérieures de 40 %.) Même si la taxe carbone, les normes d'électricité, de carburant et de produits propres devraient toutes être adoptées au niveau de chaque État, elles seront bien plus efficaces si elles sont appliquées dans tout le pays.

En pratique, cela veut dire que le Congrès doit voter le financement de la recherche et du développement, de la politique d'achats du gouvernement et de la mise en place des infrastructures, mais il doit également créer, modifier et accroître les avantages financiers offerts aux politiques environnementales et aux produits verts.

Dans le même temps, au niveau de l'exécutif, le département de l'Énergie mène des recherches en interne, tout en finançant d'autres travaux ; cela aura une importance capitale dans la mise en œuvre de normes pour une électricité fédérale propre. L'Agence de la protection de l'environnement sera chargée de concevoir et d'imposer des normes plus ambitieuses dans le domaine du carburant propre. La Commission fédérale de réglementation de l'énergie, qui supervise les immenses marchés de l'électricité, les transferts inter-États et les projets de pipelines, devra quant à elle réglementer la partie du plan qui traite des infrastructures et des marchés.

La liste ne s'arrête pas là. Le département de l'Agriculture effectue un travail essentiel en ce qui concerne l'aménagement du sol et les émissions dues à l'agriculture ; le département de la Défense achète des matériaux et des carburants avancés à faible niveau d'émissions ; la Fondation nationale des sciences finance la recherche ; le département des Transports aide à financer des routes et des ponts, et ainsi de suite.

En fin de compte, le problème est de savoir comment financer les efforts nécessaires pour arriver au zéro. Nous ne pouvons pas calculer précisément combien cela va nous coûter, car tout dépend du succès et de la rapidité des travaux d'innovation, ainsi que de l'efficacité de leur diffusion, mais nous savons que cela va requérir un investissement massif.

Les États-Unis ont la chance d'avoir des marchés de capitaux créatifs et matures, capables d'adopter d'excellentes idées et de les développer pour les mettre rapidement en œuvre ; j'ai suggéré comment le gouvernement fédéral pouvait aider ces marchés à s'engager dans la bonne voie et s'associer au secteur privé. Ailleurs, en Chine, en Inde et dans nombre de nations européennes, par exemple, les marchés privés ne sont pas aussi robustes, mais ces pays peuvent malgré tout entreprendre des investissements publics ambitieux en faveur du changement climatique. Et les institutions financières multilatérales, comme la Banque mondiale et les banques de développement en Asie, en Afrique et en Europe, souhaitent aussi s'impliquer davantage.

Deux choses sont claires. Premièrement, les sommes investies pour atteindre zéro émission et s'adapter aux dégâts inévitables devront augmenter radicalement et durablement. Cela implique que les gouvernements et les banques multilatérales trouvent de bien meilleurs moyens d'attirer des capitaux privés. Leurs coffres ne sont pas assez pleins pour leur permettre d'agir seuls.

Deuxièmement, l'investissement sur le climat est une affaire de longue haleine, extrêmement risquée. Par conséquent, le secteur public devrait user de sa puissance financière pour élargir le champ des investissements – sachant que les retours sur investissement ne seront sans doute pas présents avant longtemps –, mais aussi pour en réduire les risques. Il ne va pas être simple de mêler argent public et privé à une telle échelle, mais c'est primordial. Il faut que nos plus grands spécialistes de la finance s'attellent à ce problème.

Les gouvernements des États

Aux États-Unis, les États sont nombreux à montrer la voie. Vingt-quatre États et Porto Rico ont rejoint l'Alliance climatique, un groupe américain bipartisan, et se sont engagés à réaliser les objectifs de l'Accord de Paris et à réduire leurs émissions d'au moins 26 % d'ici 2025. Ce sera loin de suffire à diminuer les émissions de l'ensemble du pays, mais ce n'est pas non plus une goutte d'eau dans l'océan. Les États peuvent jouer un rôle crucial dans la mise en œuvre de technologies et de politiques innovantes, en utilisant leurs projets de construction d'installations et de routes pour introduire sur le marché des technologies comme le stockage de longue durée et le ciment à faible niveau d'émission.

Les États peuvent également prendre des mesures politiques comme la taxe carbone, les normes d'électricité et de carburant propres, avant qu'elles soient appliquées dans tout le pays. Et ils peuvent se regrouper en alliances régionales, comme la Californie avec d'autres États de l'Ouest qui envisagent de relier leurs réseaux, ou certains États du Nord-Est, qui se sont dotés d'un programme de troc de droits d'émissions. L'Alliance climatique américaine et les villes qui s'y sont associées représentent plus de 60 % de l'économie américaine, ce qui veut dire qu'elles disposent d'une formidable capacité à créer des marchés et peuvent nous montrer comment diffuser de nouvelles idées à grande échelle.

Les législatures des États seraient responsables de l'adoption à leur niveau des systèmes de taxe carbone, de normes d'électricité et de carburant propres. Elles inciteraient également leurs agences et leurs services publics à repenser leurs politiques d'achat afin d'accorder la priorité aux technologies avancées à faible niveau d'émissions.

Les agences des États sont chargées de réaliser les objectifs fixés par la législature et le gouverneur. Elles supervisent l'efficacité énergétique et la politique de construction des bâtiments, gèrent les investissements dans les transports, imposent les normes de pollution, et réglementent l'agriculture et l'aménagement du sol.

Dans le cas peu probable où quelqu'un vous demanderait : « Quel est l'organisme officiel le moins connu et dont on sous-estime l'impact sur le changement climatique ? », vous pourriez répondre sans risquer de vous tromper : « La commission d'utilité publique de mon État », ou : « La commission de service public de mon État. » (Le nom peut varier selon les États.) La plupart des gens n'ont jamais entendu parler de ces commissions, mais elles sont en réalité responsables de nombre de réglementations liées à l'électricité aux États-Unis. Par exemple, elles approuvent les plans d'investissement proposés par les prestataires et déterminent le prix que les consommateurs doivent payer pour l'électricité. Et comme l'électricité va répondre à une part croissante de nos besoins énergétiques, elles deviendront d'autant plus importantes.

Les municipalités

Aux États-Unis et dans le monde entier, des maires se sont engagés à réduire leurs émissions. Douze grandes villes américaines se sont fixé pour mission d'avoir une empreinte carbone neutre d'ici 2050, et plus de 300 ont juré d'atteindre les objectifs de l'Accord de Paris.

Les villes n'ont pas autant d'influence sur les émissions que l'administration fédérale ou celle des États, mais elles sont loin d'être impuissantes. Bien qu'elles ne puissent pas établir leurs propres normes d'émissions pour les véhicules, elles peuvent par exemple acheter des bus électriques, financer davantage de bornes de recharge pour les véhicules électriques, appliquer des mesures d'urbanisme pour augmenter la densité afin que les gens aient moins de trajet entre leur bureau et leur domicile, et restreindre potentiellement l'accès à leurs routes pour les véhicules qui fonctionnent avec des carburants fossiles. Elles peuvent aussi mettre en place des politiques de construction verte, électrifier leurs véhicules, et imposer des directives d'achat et des normes de performance pour les bâtiments municipaux.

Quelques villes – Seattle, Nashville et Austin, par exemple – détiennent leurs propres prestataires d'énergie locaux, et elles peuvent ainsi garantir que leur électricité provient de sources propres. Elles ont également le pouvoir d'autoriser la construction de projets d'énergie propre sur les terrains qu'elles possèdent.

Les conseils municipaux peuvent prendre des mesures comparables à celles des législatures des États et du Congrès américain, accorder la priorité, en termes de financement, aux politiques climatiques, et exiger des agences gouvernementales locales qu'elles agissent.

Les agences municipales, comme leurs équivalents fédéraux et dans les États, déterminent les priorités politiques. Les départements qui gèrent les chantiers de construction imposent des règles d'efficacité ; les autorités des transports peuvent passer à l'électrique et influencer le choix des matériaux utilisés pour les routes et les ponts ; les agences de traitement des déchets sont équipées de flottes de véhicules importantes et ont une influence sur les émissions qui proviennent des décharges.

Revenons au niveau fédéral sur un dernier point : la façon dont les pays riches peuvent contribuer à résoudre le problème du passager clandestin.

On ne peut pas ignorer qu'arriver à zéro émission sera coûteux. Nous devons investir plus d'argent dans la recherche et nous avons besoin de politiques qui attirent les marchés vers les produits énergétiques propres qui sont, pour le moment, plus chers que leurs équivalents émetteurs de gaz à effet de serre.

Mais il est difficile d'imposer des coûts plus élevés maintenant, en promettant que le climat s'améliorera plus tard. Les Green Premiums constituent un argument de poids pour les pays, surtout ceux dont les revenus sont moyens ou faibles et qui rechignent à réduire leurs émissions. Les exemples ne manquent pas, dans le monde entier. Au Canada, dans les Philippines, au Brésil, en

Australie, en France et ailleurs, l'opinion publique a clairement exprimé par les urnes et la contestation qu'elle ne veut pas payer plus pour l'essence, le chauffage et d'autres produits de première nécessité.

Non pas que les habitants de ces pays souhaitent que le climat soit plus chaud. Le problème, c'est qu'ils sont inquiets de ce que vont coûter ces solutions.

Donc, comment résoudre le problème du passager clandestin ?

Il serait profitable de se fixer des objectifs ambitieux et de s'y tenir, comme l'ont fait les pays du monde entier par le biais de l'Accord de Paris en 2015. Il est facile de tourner en dérision les accords internationaux, mais ils jouent un grand rôle dans les progrès que l'on peut accomplir : si nous avons encore une couche d'ozone, c'est grâce à un accord international, le Protocole de Montréal.

Une fois que ces objectifs sont fixés, des forums comme la COP 21 permettent aux pays de se réunir pour faire le point sur leurs progrès et partager des solutions. Et ils servent de mécanisme afin de pousser les gouvernements nationaux à faire leur part. Quand les gouvernements du monde entier reconnaissent qu'il est indispensable de réduire les émissions, il devient plus difficile – mais pas impossible, on l'a vu – de jouer les marginaux en disant : « Je m'en moque. Je vais continuer à émettre des gaz à effet de serre. »

Qu'en est-il de ceux qui refusent de participer ? On sait comme il est compliqué de demander des comptes à un pays pour ses émissions de carbone. Mais cela n'est pas impossible. Par exemple, les gouvernements qui adoptent une taxe sur le carbone peuvent créer ce qu'on appelle un « ajustement aux frontières » – ils vont veiller à ce que la taxe carbone sur un produit soit payée, qu'il soit fabriqué localement ou importé. (Ils devront cependant faire une exception pour les produits des pays à faibles revenus, où la priorité est la croissance, et non la réduction de leurs émissions qui sont déjà très limitées.)

Et même les pays sans taxe carbone peuvent choisir de ne pas conclure d'échanges ni de partenariats multilatéraux avec ceux qui n'auront pas accordé la priorité à la réduction des gaz à effet de serre et aux politiques nécessaires pour y arriver (là encore, à l'exception des pays à faibles revenus). En fait, les gouvernements devraient pouvoir déclarer : « Si vous voulez faire affaire avec nous, vous devez prendre au sérieux le changement climatique. »

Enfin, et c'est le plus important de mon point de vue, nous devons baisser les Green Premiums. C'est le seul moyen de permettre aux pays à revenus moyens et faibles de réduire plus facilement leurs émissions, et de finir par atteindre le zéro. Cela ne sera possible que si les pays riches, surtout les États-Unis, le Japon et les nations européennes, donnent l'exemple. Après tout, ce sont eux qui sont à l'origine de la plupart des innovations dans le monde.

Et – c'est un point vraiment crucial – *le fait de diminuer les Green Premiums que le monde paie n'est pas un acte de charité.* Les pays comme les États-Unis ne devraient pas considérer les investissements dans la recherche et le développement de l'énergie propre comme un service rendu au reste du monde. Ils devraient y voir l'occasion de réaliser des découvertes scientifiques qui donneront naissance à de nouvelles industries constituées de nouvelles grandes entreprises, qui créeront des emplois tout en réduisant les émissions.

Pensez à tous les bienfaits qui découlent du financement de la recherche médicale par les NIH. Ces derniers publient leurs résultats pour que les scientifiques du monde entier puissent bénéficier de leurs travaux, mais leur financement renforce aussi la capacité des universités américaines qui, à leur tour, sont en lien avec des start-up comme avec de grandes entreprises. Par conséquent, une exportation américaine – l'expertise médicale de haut niveau – crée de nombreux emplois bien rémunérés aux États-Unis, tout en sauvant des vies dans le monde entier.

Il en va de même dans le domaine de la technologie, où les investissements en amont par le département de la Défense ont abouti à la création d'Internet et de puces qui ont entraîné la révolution de l'ordinateur personnel.

Et l'on pourrait assister à la même évolution avec l'énergie propre. Des marchés de plusieurs milliards de dollars attendent que quelqu'un invente un ciment ou un acier zéro carbone, ou un carburant liquide sans émission. Comme je me suis efforcé de l'expliquer, il sera difficile de réaliser ces percées et de diffuser ces découvertes, mais les possibilités sont si gigantesques que le jeu en vaut véritablement la chandelle. Quelqu'un inventera ces technologies. Il ne reste plus qu'à savoir qui et quand.

Les gens peuvent faire beaucoup au niveau individuel, municipal aussi bien que national, pour s'engager plus vite dans cette voie. Ce dont nous allons parler dans le prochain chapitre, qui est également le dernier.

CHAPITRE 12
CE QUE CHACUN DE NOUS PEUT FAIRE

Face à un problème aussi énorme que le changement climatique, il y a de quoi se sentir impuissant. Or vous ne l'êtes pas. Et il n'est pas nécessaire d'être un politicien ou un philanthrope pour faire la différence. Vous avez de l'influence en tant que citoyen, en tant que consommateur ou en tant qu'employé ou employeur.

En tant que citoyen

Quand vous vous demandez ce que vous pouvez faire pour limiter le changement climatique, il est normal de penser à des choses comme les voitures électriques ou la diminution de la consommation de viande. Ce genre de décision personnelle est importante, car elle adresse un signal au marché – lisez la prochaine partie pour en savoir plus à ce sujet –, mais la plupart de nos émissions proviennent des systèmes plus grands qui régissent notre quotidien.

Par exemple, quand quelqu'un veut un toast pour le petit déjeuner, cela implique l'existence d'un système qui peut fournir du pain, un grille-pain et l'électricité pour faire fonctionner le grille-pain sans ajouter de gaz à effet de serre dans l'atmosphère. Nous n'allons pas résoudre le problème climatique en disant aux gens de ne pas manger de toasts.

Mais la mise en place de ce nouveau système énergétique requiert une action politique concertée. C'est pourquoi la chose la plus importante que chacun d'entre nous puisse faire pour aider à éviter un désastre climatique est de s'engager dans le processus politique.

À l'occasion de mes rencontres avec des politiciens, j'ai constaté qu'il était utile de se rappeler que le changement climatique n'est pas le seul dossier qu'ils ont à gérer. Les chefs d'État et de gouvernement ont également en tête l'éducation, l'emploi, la santé, la politique étrangère et depuis peu la Covid-19. Et il le faut : tous ces domaines réclament leur attention.

Mais les décideurs ne peuvent s'attaquer à tous ces problèmes à la fois. Ils décident donc d'agir et de classer les priorités en fonction de ce que leur disent leurs électeurs.

En d'autres termes, les élus adopteront des plans précis pour le changement climatique si leurs électeurs l'exigent. Grâce aux activistes dans le monde entier, cette exigence est déjà là : des millions de personnes appellent la classe politique à agir. Nous devons cependant utiliser ces appels à l'action pour faire pression sur les politiciens afin de les inciter à prendre des décisions difficiles et accepter les compromis qu'implique leur promesse de réduire les émissions.

Quels que soient vos moyens, vous pouvez toujours utiliser votre voix et votre vote pour provoquer le changement.

Téléphonez, écrivez, assistez aux délibérations de votre conseil municipal. Ce qu'il faut faire comprendre à vos dirigeants, c'est qu'il est tout aussi important pour eux de se préoccuper du problème à long terme du changement climatique que de se charger de l'emploi, de l'éducation ou encore de la santé.

Cela peut paraître démodé, mais les lettres et les appels à vos élus peuvent avoir un impact réel. Les sénateurs et les représentants reçoivent régulièrement des rapports préparés par leurs équipes à partir de ce que déclarent leurs électeurs. Mais ne vous contentez pas de dire : « Faites quelque chose à propos du changement climatique. » Essayez de savoir quelle est leur position, posez-leur des questions, et faites-leur comprendre que cette question aura une influence sur votre vote. Demandez plus de financement pour la recherche et le développement dans le domaine de l'énergie propre, réclamez une norme d'énergie propre, une taxe carbone, ou d'autres décisions politiques liées à ce que nous avons abordé dans le chapitre 11.

Agissez au niveau local, mais aussi au niveau fédéral. Beaucoup de décisions importantes sont prises au niveau municipal et à celui des États par les gouverneurs, les maires, les législatures des États et les conseils municipaux – autant de niveaux où de simples citoyens peuvent avoir un impact encore plus marquant qu'au niveau fédéral. Aux États-Unis, par exemple, l'électricité est essentiellement régulée par les commissions des services publics dans chaque État, composées de commissaires élus ou désignés. Apprenez qui sont vos représentants et restez en contact avec eux.

Présentez-vous aux élections. Se présenter au Congrès des États-Unis est un défi de taille. Mais vous n'avez pas besoin de commencer par là. Vous pouvez vous présenter aux élections municipales de votre État, où vous aurez probablement plus d'impact de toute façon. Nous avons besoin de toute l'intelligence, tout le courage, toute la créativité politique possible dans la fonction publique.

En tant que consommateur

Le marché est régi par l'offre et la demande, et en tant que consommateur, vous pouvez avoir une énorme influence sur la demande. Si chacun d'entre nous entreprend des changements individuels dans ce qu'il achète et ce qu'il utilise, le résultat final peut être considérable – tant que nous nous concentrons sur les changements qui importent. Par exemple, si vous pouvez vous permettre d'installer un thermostat intelligent pour réduire votre consommation d'énergie quand vous n'êtes pas chez vous, surtout, faites-le. Vous pourrez diminuer à la fois le montant de votre facture d'électricité et vos gaz à effet de serre.

Mais en tant que consommateur, vous pouvez faire encore plus que réduire vos émissions de carbone. Vous pouvez aussi adresser un signal au marché en montrant que les gens souhaitent des solutions et qu'ils sont prêts à payer. Quand vous déboursez plus pour une voiture électrique, une pompe à chaleur ou un burger végétal, vous dites : « Il y a un marché pour ces choses-là. Nous en achèterons. » Si les gens sont assez nombreux à envoyer le même message, les entreprises réagiront – assez rapidement, selon mon expérience. Elles consacreront davantage d'argent et de temps à des produits à faible niveau d'émissions. Cela conduira à une baisse des prix de ces produits, et ils seront donc adoptés en plus grand nombre. Rassurés, les investisseurs hésiteront moins à financer les nouvelles entreprises qui travaillent sur les découvertes nécessaires afin d'arriver au zéro.

Sans ce signal dans le secteur de la demande, les innovations sur lesquelles les gouvernements et les entreprises pourraient investir n'avanceront pas. Ou elles ne seront même pas développées, car cela ne se justifiait pas sur le plan économique.

Vous pouvez entre autres faire ce qui suit :

Signez un programme de prix vert avec votre fournisseur d'électricité. Certains prestataires prévoient que les particuliers et les entreprises puissent payer un surplus pour être fournis en électricité venant de sources propres. Dans treize États, les prestataires sont tenus de vous proposer cette option. (Pour savoir si votre État en fait partie, consultez la carte des programmes de prix verts du C2ES – le Centre des solutions pour le climat et l'énergie[1].) Les consommateurs inscrits à ces programmes paient un surplus indiqué sur leur facture d'énergie, qui couvre le coût supplémentaire de l'énergie renouvelable, en moyenne 1 ou 2 centimes par kilowattheure, soit 9 à 18 par mois pour un foyer américain typique. En participant à de tels programmes, vous montrez à votre fournisseur que vous êtes prêts à payer plus cher pour lutter contre le changement climatique, c'est un signal fort.

Mais ces programmes n'annulent pas nos émissions et n'augmentent pas de manière significative la quantité d'énergie renouvelable.

---

1. www.c2es.org/document/green-pricing-programs

Seuls les investissements et les politiques gouvernementales en sont capables.

Réduisez les émissions de votre maison. En fonction du temps et de l'argent dont vous disposez, vous pouvez remplacer vos ampoules incandescentes par des LED, installer un thermostat intelligent, isoler vos fenêtres, acheter des appareils efficaces ou remplacer votre système de chauffage et votre climatiseur par une pompe à chaleur (du moment que vous vivez dans un endroit où le climat en permet le fonctionnement). Si vous êtes locataire, vous pouvez apporter des changements en fonction de ce qui vous est autorisé – comme le fait de remplacer des ampoules – et encourager votre propriétaire à faire le reste. Si vous construisez une nouvelle maison ou que vous en rénovez une ancienne, vous pouvez opter pour de l'acier recyclé et rendre votre maison plus efficace en utilisant des panneaux isolants structurels, du béton isolant, des barrières radiantes au grenier ou sur le toit, une isolation réfléchissante et des panneaux isolants pour les fondations.

Achetez une voiture électrique. Les voitures électriques ont fait du chemin en termes de coût et de performance. Bien qu'elles ne soient peut-être pas idéales pour tout le monde (elles ne conviennent pas aux longs déplacements, et tout le monde ne peut pas forcément recharger son véhicule chez soi), elles deviennent plus abordables pour beaucoup de consommateurs. C'est un des domaines où le comportement du consommateur peut avoir un énorme impact : si les gens en achètent beaucoup, les entreprises en produiront beaucoup.

Essayez le burger végétal. Je le reconnais, les burgers végétariens n'ont pas toujours eu bon goût, mais la nouvelle génération de solutions de remplacement à base de protéines est meilleure et plus proche du goût et de la texture de la viande que ses prédécesseurs. Vous pouvez les trouver dans bon nombre de restaurants, d'épiceries et même dans la restauration rapide. Le fait d'acheter ces produits montre clairement que leur production est un investissement sûr. De plus, manger un substitut de viande (ou simplement ne pas manger de viande) seulement une ou deux fois par semaine fera baisser les émissions dont vous êtes responsable. Il en va de même des produits laitiers.

En tant qu'employé ou employeur

En tant qu'employé ou actionnaire, vous pouvez pousser votre entreprise à faire sa part. Bien sûr, ce sont les grandes entreprises qui auront le plus d'impact dans beaucoup de ces domaines, mais les petites entreprises peuvent aussi jouer un rôle non négligeable, surtout si elles collaborent dans le cadre d'institutions telles que les chambres de commerce locales.

Certaines étapes sont plus simples que d'autres. Les mesures faciles ont leur importance – par exemple, planter des arbres pour contrebalancer les émissions est une bonne chose, pour des raisons environnementales et politiques. Cela démontre que vous vous souciez du changement climatique.

Mais on ne résoudra pas le problème en se contentant de faire ce qui est facile. Le secteur privé va également devoir s'attaquer aux mesures plus difficiles.

Pour commencer, il faudra accepter une plus grande prise de risque – par exemple, en finançant des projets susceptibles d'échouer, mais qui pourraient aboutir à une percée dans le domaine de l'énergie propre. Les actionnaires et les membres des conseils d'administration devront se montrer prêts à prendre ce risque, ils devront expliquer clairement aux directeurs de leurs entreprises qu'ils soutiendront des investissements intelligents, même si ceux-ci ne débouchent en fin de compte sur aucun retour. Les sociétés et leurs dirigeants devront être récompensés pour avoir pris les risques qui peuvent nous faire avancer dans la lutte contre le changement climatique.

Les entreprises peuvent également travailler les unes avec les autres afin d'identifier et résoudre les défis les plus ardus liés au climat. Autrement dit, elles devront trouver les Green Premiums les plus élevées et s'efforcer de les réduire. Si les plus gros consommateurs au monde de matériaux comme l'acier et le ciment dans le secteur privé s'associent pour exiger des substituts plus propres – et s'engagent à investir dans les infrastructures nécessaires à leur production –, cela accélèrera la recherche et orientera le marché dans la bonne direction.

Enfin, le secteur privé peut se faire l'avocat de ces choix épineux – par exemple, en acceptant d'user de ses ressources pour développer ces marchés, et en appelant les gouvernements à mettre en place des structures de réglementation qui permettront aux nouvelles technologies de réussir. Les responsables politiques se concentrent-ils sur les principales sources d'émissions et sur les plus grands défis techniques ? Débattent-ils du stockage de l'énergie en réseau, d'e-carburants, de fusion nucléaire, de captage du carbone, et de ciment et d'acier zéro carbone ? Si ce n'est pas le cas, ils ne nous aident pas à nous engager sur la voie de zéro émissions d'ici 2050.

Voici quelques mesures précises que le secteur privé peut prendre pour aller dans ce sens :

Adopter une taxe carbone interne. Certaines grandes entreprises imposent désormais une taxe carbone à chacun de leurs départements. Autant dire qu'elles ne font pas semblant de lutter contre les émissions. Elles aident les produits à passer du stade de la recherche à celui de la commercialisation, parce que le revenu des taxes internes peut être directement consacré à des activités qui diminuent les Green Premiums et contribuent à créer un marché pour les produits énergétiques propres dont ces sociétés auront besoin. Les salariés, les investisseurs et les clients peuvent eux aussi prôner cette approche, épaulant ainsi les dirigeants responsables de sa mise en œuvre.

Accordez la priorité à l'innovation en faveur de solutions à faible niveau de carbone. Autrefois, investir dans de nouvelles idées faisait la fierté de la plupart des secteurs, mais le temps glorieux où les entreprises disposaient de leur propre bureau de recherche et de développement est révolu. Aujourd'hui, les entreprises des secteurs de l'aérospatiale, des matériaux et de l'énergie consacrent en moyenne moins de 5 % de leurs revenus à la recherche et au développement. (Les sociétés de l'informatique y consacrent près de 15 %.) Les entreprises devraient de nouveau accorder la priorité à la recherche et au développement, en particulier aux innovations à faible niveau de carbone, dont beaucoup vont nécessiter un engagement à long terme. Les entreprises plus importantes peuvent collaborer avec la recherche publique pour la faire bénéficier de leur expérience commerciale pratique.

Soyez un précurseur. Comme les gouvernements, les entreprises peuvent tirer parti du fait qu'elles achètent des produits en grande quantité pour accélérer l'adoption de nouvelles technologies. Cela peut entre autres passer par l'adoption de voitures électriques pour les véhicules de fonction, l'achat de matériaux à faible niveau de carbone pour construire ou rénover les bâtiments de la société, et l'engagement à utiliser un certain pourcentage d'électricité propre. Beaucoup d'entreprises dans le monde se sont déjà engagées à utiliser de l'énergie renouvelable pour une grande partie de leurs opérations, comme Microsoft, Google, Amazon et Disney. La société de fret Maersk a annoncé qu'elle réduirait ses émissions nettes à zéro d'ici 2050.

Même si ces engagements seront difficiles à tenir, ils adressent des signaux importants au marché quant à la valeur des approches zéro carbone. Les innovateurs prennent conscience de la demande et savent qu'un marché sera prêt à acheter leurs produits.

Engagez-vous dans le processus d'élaboration des politiques. Les entreprises ne doivent pas avoir peur de travailler avec le gouvernement, tout comme les gouvernements ne doivent pas avoir peur de travailler avec les entreprises. Les sociétés devraient soutenir les efforts pour arriver au zéro et financer la recherche fondamentale et les programmes de recherche et de développement appliqués qui nous y conduiront. Ce sera surtout important étant donné le déclin qu'ont connu la recherche et le développement ces dernières décennies.

Entrez en contact avec la recherche publique. Les entreprises devraient conseiller les programmes gouvernementaux de recherche et de développement afin que la recherche fondamentale appliquée se concentre sur les idées qui ont le plus de chance de se transformer en produits. (Nul ne connaît mieux le marché, nul ne sait mieux ce qui marchera ou non que les entreprises qui développent et commercialisent des produits au quotidien.) Se joindre aux commissions consultatives de l'industrie et prendre part à la planification sont des moyens peu coûteux de communiquer des informations aux programmes de recherche et de développement du gouvernement.

Les entreprises peuvent également contribuer à financer la recherche et le développement dans le cadre d'accords de partage des frais et de projets de recherche conjoints – ce sont des collaborations entre le privé et le public de ce genre qui nous ont donné les turbines à gaz et les moteurs diesels avancés.

Aidez les innovateurs à traverser la vallée de la mort. Beaucoup de chercheurs ne transforment jamais leurs idées prometteuses en produits car elles sont trop risquées ou trop chères. Des entreprises bien établies peuvent aider en offrant un accès à leurs laboratoires d'essai et en communiquant des informations comme des indicateurs de coûts. Si elles souhaitent faire plus, elles peuvent proposer des partenariats et des programmes d'incubation pour les entrepreneurs, investir dans de nouvelles technologies, créer des départements spécifiquement consacrés aux innovations à faible niveau de carbone, et financer de nouveaux projets allant en ce sens.

Une dernière réflexion

Malheureusement, le débat sur le changement climatique s'est inutilement polarisé, pour ne rien dire du fait qu'il est noyé sous les informations contradictoires et les rumeurs confuses. Il faut qu'il redevienne constructif et réfléchi, et surtout, qu'il se recentre sur des plans précis et réalistes pour atteindre le zéro.

Je rêve d'une invention magique qui guiderait notre débat dans une direction plus productive. Bien sûr, un tel appareil n'existe pas. En fait, c'est de chacun d'entre nous que cela dépend.

J'espère que nous parviendrons à le réorienter en partageant les faits avec d'autres – les membres de notre famille, nos amis et nos dirigeants. Et pas seulement les faits qui nous disent pourquoi nous devons agir, mais aussi ceux qui nous indiquent quelles actions seront les plus bénéfiques. Ce livre a pour objectif de susciter plus de débats de ce genre.

J'espère aussi que nous pourrons nous unir derrière des projets qui surmonteront les clivages politiques. Comme j'ai essayé de le démontrer, ce n'est pas aussi naïf que l'on pourrait le croire. Personne n'a guidé le marché vers des solutions efficaces pour le changement climatique. Que vous soyez un fervent défenseur du privé, de l'intervention gouvernementale, de l'activisme ou de telle ou telle combinaison de ces facteurs, il y a forcément une idée pratique que vous pouvez soutenir. Quant aux idées que vous ne pouvez pas soutenir, vous pouvez vous sentir obligé de les critiquer, ce que je comprends. Mais j'espère que vous consacrerez plus de temps et d'énergie à soutenir une idée plutôt qu'à vous opposer à celles que vous dénoncez.

Alors que la menace du changement climatique plane au-dessus de nous, il peut être difficile de garder espoir. Mais comme mon ami le médecin Hans Rosling, grand défenseur de la santé mondiale, l'a écrit dans son dernier livre, *Factfulness* : « Quand nous avons une vision du monde fondée sur les faits, nous voyons que le monde n'est pas aussi mauvais qu'il le semble – et nous pouvons voir ce que nous devons faire pour continuer à le rendre meilleur[1]. »

En adoptant une vision du changement climatique fondée sur les faits, nous pouvons voir que nous disposons de certains, mais pas de tous des éléments nécessaires pour éviter un désastre climatique. Nous pouvons identifier les obstacles à la mise en œuvre des solutions que nous avons et au développement des découvertes nécessaires. Et nous pouvons mesurer tout le travail que nous devons accomplir pour triompher de ces embûches.

Je suis optimiste parce que je sais ce que la technologie peut réaliser et ce dont les *individus* sont capables. Je suis sincèrement enthousiasmé par toute la passion dont je suis témoin, surtout chez les jeunes, qui

1. Hans Rosling, *Factfulness*, avec Ola Rosling et Anna Rosling Rönnlund, Paris, Flammarion, 2019

accompagne la volonté de résoudre le problème du changement climatique. Si nous gardons un œil sur notre objectif principal – atteindre le zéro – et que nous concevons des plans sérieux pour y arriver, nous pourrons éviter le désastre. Nous pourrons garantir que le climat reste supportable pour tout le monde, et aider des millions de pauvres à mener une vie meilleure tout en préservant la planète pour les générations à venir.

POSTFACE

LE CHANGEMENT CLIMATIQUE ET LA COVID-19

J'ai terminé la rédaction de ce livre tandis que s'achevait l'année la plus tumultueuse de notre histoire récente. Alors que j'écris cette postface, en novembre 2020, la Covid-19 a déjà tué plus de 1,4 million de personnes dans le monde, et elle entraîne à présent une nouvelle vague de cas et de décès. La pandémie a changé notre façon de travailler, de vivre et d'interagir.

Dans le même temps, 2020 nous a aussi donné des raisons d'être optimistes au sujet du dérèglement climatique. Les États-Unis sont sur le point d'assumer de nouveau un rôle clé sur cette question grâce à l'élection de Joe Biden à la présidence. La Chine s'est engagée à atteindre l'objectif ambitieux d'une empreinte carbone neutre en 2060. En 2021, les Nations unies se retrouveront en Écosse pour un autre sommet capital sur le changement climatique. Bien sûr, rien de tout cela ne garantit que nous allons progresser, mais nous en avons les moyens.

En 2021, je m'attends à passer beaucoup de temps à m'entretenir avec les dirigeants du monde entier, tant à propos du réchauffement climatique que de la Covid-19. Je défendrai l'idée que nombre des leçons de la pandémie, ainsi que les valeurs et les principes qui guident notre gestion, sont également applicables au changement climatique. Au risque de me répéter, je vais les résumer ici.

Premièrement, nous avons besoin d'une coopération internationale. Il est facile de ne voir qu'un cliché dans la phrase « nous devons travailler ensemble », et pourtant, elle est pertinente. Quand les gouvernements, les chercheurs et les entreprises pharmaceutiques ont travaillé ensemble sur la Covid-19, le monde a accompli des progrès remarquables, pour développer et tester des vaccins dans un temps record, par exemple. Lorsque nous n'avons pas su nous écouter les uns les autres, que nous avons diabolisé certains pays ou que nous avons refusé d'admettre que les masques et la distanciation sociale ralentissaient la propagation du virus, nous n'avons fait qu'aggraver nos malheurs.

Il en va de même du changement climatique. Si les pays riches se soucient uniquement de réduire leurs propres émissions, sans mettre les technologies propres à la portée de tous, nous n'atteindrons jamais le zéro. Dans cette optique, aider les autres n'est pas seulement un acte altruiste : c'est aussi agir dans notre propre intérêt. Nous avons tous de bonnes raisons de viser le zéro et d'aider les autres à y parvenir. Les températures n'arrêteront pas de grimper au Texas, à moins que les émissions cessent d'augmenter en Inde.

Deuxièmement, nous devons laisser la science – en réalité, plusieurs domaines scientifiques différents –, guider nos efforts. Dans le cas de la Covid-19, nous nous tournons vers la biologie, la virologie et la pharmacologie, mais aussi les sciences politiques et l'économie. Après tout, la décision de distribuer de manière équitable des vaccins est un acte intrinsèquement politique. Et tout comme l'épidémiologie nous explique les risques de la Covid-19, mais ne nous dit pas comment l'arrêter, la climatologie nous montre pourquoi il nous faut changer notre façon de faire, et non comment y arriver. Pour cela, nous devons compter sur l'ingénierie, la physique, la science environnementale, l'économie et d'autres secteurs encore.

Troisièmement, nos solutions doivent répondre aux besoins des individus qui sont le plus durement touchés. Avec la Covid-19, les personnes qui souffrent le plus sont celles qui ont le moins de possibilités – comme travailler de chez eux, par exemple, ou prendre des congés pour s'occuper d'elles-mêmes ou de leurs proches. Et la plupart d'entre elles sont des gens de couleur ou à faibles revenus.

Aux États-Unis, les Noirs et les Hispaniques sont plus susceptibles, de manière disproportionnée, de contracter le coronavirus et d'en mourir. Les étudiants noirs et hispaniques ont aussi moins de chance de suivre des cours en ligne que leurs camarades blancs. Parmi les bénéficiaires du programme de santé américain Medicare, le taux de décès dus à la Covid-19 est quatre fois plus élevé chez les pauvres. Autant de fossés qu'il est essentiel de combler si l'on veut triompher du virus aux États-Unis.

Au niveau planétaire, la Covid-19 a réduit à néant des décennies de progrès dans la lutte contre la pauvreté et la maladie. Pour pouvoir réagir à la pandémie, les gouvernements ont dû priver de moyens humains et financiers d'autres secteurs prioritaires, comme les programmes de vaccination. Une étude menée par l'Institute for Health Metrics and Evaluation a établi qu'en 2020, les taux de vaccination ont chuté à des niveaux jamais vus depuis les années 1990. En près de vingt-cinq semaines, vingt-cinq ans de progrès ont été annulés.

Les pays riches, qui donnent déjà énormément à la santé mondiale, devront se montrer encore plus généreux pour compenser ce recul. Plus ils investiront dans le renforcement des systèmes sanitaires partout dans le monde, plus nous serons prêts pour la prochaine pandémie.

Nous devons planifier de même une transition juste vers un avenir à zéro émission. Comme je l'ai défendu dans le chapitre 9, les habitants des pays pauvres ont besoin d'aide pour s'adapter à un monde plus chaud. Et les pays plus riches devront admettre que la transition énergétique va bouleverser les communautés qui dépendent des systèmes énergétiques actuels : ces régions où l'extraction de charbon est l'industrie principale, où l'on fabrique le ciment, l'acier, les voitures. En outre, beaucoup de gens occupent des emplois qui sont indirectement liés à ces industries – quand il y aura moins de charbon et de carburant à transporter, il y aura moins d'emplois pour les chauffeurs de camions et le personnel des chemins de fer. Une partie importante de l'économie de la classe ouvrière sera affectée et il faut qu'un plan de transition soit mis en place pour ces populations.

Enfin, nous devons envisager des choses qui pourront à la fois sauver les économies du désastre de la Covid et engendrer des innovations qui permettront d'éviter une catastrophe climatique. En investissant dans la recherche et le développement de l'énergie propre, les gouvernements peuvent favoriser un rétablissement économique qui contribuera également à réduire les émissions. S'il est vrai que la recherche et le développement ont une influence plus importante sur le long terme, ils en ont aussi une immédiate : cet argent crée rapidement de l'emploi. En 2018, les investissements du gouvernement des États-Unis dans tous les secteurs de la recherche et du développement ont entretenu, directement et indirectement, plus de 1,6 million d'emplois, produisant 126 milliards de dollars de salaires pour les employés et 39 milliards de dollars de recettes fiscales au niveau fédéral et à celui des États.

Il n'y a pas que dans la recherche et le développement que la croissance économique est liée à l'innovation zéro carbone. Les États peuvent aussi aider les entreprises du secteur de l'énergie propre à croître en adoptant des politiques qui réduiront les Green Premiums et rendront les produits verts plus concurrentiels face à leurs équivalents fondés sur des carburants fossiles. Ils peuvent également utiliser le financement de leurs programmes de relance liés à la Covid pour développer l'utilisation des renouvelables, par exemple, et mettre en place des réseaux électriques intégrés.

L'année 2020 nous a infligé un revers immense et tragique. Mais je suis optimiste et je pense que nous réussirons à juguler la Covid-19 en 2021. Et je crois aussi que nous réaliserons de vrais progrès dans la lutte contre le changement climatique – car jamais encore le monde n'a été à ce point décidé à résoudre ce problème.

Quand l'économie planétaire a sombré dans une terrible récession en 2008, le soutien du public à la lutte contre le réchauffement climatique a chuté. Les gens ne pouvaient tout simplement pas comprendre comment il était possible de réagir aux deux crises en même temps.

Cette fois, c'est différent. Même si la pandémie a détruit l'économie mondiale, le public est prêt à lutter contre le changement climatique tout autant qu'en 2019. Nous ne sommes manifestement plus disposés à laisser cet enjeu de côté.

La question est désormais la suivante : que faire de cette synergie ? Selon moi, la réponse est claire : nous devons passer les dix prochaines années à nous concentrer sur les technologies, les politiques et les structures du marché qui nous engageront sur la voie d'une élimination des gaz à effet de serre d'ici 2050. Il n'y a sans doute pas de meilleure façon de réagir à la terrible année 2020 qu'en consacrant les dix prochaines années à cet objectif ambitieux.

CRÉDITS PHOTOGRAPHIQUES

p. 12 : James Iroha.
p. 23 : Ian Langsdon/AFP via Getty Images.
p. 49 : AFP via Getty Images.
p. 65 : dem10/E+ via Getty Images et lessydoang/RooM via Getty Images.
p. 71 : Paul Seibert.
p. 73 : © Bill & Melinda Gates Foundation/Prashant Panjiar.
p. 113 : avec l'aimable autorisation de la famille Gates.
p. 120 : Universal Images Group via Getty Images.
p. 167 : WSDOT.
p. 171 : REUTERS/Carlos Barria.
p. 204 : Gates Notes, LLC.
p. 237 : Bloomberg via Getty Images.
p. 266 : Nic Lehoux.
p. 270 : © Bill & Melinda Gates Foundation/Frederic Courbet.
p. 281 : de la collection de l'International Rice Research Institute (IRRI), Los Banos, Laguna, Philippines.
p. 289 : Mazur Travel via Shutterstock.
p. 301 : Mirrorpix via Getty Images.
p. 324 : Sirio Magnabosco/EyeEm via Getty Images.

REMERCIEMENTS

Je tiens à remercier toute l'équipe de Gates Venture et Breaktrough Energy qui m'a aidé à donner vie à ce livre.

Josh Daniel est un inestimable partenaire d'écriture. Il m'a aidé à exprimer les complexités du changement climatique et de l'énergie propre de façon aussi simple et claire que possible. Si ce livre a l'écho que j'espère, ce sera en grande partie dû à son talent.

J'ai écrit ce livre parce que je veux encourager le monde à prendre des mesures efficaces pour faire face au changement climatique. Dans cette entreprise, je n'aurais pu rêver avoir de meilleurs partenaires que Jonah Goldman et son équipe, dont Robin Millican, Mike Boots et Lauren Nevin. Ils m'ont donné des conseils essentiels sur la politique dans le domaine du climat et sur les stratégies nécessaires si l'on veut que les idées présentées dans ces pages aient un impact.

Ian Saunders s'est chargé du processus de création et de production avec tout le génie dont je le sais capable. Anu Horsman et Brent Christofferson ont conçu les tableaux avec l'aide précieuse de Beyond Worlds et sélectionné les photographies qui contribuent à la réalisation de cet ouvrage.

Bridgitt Arnold et Andy Cook se sont occupés de la promotion.

Et tout cela a été géré par Larry Cohen avec son calme et sa sagesse habituels.

L'équipe du Rhodium Group, emmenée par Trevor Houser et Kate Larsen, a été d'une aide précieuse. Ce livre doit beaucoup à leurs recherches et leurs conseils.

Merci aussi à tous les gens de Breakthrough Energy Ventures : Mukesh Ambani, John Arnold, John Doerr, Rodi Guidero, Abby Johnson, Vinod Khosla, Jack Ma, Hasso Plattner, Carmichael Roberts et Eric Toone.

Jabe Blumenthal et Karen Fries sont les deux anciens collègues de Microsoft qui ont orchestré ma première session d'apprentissage sur le changement climatique en 2006. À cette occasion, ils m'ont présenté deux climatologues, Ken Caldeira – qui travaillait à l'Institution Carnegie pour la science – et David Keith, du Harvard University Center for the Environment. Depuis, j'ai eu d'innombrables discussions avec Ken et David, qui ont orienté mes réflexions.

Avec son équipe de post-doctorants – Candise Henry, Rebecca Peer et Tyler Ruggles –, Ken a soigneusement relu le manuscrit pour traquer les erreurs factuelles. Je leur suis reconnaissant de leur travail méticuleux. Toute erreur qui aurait subsisté serait de mon fait.

Avec son esprit et ses connaissances, feu David MacKay, de l'université de Cambridge, a été pour moi une source d'inspiration. Je recommande la lecture de son livre phénoménal, *L'Énergie durable. Pas que du vent !* (De Boeck, 2015) à quiconque veut en savoir plus sur la question de l'énergie et du changement climatique.

Vaclav Smil, professeur émérite à l'université du Manitoba, un des plus grands spécialistes de la pensée systémique qu'il m'ait été donné de rencontrer. Il m'a aidé à éviter des erreurs et son influence sur ce livre se retrouve en particulier dans les passages sur l'histoire des transitions énergétiques.

Au fil des années, j'ai eu la chance de croiser bien des gens brillants qui m'ont beaucoup appris. Merci au sénateur Lamar Alexander, à Josh Bolten, Carol Browner, Steven Chu, Arun Majumdar, Ernest Moniz, la sénatrice Lisa Murkowski, Henry Paulson et John Podesta de m'avoir consacré tant de temps.

Nathan Myhrvold m'a fait part de ses réflexions sur la première version du manuscrit. Il n'hésite jamais à me dire ce qu'il a sur le cœur, une qualité que j'apprécie toujours, même quand je ne suis pas ses conseils.

D'autres amis et collègues ont eu la gentillesse de prendre le temps de lire le manuscrit et de me communiquer leurs impressions, dont Warren Buffett, Sheila Gulati, Charlotte Guyman, Geoff Lamb, Brad Smith, Marc St. John, Mark Suzman et Lowell Wood.

Et encore une fois, un grand merci à toute l'équipe de Gates Ventures : Katherine Augustin, Laura Ayers, Becky Bartlein, Sharon Bergquist, Lisa Bishop, Aubree Bogdonovich, Niranjan Bose, Hillary Bounds, Bradley Castaneda, Quinn Cornelius, Zephira Davis, Prarthna Desai, Pia Dierking, Gregg Eskenazi, Sarah Fosmo, Josh Friedman, Joanna Fuller, Meghan Groob, Rodi Guidero, Rob Guth, Diane Henson, Tony Hoelscher, Mina Hogan, Margaret Holsinger, Jeff Huston, Tricia Jester, Lauren Jiloty, Chloe Johnson, Goutham Kandru, Liesel Kiel, Meredith Kimball, Todd Krahenbuhl, Jen Krajicek, Geoff Lamb, Jen Langston, Jordyn Lerum, Jacob Limestall, Abbey Loos, Jennie Lyman, Mike Maguire, Kristina Malzbender, Greg Martinez, Nicole MacDougall, Kim McGee, Emma McHugh, Kerry McNellis, Joe Michaels, Craig Miller, Ray Minchew, Valerie Morones, John Murphy, Dillon Mydland,

Kyle Nettelbladt, Paul Nevin, Patrick Owens, Hannah Palko, Mukta Phatak, David Phillips, Tony Pound, Bob Regan, Kate Reizner, Oliver Rothschild, Katie Rupp, Maheen Sahoo, Alicia Salmond, Brian Sanders, KJ Sherman, Kevin Smallwood, Jacqueline Smith, Steve Springmeyer, Rachel Strege, Khiota Therrien, Caroline Tilden, Sean Williams, Sunrise Swanson Williams, Yasmin Wazir, Cailin Wyatt, Mariah Young, and Naomi Zukor.

J'aimerais remercier l'équipe de Knopf. C'est parce que Bob Gottlieb l'a soutenu depuis le début que ce livre a vu le jour. Tout ce que l'on raconte sur ses fabuleux talents d'éditeur est vrai. Katherine Hourigan a supervisé le travail éditorial avec grâce et précision. Merci également au défunt Sonny Mehta, à Reagan Arthur, Maya Mavjee, Tony Chirico, Andy Hughes, Paul Bogaards, Chris Gillespie, Lydia Buechler, Mike Collica, John Gall, Suzanne Smith, Serena Lehman, Kate Hughes, Anne Achenbaum, Jessica Purcell, Julianne Clancy et Elizabeth Bernard. Et merci à Lizzie Gottlieb d'avoir présenté ce projet à son père.

Enfin, je souhaite remercier Melinda, Jenn, Rory et Phoebe ; mes sœurs, Kristi et Libby ; et mon père, Bill Gates Sr, décédé durant la rédaction de cet ouvrage. Je ne saurais rêver d'une famille plus aimante, ni d'un meilleur soutien.

INDEX

TABLE

Pour suivre l'auteur :

gatesnotes.com
gatesfoundation.org
Facebook and Twitter: @BillGates
Instagram: @thisisbillgates

13501

Composition
NORD COMPO

Achevé d'imprimer en Slovaquie
par NOVOPRINT SLK
le 25 avril 2022

Dépôt légal : mai 2022
EAN 9782290361474
L21EPLN003143N001

ÉDITIONS J'AI LU
87, quai Panhard-et-Levassor, 75013 Paris

Diffusion France et étranger : Flammarion